黄河水利委员会治黄著作出版资金资助出版图书

黄河中游人类活动对径流泥沙影响研究

张胜利　康玲玲　魏义长　著

黄河水利出版社
·郑州·

内 容 提 要

本书为黄河中游人类活动对径流泥沙影响研究的专著，内容共7章。第1章为黄土高原的自然侵蚀与加速侵蚀，第2章为黄河流域水沙变化近期趋势及对有关问题的探讨，第3章为黄河中游水利水土保持减沙作用分析评价，第4章为人类活动对河川径流泥沙影响研究实例分析，第5章为开发建设项目新增水土流失预测及入黄泥沙对黄河影响研究，第6章为黄河中游水土保持措施最大减水、减沙量预测分析，第7章为黄河中游水沙变化模式及未来趋势展望。

本书可供水土保持、泥沙研究、生态环境、水利建设等方面专业技术人员和有关大专院校师生以及流域开发治理、工程规划设计、水资源合理利用等有关部门阅读参考。

图书在版编目(CIP)数据

黄河中游人类活动对径流泥沙影响研究/张胜利，康玲玲，魏义长著.—郑州：黄河水利出版社，2010.6
ISBN 978-7-80734-836-8

Ⅰ.①黄…　Ⅱ.①张…　②康…　③魏…　Ⅲ.①人类活动影响-黄河-中游河段-泥沙-研究　Ⅳ.①TV152

中国版本图书馆CIP数据核字(2010)第106366号

组稿编辑：王　琦　电话：0371-66028027　E-mail：wq3563@163.com

出 版 社：黄河水利出版社
地址：河南省郑州市顺河路黄委会综合楼14层　邮政编码：450003
发行单位：黄河水利出版社
发行部电话：0371-66026940、66020550、66028024、66022620(传真)
E-mail：hhslcbs@126.com
承印单位：黄河水利委员会印刷厂
开本：787 mm×1 092 mm　1/16
印张：12.75
字数：295千字　印数：1—1 000
版次：2010年6月第1版　印次：2010年6月第1次印刷

定价：35.00元

序

人类活动对河川径流泥沙影响研究,关系黄河治理的全局,是正确评估水利水保措施等人类活动减少入黄水沙量,全面认识水资源开发利用对水沙条件的影响,做好长期水土保持规划、水资源开发利用规划和流域治理开发规划的一项重要应用基础研究工作。长期以来,黄河水利委员会等有关单位对水利水保措施等人类活动减水减沙作用进行了大量研究,取得了丰硕成果,但由于降水过程的多变性、水利水保措施等人类活动的多样性以及地面物质形态的复杂性,水土保持减沙作用仍存在较大分歧,水沙变化的原因还不够明晰,很多问题尚需深入研究。

黄河水利科学研究院张胜利教授级高级工程师自1963年从武汉水利电力大学毕业参加治黄工作以来的数十年间,主要从事水土保持及支流治理规划、水土保持和泥沙研究。在20世纪60年代、70年代、80年代曾三次参加治黄规划,参加编制了皇甫川、三川河、大理河、窟野河等支流综合治理规划,90年代参加编制了窟野河、孤山川、秃尾河等三条支流综合治理规划及神府东胜矿区治理规划,与有关单位一起长期深入现场调查研究;在水土保持和泥沙研究中,主持或承担国家重点科技攻关、国家自然科学基金、水利部和黄河水利委员会水土保持科研基金等多项重点研究课题。退休之后的10多年来,一直参加有关黄河水沙变化的研究,先后参加了"黄河流域(片)防洪规划"专题"黄河中游水土保持减水减沙作用分析"、黄河专项课题"黄河水沙变化及预测分析"、财政部专项项目"全球江河泥沙信息数据库建设"研究课题"黄河水沙变化趋势与水利枢纽工程建设对黄河健康的影响"以及"十一五"国家科技支撑计划"黄河流域水沙变化情势评价研究"等课题的研究。在收集、整理、核实大量基本资料的基础上,对暴雨产流产沙规律、控制水土流失和利用水土资源的措施进行了长期研究与探索,改进提高了水土保持减水减沙效益计算方法,分析了水沙变化的原因,预测了水沙变化发展趋势。以第一作者出版了《水土保持减水减沙效益计算方法》(张胜利、于一鸣、姚文艺,中国环境科学出版社,1994)和《黄河中游多沙粗沙区水沙变化原因及发展趋势》(张胜利、李倬、赵文林,黄河水利出版社,1998);根据前人和自己的研究成果,归纳和汇总了黄土高原侵蚀演变规律、侵蚀分布规律、人类活动对侵蚀的影响、水土流失危害等,撰写了《黄河水土保持志》中第二篇"水土流失"和《黄河科学研究志》中"土壤侵蚀"一章;参编了《黄河流域的侵蚀及径流泥沙变化》(唐克丽,中国科学技术出版社,1993)、《黄河流域环境演变与水沙运行规律研究》(叶青超等,山东科技出版社,1995)、《黄河中游多沙粗沙区区域界定及产沙输沙规律研究》(徐建华、吕光圻、张胜利等,黄河水利出版社,2000)、《中国水土保持》(唐克丽,科学出版社,2004)、《黄土高原坝系生态工程》(范瑞瑜,黄河水利出版社,2004)等多部专(编)著。

开发建设项目对侵蚀和产沙影响的评价研究在我国是一个新的研究课题,从20世纪80年代中期黄河水利科学研究院首次承担"内蒙古准格尔煤田第一期工程地表形态破坏环境影响评价"以来,多次对开发建设项目新增水土流失进行了预测评价。在"内蒙古准格尔煤田第一期工程地表形态破坏环境影响评价"中,张胜利教授级高级工程师作为项目第一负责人,经过两年多的调查研究、室内外试验和分析计算,首次提出了计算模式和定量化成果,其中,计算模型被编入《工矿水土保持》一书。同时,在这一领域发表了多篇科技论文,如《黄河中游大型煤田开发对侵蚀和产沙影响研究》、《神府东胜煤田开发对水沙变化影响研究》、《内蒙古准格尔煤田开发对侵蚀和产沙影响的研究》等,对指导这一地区开发建设和遏制人为加速侵蚀具有重要意义。

张胜利教授级高级工程师曾荣获多项奖励,其中"三门峡水库泥沙问题基本经验总结"获全国科学大会奖(1978),"黄河流域环境演变与水沙运行规律研究"获中国科学院自然科学一等奖(1995),"80年代黄河水沙特性与河道冲淤演变分析"获河南省自然科学优秀学术论文二等奖和水利部科技进步三等奖(1996),"黄河中游多沙粗沙区水沙变化原因及发展趋势"获黄河水利委员会科技进步一等奖(1997)和水利部科技进步三等奖(1998),"黄河中游多沙粗沙区区域界定及产沙输沙规律研究"获黄河水利委员会科技进步一等奖(2001)和水利部大禹水利科学技术奖二等奖(2003)。

康玲玲教授级高级工程师在参加工作近20年的时间里,先后主持或参加完成国家自然科学基金、国家"973"项目、国家科技攻关项目、水利部科技创新项目、水利部黄河水沙变化研究基金项目、黄河水利委员会水土保持专项等科研项目以及与治黄密切相关的生产项目50余个。其中,作为主要完成人完成的"水土保持生态环境建设对黄河水资源和泥沙影响评价方法研究"获中国水土保持学会科学技术奖二等奖(2007),"黄河多沙粗沙区分布式土壤流失评价预测模型及支持系统研究"获黄河水利委员会科技进步一等奖(2008),"气候变化和人类活动对黄河中游水资源影响"获黄河水利委员会科技进步二等奖(1999),"黄河水沙特性变化综合分析"获黄河水利委员会科技进步二等奖(2000),"黄河中游干旱规律、影响及预测研究"获黄河水利委员会科技进步三等奖(2005)。

作者经过多年潜心研究，编著了《黄河中游人类活动对径流泥沙影响研究》一书，就黄河中游人类活动对径流泥沙影响的历史、现状、未来进行了分析。该书首先论述了黄土高原的自然侵蚀与加速侵蚀，继而就黄河流域水沙变化近期趋势探讨了黄河中游近期水沙变化原因等有关问题，在回顾评价新中国成立以来水土保持减水减沙研究主要成果的基础上，评述了传统水土保持分析法存在的问题，提出了计算方法改进意见，并通过人类活动对河川径流泥沙影响研究实例分析，对水沙变化情势及原因进行了剖析。同时，对开发建设项目新增水土流失以及黄河中游水土保持措施最大减水减沙量进行了预测分析，并探讨了黄河中游水沙变化模式及未来趋势展望。该书的出版，对促进这一领域的研究有一定的理论和实用价值。

黄河中游人类活动对径流泥沙影响规律和原因是非常复杂的，不确定因素较多，许多问题尚待深入研究，还需要我们继续努力，探索前进，为水土保持和黄河治理作出新贡献。

黄河水利委员会原副主任、黄河研究会理事长

黄自强

2009年10月

前 言

人类活动对河川径流、泥沙的影响，一直是人们关注的重要课题，尤其是受人类活动严重影响的黄河，此项研究更显重要。长期以来，黄河水利委员会等单位，对这项研究极为重视，早在20世纪40年代初期，就在天水和关中建立了水土保持实验区。新中国成立后，黄河中游水土保持科学试验站（所）、有关省（区）和大专院校在水土流失规律与水土保持效益研究方面取得了大量资料及科研成果。近二三十年来开展的国家重点科技攻关项目、国家自然科学基金、水利部黄河水沙变化研究基金、黄河水利委员会水保科研基金以及黄河水利委员会重大项目等，在暴雨产流产沙规律及水利水保措施减水减沙效益研究方面取得了一批新成果。

尽管如此，由于研究的角度、方法、时限及地区的差别，在基本资料的获取、汇总标准、分析计算方法及最终成果上存在认识上和观念上的差异，主要反映在：一是水沙变化原因不够明晰，水土保持减沙作用争议较大。二是水沙变化分析评价方法存在许多理论缺陷，例如，"水保法"的理论前提条件是各项水利水保措施的作用具有线性关系，即流域水沙变化的结果等于各类措施作用的线性叠加，显然，这是不合理的。再如，"水文法"的理论基础是降水径流关系具有不变性，也就是评价期的降水径流关系与基准期的相同，其结果往往会使连续枯水期的径流泥沙量估算偏大。三是水土保持措施实有面积及各种措施的减沙指标等基本数据欠准确，影响分析计算精度。

本书是对以上问题进行分析研究后，归纳提出了人类活动对黄河中游径流泥沙影响研究的综合性认识。全书共7章。第1章为黄土高原的自然侵蚀与加速侵蚀，论述了黄土高原环境与侵蚀的关系，归纳了人类活动影响较小时自然侵蚀量和黄河输沙量以及近3 000年来人为加速侵蚀速率与自然侵蚀的数量关系；第2章为黄河流域水沙变化近期趋势及对有关问题的探讨，探讨了黄河中游近期水沙变化原因等有关问题；第3章为黄河中游水利水土保持措施减水减沙作用分析评价，回顾评价了新中国成立以来水土保持减水减沙研究的主要成果，评述了传统水土保持分析法存在的问题，提出了计算方法改进意见；第4章为人类活动对河川径流泥沙影响研究实例分析，评价了黄河中上游水利水土保持减沙作用，分析了河龙区间和典型支流——北洛河水沙变化情势及原因；第5章为开发建设项目新增水土流失预测及入黄泥沙对黄河影响研究，分析提出了开发建设项目预测方法，特别是从降水、径流、泥沙关系出发提出的降水产沙模型，对预测开发建设项目新增水土流失具有重要指导意义；第6章为黄河中游水土保持措施最大减水减沙量预测分析，结果表明，黄河流域黄土高原地区水土保持措施最大利用径流量约为44.41亿m^3，黄河中游多沙粗沙区经过优化综合治理，其最大减沙目标可达7.36亿t；第7章为黄河中游水沙变化模式及未来趋势展望，研究认为，黄河中游水沙变化模式多为丰水丰沙变化模式和枯水枯沙变化模式，从黄河中游人类活动对径流泥沙影响现状展望未来趋势可看出，黄河中游人类活动对径流泥沙影响的未来趋势将更趋"两极分化"，即枯水年甚至平水年水沙来量将进一步减少，而遭遇局部区域性较大暴雨年份将致洪增沙。

本书是作者数十年来从事科学研究的积累，凝聚着作者大量心血，也充满着黄河水利委员会、黄河水利科学研究院许多良师益友的关怀、指导和帮助，以及有关科研院（所、站）、大专院校、地方有关业务部门同仁的大力协助和支持。

参与本书编写工作的还有董飞飞、刘小强、张立平等。值得指出的是，黄河水利科学研究院吴以斆、时明立、姚文艺、赵业安、潘贤娣、左仲国、冉大川、兰华林、刘立斌等领导和挚友，无论是在风雨同舟的查勘调查中，还是在密切合作的研究中，都给予作者大力支持和帮助，本书中也体现着他们的智慧和贡献。

本书承黄河水利委员会原副主任、黄河研究会理事长黄自强作序，谨致衷心谢意。

由于人类活动对径流泥沙情势影响因素极为复杂，再加之我们的水平所限，不足之处在所难免，竭诚欢迎指正。

作　者

2009 年 10 月

目 录

第1章　黄土高原的自然侵蚀与加速侵蚀

黄土高原的侵蚀演变,经历了自然侵蚀和加速侵蚀两个不同的发展阶段。早在史前时期,黄土高原就存在缓慢的自然侵蚀(也称古代侵蚀、地质侵蚀或正常侵蚀);近3 000年来,由于人类活动频繁,发展为加速侵蚀(也称现代侵蚀)。

1.1　黄土高原的自然侵蚀

所谓"自然侵蚀",是指历史上人类活动对黄河中游地区自然环境的影响小到可以忽略不计时,完全由自然状况造成的侵蚀量。"自然侵蚀量"是衡量人类活动对侵蚀产沙影响程度的基础,因此应首先研究黄河中游地区的自然侵蚀数量及其影响因素,以期为今后研究人类活动对黄河径流泥沙演变趋势提供基本依据。

1.1.1　黄土高原古环境演变

黄土高原古环境变迁是发生古代侵蚀的自然背景,概括起来有气候环境和地质环境两方面。

1.1.1.1　气候环境

青藏高原强烈隆起之前,我国的季风气候尚不明显。上新世末更新世初,青藏高原强烈隆起,强化了东亚季风对我国的控制作用,引起了气候带的分异,使广大的西北地区处于非季风区,而黄河流域地处中纬度地带,绝大部分在青藏高原和秦岭的北侧,因此显著感受到这一变化的影响,成为大陆性季风气候。随着青藏高原的继续隆起,使西北地区的气候向着更加干旱的方向发展,降水量大为减少,形成广大沙漠,如新疆塔里木盆地中的沙漠、阿拉善的腾格里沙漠。青藏高原的继续隆起还使得西伯利亚冷高压不断加强,强大的冷气流把中亚内陆戈壁沙漠的大量粉土带到秦岭以北地区堆积,成为黄土物质的主要来源之一。无论是风成黄土,还是水成黄土,它们的结构都是很松散的,抗蚀力很低,这就为侵蚀提供了有利条件。

黄土高原在第四纪内经历过冰期和间冰期(见表1-1),气候有过多次波动。总的趋势是冰期干冷气候对本区的影响一次比一次增强,间冰期的湿热气候一次比一次弱,但没有根本改变黄土高原干旱气候的基本特征。

黄土高原早更新世气候并不十分干燥,这可以从以下方面得到证实:其一,午城黄土底部与第三系或古老地层之间一般自下而上为河湖相的砾石层和砂砾石与黄土状土互层过渡,在午城黄土中见有长鼻三趾马(*Probosidipparion Sinenses*)和短脚野兔(*Hypolagus Brachypus*)等具有森林草原习性的动物化石,啮齿类动物化石较少;其二,植物孢粉除了大部分草本植物花粉外,还有木本花粉,如桦属(*Betula*)、胡桃属(*Juglans*)等。

表 1-1 黄土堆积时期的古气候环境

冰期	时代		堆积物	间冰期或冰后期	时代		堆积物
	地质时代	距今年数（万年）			地质时代	距今年数（万年）	
公王岭	早更新世早期	150~110	冰碛层	公王岭—水沟	早更新世晚期	110~100	早期黄土
水沟	中更新世早期	100~70		水沟—北庄村	中更新世晚期	70~20	中期黄土
北庄村	晚更新世早期	70~20		北庄村—太白	晚更新世晚期	10~7	晚期黄土
太白	晚更新世末期	7~1		太白—现在	全新世	1 至今	近代黄土

中更新世黄土高原的气候也曾有过多次干冷和湿热的波动，湿热期形成的色调棕红，质地较黄土黏重，有明显土柱发生层次的古土壤，干燥期则堆积黄土。中更新世的动物化石以食草性动物为主，如丁氏田鼠（*Myospalax Eontanicri*）、短尾兔（*Ochotonoides sp*）、赵氏田鼠（*Myospalax Chaoyatsenio*）、裴氏转角羚羊（*Spirocerospeii*）等。植物孢粉主要是草本蒿属（*Artemisia*），禾本科（*Graminehe*），木本植物孢粉数量较少。从动物化石和植物孢粉可以看出，中更新世气候比早更新世气候更为干燥，仍属草原性气候，但中更新世气候波动频率要比早更新世高，这从古土壤层的发育可以得到证明：早更新世只有 6 个成壤层，而中更新世有 13 个湿润程度不同的成壤期。

晚更新世马兰黄土堆积期，黄土高原的气候更加干燥，这可从动物化石和植物孢粉得到证实：动物化石有方氏田鼠（*Myospalax Fontanirio*）、鸵鸟蛋化石碎片（*Struthilitbus sp*）和平顶蜗牛（*Euloth*）。植物孢粉以草本花粉为主，其中又以反映干燥气候的蒿属（*Artemisia*）花粉为主。晚更新世气候总的特点是比前期更干燥。干湿变化波动小，除高原的东、南部气候稍有微动、发育 1~2 层反映湿热期古土壤外，余者均为结构松散的黄土。

全新世以来，伴随冰川消融、雨水增加、气候转暖和海浸发生，黄河中游进入一个非常适于动植物繁殖和活动的时期。在全新世早期和中期出现的河湖相薄层泥炭堆积，说明这时气候湿润，水汽条件适宜，恰好就在这时，黄河中下游半坡文化、仰韶文化、龙山文化相继出现，然后又迅速发展到铜器时代和有文字记载的时期。结果导致以黄河流域为中心的全国政治、经济大统一局面的出现。

自从上新世中期北极冰盖逐渐形成，西伯利亚寒冷气团南侵，泛北极植物因而扩展，亚热带成分南退。进入第四纪以后，由于冰期影响，这一趋势更为明显。据第四纪地质、孢粉和黄土微结构对古环境的初步研究，更新世以来，黄河中游大部分时间以蒿、藜、禾草等草本植物为代表的草原和荒漠草原植被为主，气候干冷。在间冰期和冰后期气候回暖时，间以森林草原和针阔混交林草原植被。随着青藏高原和秦岭的逐渐抬升，阻挡了水汽来源，同时又直接遭受西亚干旱沙漠影响，因此气候虽有波动，但仍以干旱寒冷为其总的趋势。在晚更新世晚期，北部又成为荒漠草原，且时有冻土发育。

1.1.1.2　地质环境

黄土高原的地质构造单元属鄂尔多斯地台和祁连山褶皱的一部分。第三纪时，本区的大小湖泊众多，后不断萎缩，至第四纪早、中更新世尚保存的湖盆有共和、银川、河套、汾渭及华北等（见图1-1），而这些湖泊除华北外均为内陆型，且各自形成独立的集水系统。喜马拉雅运动末期的新构造运动，使鄂尔多斯地台缓慢抬升，其周边盆地继续下沉，至早更新世末各盆地水系相互沟通形成统一的黄河水系。鄂尔多斯地台上升，其周边盆地下沉的地质构造格局贯穿于整个第四纪期间，这种地质构造的格局，决定了黄土高原第四纪期间始终处于遭受侵蚀的地质背景之中。

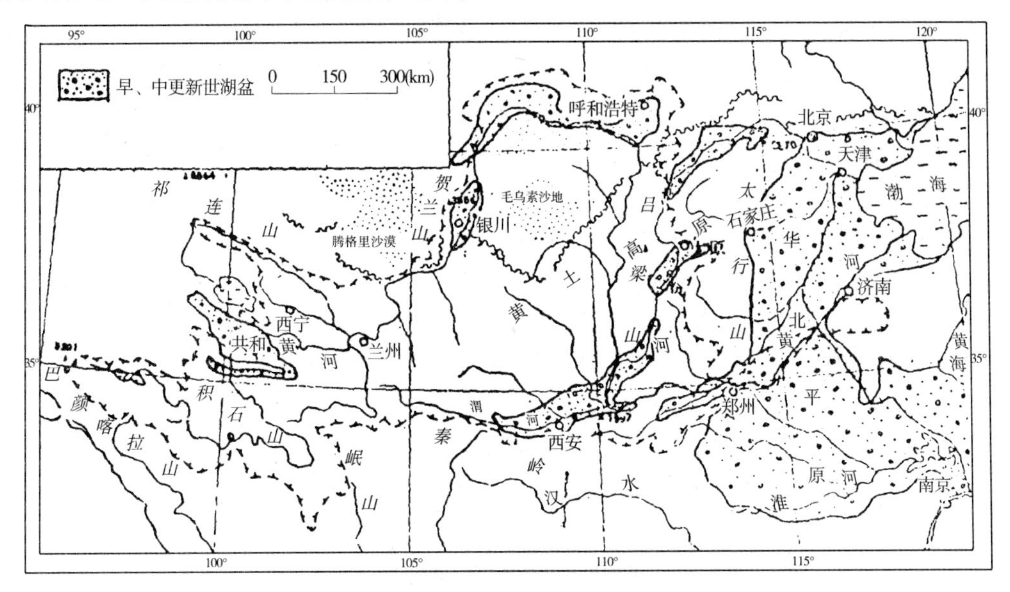

图1-1　黄河流域早、中更新世湖盆及近代水系略图

黄土高原的大部分地区第四纪以来的新构造运动，一直表现为整体的间接抬升的特点。黄土高原上较大的沟谷和河谷都已切入基岩数十米，而较大的沟谷自全新世以来又从古代沟谷中下切了10 m以上。据水准测量资料，银川盆地和汾渭盆地下沉量2～3 mm/a，吕梁山和王屋山的上升量为1～3 mm/a，六盘山的上升量为20 mm/a。由此可见，本区活跃的新构造运动使侵蚀基准面下降，为强烈侵蚀奠定了物质基础。

1.1.2　地质历史时期黄土高原地区的侵蚀

1.1.2.1　黄土的形成与堆积

据现有资料，黄河中游黄土主要形成于干旱草原和森林草原的演替过程当中。早更新世为森林草原，中更新世为草原，晚更新世为干旱草原。在第四纪黄土形成期，气候总趋势由较湿润变为愈益干燥。这在黄土和类黄土沉积中，花粉组合以草本植物占绝对优势，木本植物在中更新世逐渐减少，晚更新世几乎完全消失，以及大量啮齿类动物化石的广泛分布中都可以得到证明。黄土中也有若干埋藏土壤和红色条带，古植物中也有个别湿生类型，但这只是暖湿的短暂颤动和局部水体存在的表现。

从黄土大面积的分布在黄河中游的不同地区，包括不同地貌、不同高度和河流未曾到达的部位，以及这种分布从西亚到东亚联系起来考察，显然和常年西北风及沙漠的分布有密切关系，再从黄土颗粒组成和风力输送的动力关系去加以检验，黄土形成时，搬运和沉积过程以风力为主，流水因素为辅。根据厚达数十米以至两三百米的黄土层可知，形成这样大量的沉积，也必有前述那样以干冷气候为主的草原和荒漠草原古环境。

黄河流域的黄土堆积大约开始于距今240万年前，并且延续到现在。以黄河中游洛川黄土和古土壤的时间序列为例，经研究得知，240万年前的午城黄土和红黏土的分界，标志着黄土堆积的开始，这也是我国北方第四纪的开始。风成黄土的堆积和当时的气候由暖湿向干冷急剧变化有关。以后，在距今187万～167万年前发育了午城黄土中部的细粒古土壤组合。115万～80万年前形成了沙质黄土层，沉积的颗粒较粗。再往后，在距今50万年前后又发育了细粒古土壤层，10万年前形成了多层次的马兰黄土。当前，仍然处于冰后期的暖湿气候为1万年来黑垆土发育提供了条件。

黄河中游广泛分布着深厚的黄土，甘肃省地质矿物局水文地质勘测队经钻孔揭示，兰州黄河南西津村黄土层厚度超过400 m，兰州白塔山北九州台黄土层厚338 m。其他地区也分布着平均厚度200 m左右的巨量黄土（见图1-2），其中以离石—午城黄土堆积最厚，泾洛河流域可达170 m，陕北也有100～150 m，马兰黄土呈被覆状覆于离石黄土的剥蚀面之上，以六盘山以西的盆地堆积最厚，达50 m以上，陕北马兰黄土堆积厚20～30 m。

黄土高原200万年以来黄土的平均堆积速率为(0.06±0.01) mm/a，即1万年堆积0.6 m左右。

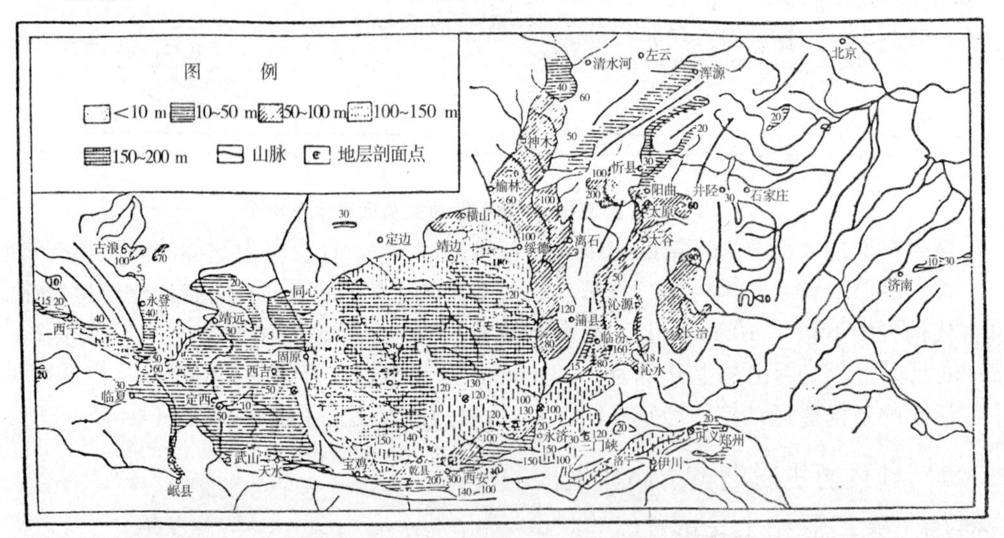

图1-2 中国黄土厚度分布示意图

1.1.2.2 黄土侵蚀

1）侵蚀时期

黄土高原的侵蚀与堆积是不连续的，在第四纪地质历史时期中，经历了三个侵蚀堆积旋回，近1万年来已进入第四个侵蚀旋回。前三个旋回的周期分别为10万年、50万年和3万年。黄土高原的侵蚀发展历史除了上述侵蚀堆积旋回外，在每个大的旋回内还有若干个小的侵蚀堆积旋回的更替，尤其是离石黄土堆积期更为明显。据此，可划分为四个侵蚀期,第一侵蚀期发生于距今 120 万 ~150 万年,第二侵蚀期发生于距今 50 万 ~70 万年,第三侵蚀期发生于距今 10 万 ~20 万年,第四侵蚀期发生于距今 1 万 ~2 万年。在这四次大的侵蚀期中,影响黄河产沙量的主要是第三、第四侵蚀期。由于侵蚀期之间尚有一漫长的间侵蚀期,故黄河形成后(最早不超过 50 万年),其所挟带的泥沙随不同时期影响因素的变化有很大不同。

2)侵蚀速率

黄土高原的侵蚀与地质演化史密切相关。全新世以来黄河流域的环境变迁最突出的是中游黄土侵蚀与下游河道的沉积,这个时期黄土高原的侵蚀发展可根据相关沉积的原理及中游流域泥沙输移比接近 1 的事实,从黄河下游不同时期冲积扇的规模来阐述(见图 1-3),这是因为:①华北平原第四纪以来堆积物的 90% 来自黄土高原;②冲积扇区河道淤积量为下游淤积量的 80% 。根据地质剖面揭露, 全新世早期(距今 11 000 ~6 000 年)

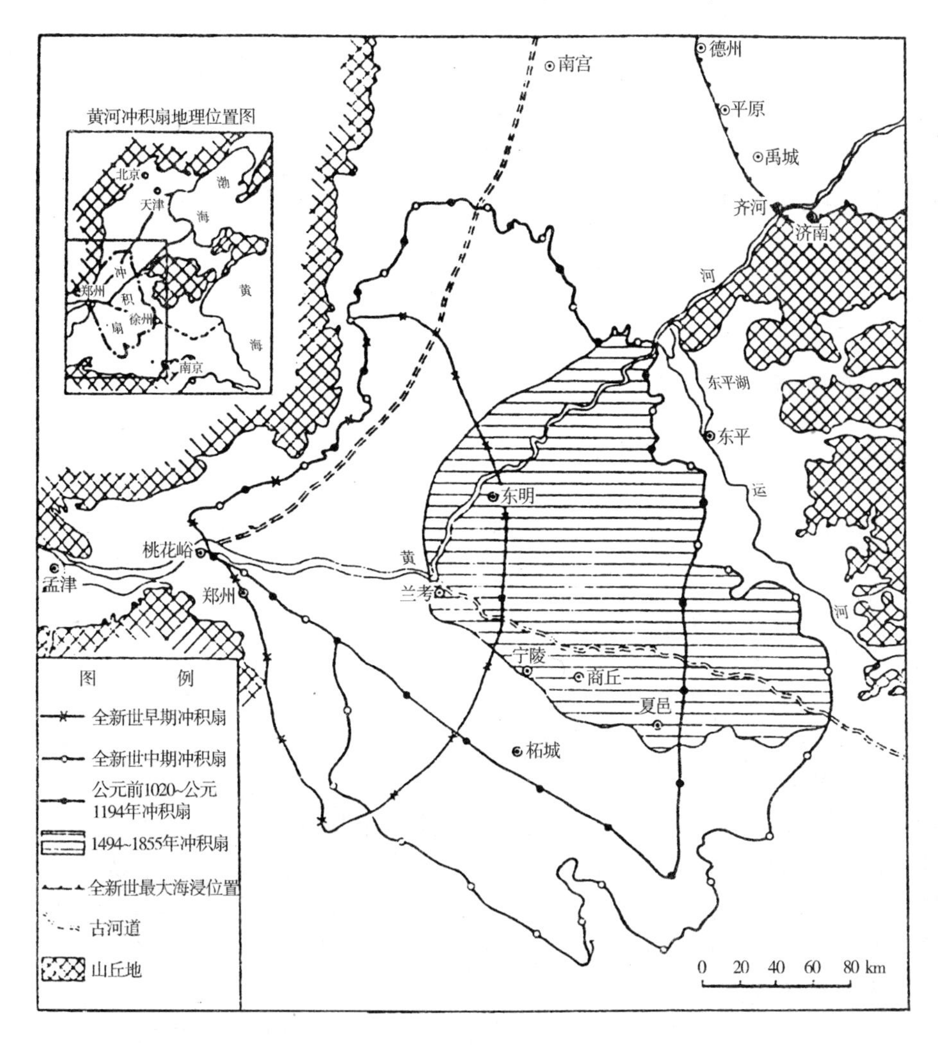

图 1-3　黄河下游不同时期冲积扇分布位置图(据叶青超简化)

的沙层平面分布范围较小，约 31 140 km^2，由郑州至东明附近沉积厚度一般 20 m 左右。这个时期冲积扇规模小的主要原因是当时河道出山口以后，离海近，长度短，河床的纵比降大(4.42‰)，大量的泥沙被带到外海沉积；其次，则可能当时的侵蚀量相对较小，粗估每年平均约有 2.43 亿 t 泥沙在下游堆积。由于此时河床比降大，输沙入海较多，中游黄土侵蚀量应比次数为大。全新世中期(距今 6 000 ~3 000 年)，仍属自然侵蚀过程，人类活动规模和范围都极其有限，但冲积扇较大，由郑州向东延至东平湖附近，北至威县、临清一带，南至徐州附近，总面积 40 459 km^2，堆积厚度 25 ~30 m，粗估每年平均约有 4.35 亿 t 泥沙在冲积扇堆积，2.16 亿 t 泥沙在外海堆积，总堆积量达 9.75 亿 t。

中国科学院地理科学与资源研究所李远芳(1991)依据历史记载，在查清西汉黄河主河口位置和三角洲范围的基础上，推算了三角洲堆积特征与流域产沙量。推算表明，西汉时期黄河下游至河口泥沙总淤积量每年约 6.5 亿 t。考虑到黄河中游有 90% 的泥沙来自中游的黄土高原，当泥沙输移比接近 1 时，则黄土高原土壤侵蚀值当时约为 6 亿 t，大体接近自然侵蚀量。

综上所述，先秦以前和先秦至西汉时代黄河中游的土壤侵蚀量可以粗略估算出来，其值为 6 亿 ~10 亿 t，并视为黄河中游土壤自然侵蚀量。尽管推估的数字不一，但从定性来看，表明地质时期以来，黄河就是多泥沙的河流，其后随自然因素和人为因素影响而变化。

1.2　黄土高原的加速侵蚀

1.2.1　侵蚀环境

影响土壤侵蚀的环境因素主要有气候因素、植被因素和人口变化因素。

1.2.1.1　气候的变迁

关于历史时期气候的状况，许多学者都进行了大量的研究工作，得出了一些科学结论。尽管还有人继续坚持历史时期的气候并无多大变化的观点，但多数学者根据大量的、可靠的资料证明，历史时期的气候确有变化，而且在某些时期还表现得十分显著。已故的我国地理学界的老前辈竺可桢先生的《中国五千年来气候变迁的初步研究》就是我国历史时期气候研究成果的总结。5 000 年来的中国气候，大致可分为四个温暖期和四个寒冷期。

1)四个温暖期

(1)公元前 3000 年到公元前 1000 年左右为第一个温暖期。

大量的考古材料和物候材料证明，在这个漫长的历史时期，我国的气候大致以温暖为主，当然也不排除短暂的寒冷时段的出现。由于对这个时期气候状况的推断，主要以考古材料为依据，所以竺可桢先生把它称为考古时期。西安半坡、安阳殷墟考古材料所反映的气候状况都可作为代表。

西安半坡遗址位于浐河东岸，^{14}C 测定年代距今 5 600 ~6 080 年，是 1954 ~1956 年发掘的。在发掘的兽骨中有大量的竹鼠、獐(河鹿)和斑鹿(梅花鹿类)的骨骼。竹鼠是生活在竹林中的动物，斑鹿善于奔跑，经常驰骋在森林之中，而獐则主要活动在沼泽附近的草丛之中。由此证明,当时的西安地区不仅有森林深邃的丘陵和丛草茂密的沼泽,并有广阔的竹林夹杂其间。从上述热带动物能在西安地区生存来看,当时西安地区的气候显然比现在温暖得多。另外,从半坡人能在浐河中捕获大量的游鱼可以证明,当时浐河的水量相当丰沛。

安阳殷墟是殷商故都的遗址,位于河南安阳市西北的小屯村。1920年发掘,这里发现的热带和亚热带动物,除竹鼠、水獐外,还有貘和水牛等动物的骨骼。同时,甲骨文还有捕获大象的记载。今河南省简称豫,即古代豫州的所在。豫字的形象字,实际上是一个人牵着一只大象的标志。

(2)公元前770年到公元初为第二个温暖期。

从春秋时代开始的温暖期一直持续到西汉末年,主要表现在黄河流域冬天结冰期短,梅树和竹类的广泛分布。据《春秋》记载,地处今山东中南部的鲁国,隆冬季节,冰房里竟往往得不到冰。商周时代,梅子是人们生活中的必备调味品,几乎像盐一样重要,“若作和羹,尔惟盐梅”(《尚书·说令下》)。

(3)公元600年到公元1000年为第三个温暖期。

这是从隋代开始历经盛唐一直到北宋初年的又一个温暖期。隋、唐均建都长安(今西安),到了7世纪中叶,长安连续多年冬季无雪、无冰(公元650、669、678年),唐代时的国都长安还有梅树和柑橘的种植。

(4)公元1200年到公元1300年为第四个温暖期。

这个温暖期历时很短,大约只有一个世纪,即从南宋中叶到元初的一段,而且暖湿的程度也不如前几次那么明显。

这5 000年期间所出现的四个温暖期,持续时间越来越短,从2000年、800年、400年到100年;温暖的程度也越来越低。

2)四个寒冷期

与上述四个温暖期相间的为四个寒冷期。

(1)公元前1000年左右到前850年为第一个寒冷期。

这是5 000年来最早出现的寒冷期,也恰好是我国历史上最后一个奴隶制时代的西周时期。

(2)从公元初到600年为第二个寒冷期。

这一时期历经东汉、魏晋、南北朝,前后持续将近6个世纪。

(3)从公元1000年到公元1200年为第三个寒冷期。

这在我国历史上恰好是两宋时代,北宋建都开封,南宋建都杭州。

(4)从公元1400年到公元1900年为第四个寒冷期。

这四个寒冷期与上述四个温暖期的趋势恰好相反,寒冷期愈来愈长,强度也越来越大。

3)气候寒暖变化特点

竺可桢先生把5 000年来中国气候寒暖变化划分为考古时期、物候时期、方志时期和仪器观测时期,其结论为:

(1)在这5 000年的最初2 000年,即从仰韶文化到安阳殷墟,大部分时间的年平均温度比现在高 2 ℃左右,1 月份温度比现在高 3 ~4 ℃。

(2)从那以后,有一系列的上下摆动,其最低温度在公元前 1000 年(相当于西周时期),公元 400 年(相当于东晋南北朝前期)、公元 1200 年(相当于南宋后期)和公元 1700 年(相当于清代中叶),摆动变化幅度为 1 ~2 ℃。

(3)在每一个 400 ~800 年的周期里,可以分出 50 ~100 年为周期的小循环,温度变化幅度为 0.5 ~1 ℃。

对照以上时期的降水变化如图 1-4 所示。

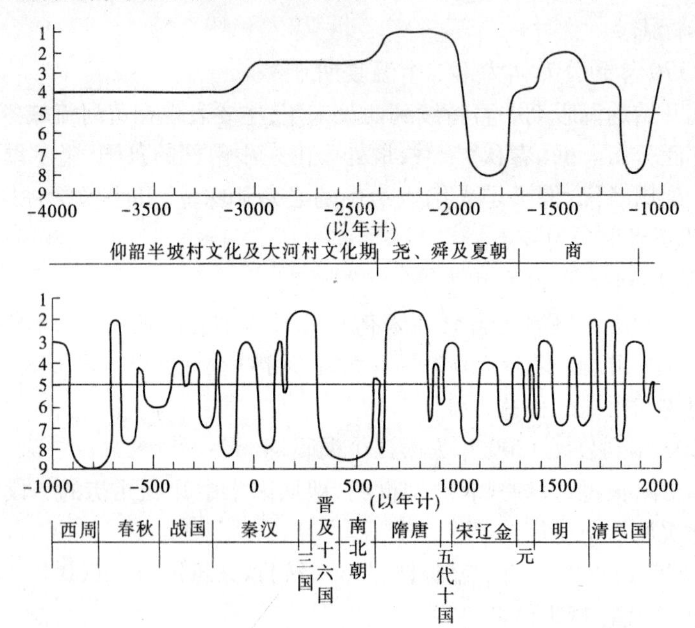

注:纵坐标为降雨丰枯级别:1—降雨极多;2—湿润多雨;3—降雨较多;
4—降雨稍多;5—降雨正常;6—降雨稍少;7—降雨较少;8—干旱少雨;9—严重干旱

图 1-4 中原地区近 5 000 余年来降水量变化曲线图

1.2.1.2 植被变迁

植被是影响侵蚀的一个重要因素,在历史的长河中,黄河中游地区植被发生了很大变化。据有关资料考证,除平原地区的农业已具有相当规模外,其余广大地区都还被森林和丛草所覆盖,植被情况十分良好。这可从西安半坡、山东泰安大汶河遗址以及《诗经》、《山海经》和《禹贡》等文献记载中得到证明。然而,黄河中游也是我国森林破坏最早和最彻底的地区。陕西师范大学史念海在《历史时期黄河中游森林》(《河山集 · 二集》)一文中揭示,本区森林的破坏大致经历了四个阶段,即春秋战国时代、秦汉魏晋南北朝时代、唐宋时代和明清以来的时代。在这四个阶段,据有关资料估计,春秋战国时期黄河中游森林被覆率为 53%,秦汉时代下降到 42%,唐宋时代下降到 32%,明清至新中国成立前夕则迅速下降到 3%左右,见图 1-5。

史念海研究认为,数千年前黄河中游塬面都相当广大,不似现在的沟壑纵横。各处山上森林也都相当茂密,林区上下及于平川原野。黄河干流虽早已浑浊,然而,由于各处植被良好,若干支流仍能保持清澈,泾河清可见底,汾河尚可浣纱。此后,随着森林植被的破

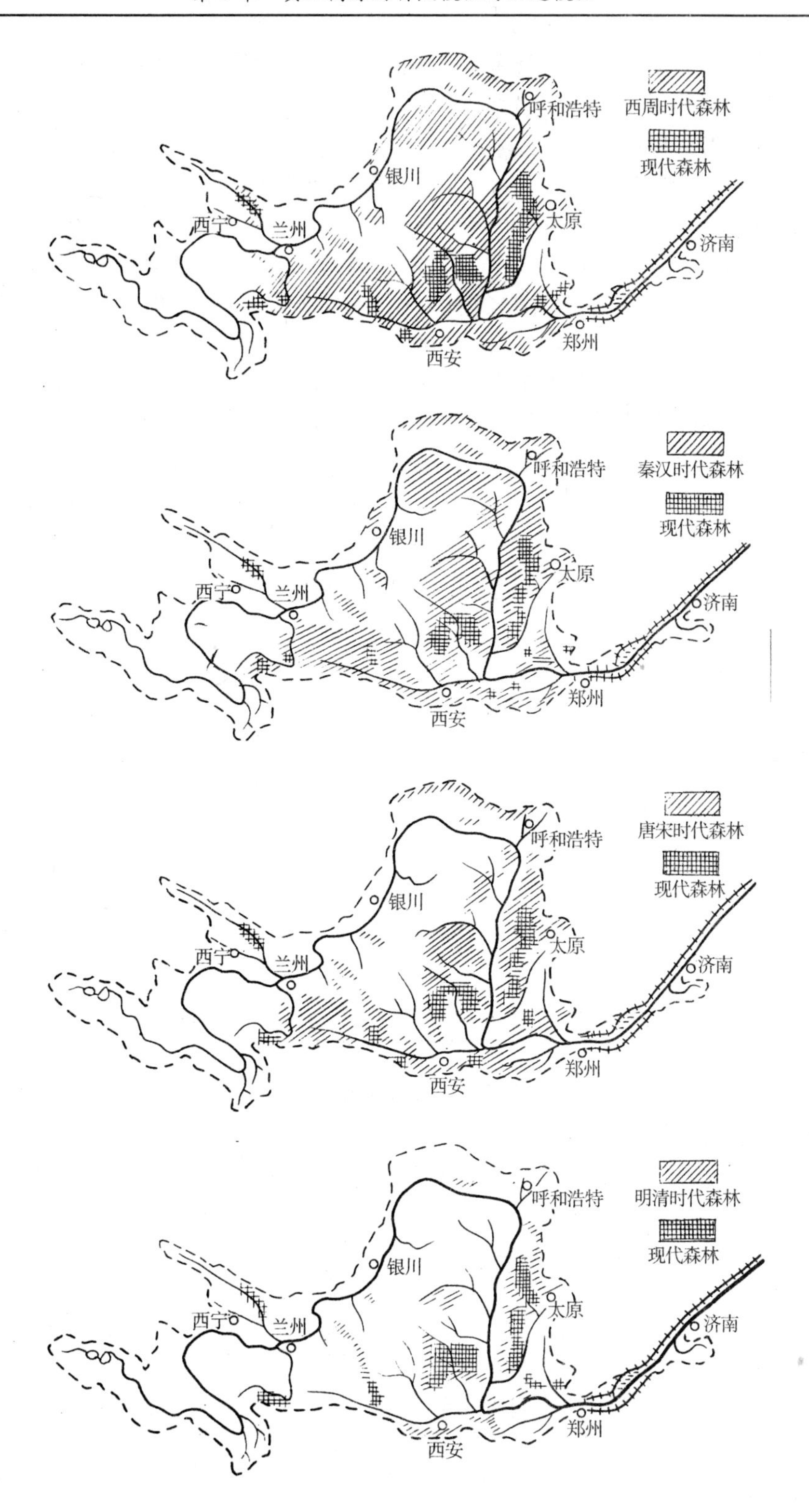

图1-5　历代黄土高原森林分布演变示意图

坏,水土流失日益加剧。历史上黄河下游的洪水灾害,虽然原因很多,但最根本的原因是黄土高原植被的破坏与水土流失的加剧。

1.2.1.3 人口的变化

在人为破坏加剧侵蚀的原因中,人口数量的增加对河流增沙影响很大。历史时期,我国人口数量的增减变化很大,但从总的趋势来看还是不断增加的。关于秦汉以前的人口数字,晋人皇甫谧在《帝王世纪》一书中有从大禹到先秦的人口数字(《后汉书》卷29《郡国志》引《帝王世纪》),他所推论的西周已有1 300多万人,战国时人口仍有1 000余万人,与范文澜所估算的战国时代全国人口有2 000万人的数字比较接近(《中国通史》,第一册,第199页)。从秦汉起,各个王朝都对人口统计十分重视,据《中国历史地理简论》(马正林,《中国历史地理简论》第295页,陕西人民出版社,1987年1月),全国总人口从西汉平帝元始二年(公元2年)至明万历六年(公元1578年)一直徘徊在六七千万人(见表1-2),到清乾隆十八年突破1亿人大关(《中国历史户口、田地、田赋统计》第261页),清宣统年间(公元1912年汇造)全国人口达3.7亿人,可见,人口增长是很快的。

表1-2 全国主要朝代人口变化

朝代	总人口(万人)		
	总数	黄河流域及其附近地区	长江流域及其以南地区
战国	约2 000		
西汉平帝元始二年(公元2年)	5 767.1	4 299	1 460
东汉永和五年(公元140年)	4 789.2	2 800	1 989
唐天宝元年(公元742年)	5 097.6	3 042.4	2 055.2
宋元丰三年(公元1080年)	3 325.4	956.4	2 369.0
元至元二十七年(公元1290年)	5 952.0	701.4	5 250.6
明万历六年(公元1578年)	6 071.9	2 494.4	3 574.8
清宣统年间(公元1912年汇造)	36 814.7	13 158.2	23 656.5

黄土高原人口数量变化也有相似的特点,如陕西省的人口长期在1 000万人以下,到了清代才超过了1 000万人(见表1-3)。

表1-3 历史时期陕西省人口变化

朝代	年代	人口数量(人)
东汉	25~220	785 000
隋	581~618	3 711 387
唐	618~907	4 397 574
北宋	960~1127	2 872 347
明	1368~1644	2 772 292
清	1616~1911	11 027 256
新中国	1950	13 414 649
	1980	28 314 000

人口增加后所需粮食只能是扩大耕地面积,据钮仲勳统计,若以明代晋西的耕地面积为100,到1949年已扩大了2.8倍。

1.2.2 加速侵蚀速率

关于自然侵蚀和人为加速侵蚀强度与速率问题,当前论证的依据不一,争论较大。历代各类文献的记载及有关专家的多年研究表明,黄河流域的加速侵蚀是人口大量增长,人类活动频繁,破坏地面林草植被造成的。华北平原是黄土高原侵蚀的相关沉积区,据对华北平原第四纪沉积厚度和黄、淮、海诸河输沙量的推算,自更新世有人类活动以来到现在的二三百万年的时间内,沉积的速度愈来愈快(见表1-4),其中主要是来自黄河的冲积物,这无疑是人类活动加剧水土流失的结果。

表1-4 更新世以来华北平原的沉积速度

时代	每沉积1 m土层所需年数
更新世(距今200万~300万年)	6 700
全新世(距今1万年)	330
近代(黄、淮、海诸河)	270

华北平原是黄土高原的侵蚀相关沉积区,中科院地理所叶青超等采用侵蚀—堆积相关法,得出黄河下游的堆积量(见表1-5),由此可以相应估算黄土高原全新世以来不同时期的年平均侵蚀率。

表1-5 全新世以来不同时期黄河下游泥沙堆积量 (单位:亿 t/a)

<table>
<tr><th colspan="2" rowspan="2">时期</th><th colspan="4">部位</th><th rowspan="2">年堆积量</th></tr>
<tr><th>冲积扇</th><th>陆上三角洲</th><th>水下三角洲</th><th>外海</th></tr>
<tr><td colspan="2">全新世早期</td><td>2.43</td><td>—</td><td>—</td><td>—</td><td>—</td></tr>
<tr><td colspan="2">全新世中期</td><td>4.35</td><td>1.08</td><td>2.16</td><td>2.16</td><td>9.75</td></tr>
<tr><td rowspan="4">全新世晚期</td><td>公元前1020年~公元1194年</td><td>5.1</td><td>1.30</td><td>2.60</td><td>2.60</td><td>11.60</td></tr>
<tr><td>1494~1855年</td><td>5.9</td><td>1.48</td><td>2.96</td><td>2.96</td><td>13.30</td></tr>
<tr><td>1919~1949年</td><td>4.0</td><td>2.56</td><td>5.12</td><td>5.12</td><td>16.80</td></tr>
<tr><td>1949~1980年</td><td>4.0</td><td>2.46</td><td>4.92</td><td>4.92</td><td>16.30</td></tr>
</table>

由表1-5所列成果可以看出,全新世中期(距今6 000~3 000年)仍属自然侵蚀过程,人类活动规模和范围极其有限,这可从半坡旧址所发掘的人类活动工具、住宅、生活方式得到证明。因此,简单的人类活动,无论是合理的,还是不合理的,都不至于对区域侵蚀产生影响,这时的总堆积量达9.75亿t。

全新世晚期(公元前1020年至现在)的3 000多年间,特别是唐代以后人类活动加剧了自然侵蚀过程,粗估每年平均在下游的总堆积量已增至11.60亿t(公元1194年),这个时期的年平均侵蚀量比全新世中期增加了0.85亿t,约增加7.9%,这个增加的量属于自然加速侵蚀量和速率。

1494～1855 年这个时期，人类活动频繁，这个时期的总侵蚀量包括自然侵蚀和人类活动加速侵蚀，年均总侵蚀量为 13.3 亿 t，比前期增加了 1.7 亿 t，其中自然加速侵蚀约 7.9%，那么人类活动加速侵蚀则占 6.7%。

1919～1949 年，黄土高原人口不断增加，随之开荒规模和范围不断扩大，植被遭到了彻底的破坏，年侵蚀量约 16.8 亿 t，比前一时期增加 3.5 亿 t，约增加 26.3%，自然侵蚀速度仍按 7.9% 计算，那么人类活动加速侵蚀增加到 18.4%。

根据估算的侵蚀量对比自然侵蚀和人为加速侵蚀速率可以看出，人为加速侵蚀急剧增长至自然侵蚀速率的数倍至数百倍（见表 1-6）。

表 1-6　自然侵蚀和人为加速侵蚀速率比较

项目	年侵蚀（堆积）总量（亿 t）	两个时段间隔年数（a）	两个时段间新增侵蚀量（亿 t）	年增侵蚀量（亿 t）	侵蚀速率比值
全新世中期（距今 6 000～3 000 年）	9.75				
公元前 1020 年～公元 1194 年	11.60	3 000	1.85	0.000 62	1
1494～1855 年	13.30	661（1194～1855）	1.70	0.002 57	4.15
1919～1949 年	16.80	94（1855～1949）	3.50	0.037 23	60.05
1949～1980 年	22.33	31（1949～1980）	5.53	0.117 839	287.73

1.3　结论与讨论

（1）黄河下游淤积的泥沙，归根结底是来自黄河流域黄土高原的土壤侵蚀。研究表明，在人类活动干扰较小的情况下，黄土高原的自然侵蚀总量为 6 亿～10 亿 t，尽管推估的数字不一，但从定性来看，表明地质时期以来，黄河就是多泥沙的河流，其后随自然因素和人为因素影响而变化。

（2）近 3 000 年来，黄土高原的气候环境、人口大量增长、人类活动频繁，破坏地面植被，是加速侵蚀的重要原因。研究表明，人为加速侵蚀速率是自然侵蚀速率的数倍至数百倍。

（3）关于自然侵蚀和人为加速侵蚀强度与速率问题，当前论证的依据不一，争论较大。应进一步加强黄土高原地区自然侵蚀和人为加速侵蚀速率及其输沙量研究。

参考文献

[1] 张胜利. 水土流失[M]//黄河水土保持志(第二篇). 郑州:河南人民出版社,1993.
[2] 向家翠,等. 某水准线路所经地区现代升降运动的初步探讨[J]. 地质科学,1966(3).
[3] 戴英生. 从黄河中游古气候环境探讨黄土高原的水土流失[J]. 人民黄河,1980(4).
[4] 景可,陈永宗. 黄土高原侵蚀环境与速率的初步研究[J]. 地理研究,1983(5).
[5] 叶青超,杨毅芬,张义丰. 黄河冲积扇形成模式和下游河道的演变[J]. 人民黄河,1982(4).
[6] 叶青超,等. 黄河流域环境演变与水沙运行规律研究[M]. 济南:山东科技出版社,1995.
[7] 黄河水利委员会黄河中游治理局. 黄河水土保持志[M]. 郑州:河南人民出版社,1993.

第2章　黄河流域水沙变化近期趋势及对有关问题的探讨

2.1　黄河流域水沙变化近期趋势

2.1.1　黄河流域降水量及径流量变化趋势

2.1.1.1　黄河流域降水量变化趋势

表2-1为黄河流域不同年代降水量统计结果。由表2-1统计结果可以看出,黄河流域2000～2005年(以下简称近6年)平均降水量431.0 mm,比1956～1999年均值(以下简称多年平均)偏少3.9%,但比1990～1999年(以下简称90年代)偏多2.1%。

从近6年降水量的地区分布来看,三门峡—花园口区间和花园口以下降水偏多,主要产沙区的头道拐—龙门区间平均降水量比多年平均偏少3.4%,比90年代增加4.3%;近6年中降水量最多的是2003年,年降水量为555.6 mm,是新中国成立以来第5位多雨年,比多年平均值偏多23.9%;最少的为2000年,年降水量381.8 mm,是新中国成立以来倒数第6个少雨年,比多年平均值偏少14.9%。总体来看,三门峡以上地区,无论是90年代还是近6年流域平均降水量较多年平均降水量呈减少趋势,三门峡以下地区呈增加趋势(见图2-1)。

表2-1　黄河流域不同年代降水量统计

分区	1956～1999年平均	1990～1999年平均	2000～2005年平均
兰州以上	484.6	470.9	447.3
兰州—头道拐	263.5	266.3	220.7
头道拐—龙门	435.6	403.6	420.9
龙门—三门峡	541.8	491.7	527.0
三门峡—花园口	659.5	603.6	679.5
花园口以下	647.0	663.9	716.5
内流区	274.3	260.5	253.2
全流域	448.6	422.2	431.0

2.1.1.2　黄河干流主要站实测径流量变化趋势

1)年均径流量变化趋势

表2-2为黄河干流主要站实测径流量统计结果。可以看出,近6年黄河水量普遍偏

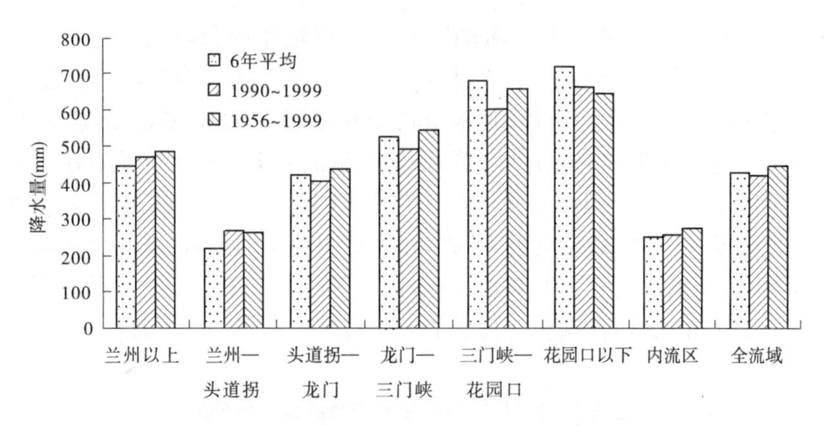

图 2-1　黄河流域各地区各时段年降水量对比图

枯，如花园口站 1956 ~ 1999 年多年平均径流量接近 400 亿 m^3，到 90 年代减少为 256.9 亿 m^3，而到 2000 ~ 2005 年进一步减少为 216.2 亿 m^3，特别是 2000 ~ 2002 年年径流量不足 200 亿 m^3。实测径流量的这种减少趋势是值得关注的。此外，由图 2-2 可见，近 6 年平均实测径流量比 90 年代普遍下降，比多年平均下降更多，且越向下游减少越多。

表 2-2　黄河干流主要站实测径流量统计　（单位：亿 m^3）

水文站	2000 年	2001 年	2002 年	2003 年	2004 年	2005 年	2000 ~ 2005 年平均	1990 ~ 1999 年平均	1956 ~ 1999 年平均
唐乃亥	154.5	138.1	105.8	171.6	161.5	255.0	164.4	176.0	205.1
兰州	259.6	235.6	235.8	219.7	235.7	291.1	246.3	259.7	314.3
头道拐	140.2	113.3	122.8	115.6	127.7	150.2	128.3	156.7	223.9
龙门	157.2	139.4	156.6	162.3	159.2	169.2	157.3	198.2	275.4
花园口	165.3	165.5	195.6	272.7	240.8	257.0	216.2	256.9	395.7
利津	48.6	46.5	41.9	192.6	198.3	206.8	122.5	140.8	321.4

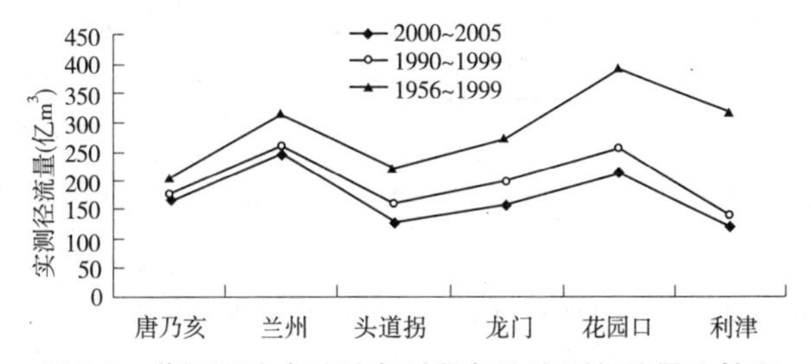

图 2-2　黄河干流主要站各时段年均实测径流量比较图

2）径流量年内分配变化趋势

近 6 年实测径流量大幅度减少，主要受降水变化和人类活动影响。人类活动对河川径流的影响不仅反映在径流量的锐减，亦反映在年内分配的变化上（见表 2-3）。点绘兰州站和花园口站天然径流量与人类活动影响后径流量年内分配变化过程线(见图2-3、图2-4),其中的实线为兰州和花园口天然状况下的实测径流年内分配,由此可以看出,最大4个月的水量都发生在7~10月,其水量占全年水量的61%左右;虚线为人类活动影响后的近5年平均水量年内分配,可以看出,兰州站最大4个月水量发生在5、6、9、10月,且占全年水量的43.5%,花园口站发生在3、7、9、10月,且占全年的42.2%。兰州站年内分配的变化主要受龙羊峡、刘家峡水库调节和少量引耗水的影响,花园口站则主要受上中游各水库调节、引耗水量以及人工调水、调沙试验等影响。总之,进入下游的河川径流量由于受人类活动等各方面的影响,已改变了天然条件下的年内分配过程,汛期径流大幅度减少。

表2-3　兰州、花园口站实测径流量年内分配　(%)

站名	时段	1月	2月	3月	4月	5月	6月	7月	8月	9月	10月	11月	12月	7~10月
兰州	1950~1968	2.7	2.3	3.0	4.2	7.7	9.3	16.1	15.2	16.4	13.0	6.4	3.5	60.7
	2000~2004	5.5	4.3	4.7	8.1	11.3	10.4	9.7	9.0	10.0	11.8	8.9	6.2	40.5
花园口	1950~1959	3.0	3.2	4.6	5.5	5.0	5.6	14.3	20.0	14.8	12.2	7.9	6.5	61.4
	2000~2004	4.7	4.4	9.9	9.5	7.6	9.4	10.8	7.5	9.8	11.7	8.1	9.1	39.8

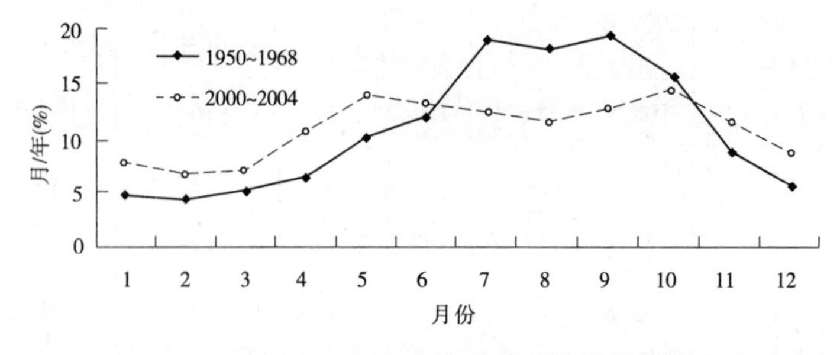

图2-3　兰州2000~2004年与1950~1968年平均实测径流量年内分配变化

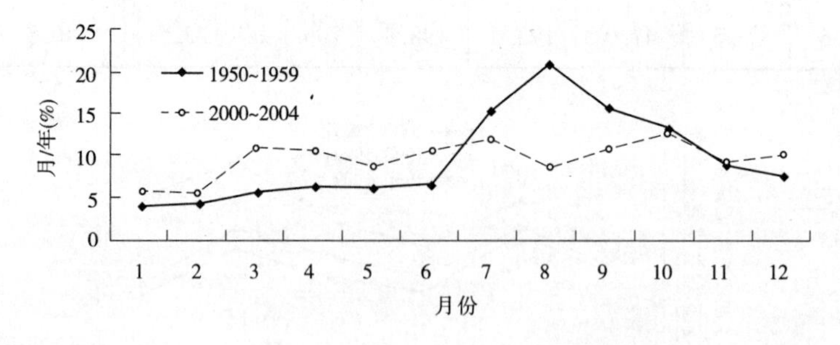

图2-4　花园口2000~2004年与1950~1959年平均实测径流量年内分配变化

3)洪水发生频次及洪峰量级变化趋势

黄河干流主要站近期水沙变化还表现在洪水发生频次或洪峰量级上。现以头道拐和花园口站为代表进行统计分析。头道拐站为上游末端控制站,花园口站为下游洪水的代表站,也是下游防洪的关键控制站。

(1)头道拐站。表2-4为头道拐站各年代各级洪峰(日均流量)统计表。由此显示出,20世纪60、70、80年代年均出现大于1 500 m³/s的洪峰次数在3.4~3.6次,到了90年代年均出现次数减少为1.5次,近5年年均出现1次;大于3 000 m³/s的洪峰20世纪60、70、80年代年均出现次数在0.4~0.8次,到了90年代年均出现0.1次,近5年一次也没有出现,说明头道拐站从90年代以来,洪水的峰量和洪水出现次数都有所减少。此外,还可以看出,由于龙羊峡水库投入运用,使年最大洪峰出现时间从原来的多数发生在汛期变成多数发生在非汛期,如20世纪60、70、80年代出现大于1 500 m³/s的洪峰次数共有106次,其中汛期发生79次,占74.5%,到了90年代发生在汛期的洪峰次数只占33.3%,而到了近5年则年最大洪峰全部发生在非汛期。

表2-4　头道拐站各年代各级洪峰(日均流量)统计

项目	时段	>1 500 m³/s		>2 000 m³/s		>3 000 m³/s		>4 000 m³/s		>5 000 m³/s	
		全年	汛期	全年	汛期	全年	汛期	全年	汛期	全年	汛期
出现次数	1960~1969	34	24	23	18	8	8	2	2	1	1
	1970~1979	36	29	24	18	4	4	0	0	0	0
	1980~1989	36	26	18	13	6	6	1	1	1	1
	1990~1999	15	5	6	0	1	0	0	0	0	0
	2000~2004	5	0	3	0	0	0	0	0	0	0
出现频次(次/年)	1960~1969	3.4	2.4	2.3	1.8	0.8	0.8	0.2	0.2	0.1	0.1
	1970~1979	3.6	2.9	2.4	1.8	0.4	0.04	0	0	0	0
	1980~1989	3.6	2.6	1.8	1.3	0.6	0.6	0.1	0.1	0.1	0.1
	1990~1999	1.5	0.5	0.6	0	0.1	0	0	0	0	0
	2000~2004	1	0	0.6	0	0	0	0	0	0	0

(2)花园口站。表2-5列出了花园口站各年代各级洪峰流量情况。由表2-5可以看出,大于4 000 m³/s的洪峰,1950~1989年年均出现3.6次,1990~1999年年均出现0.9次,而近5年一次也没有出现;大于8 000 m³/s的洪水,1950~1989年年均出现0.5次,1990~1999年和近5年一次也没有出现。说明花园口站从90年代以来,洪水的峰量和洪水出现次数都明显减少,特别是大洪水出现的频次大为减少。

2.1.2　黄河干流主要站输沙量变化趋势

黄河干流主要站实测输沙量统计情况列于表2-6。可见,近6年输沙量大幅度减少,唐乃亥、兰州、头道拐、龙门、花园口、利津各站较多年平均输沙量分别减少了32.1%、69.2%、75%、72.2%、87.6%和81.0%,较90年代分别减少了19%、57%、31.3%、56.4%、81.3%和60.4%,表明近6年泥沙锐减(见图2-5)。

表 2-5　花园口站各年代各级洪峰流量统计

项目	时段	≥4 000 m^3/s	≥6 000 m^3/s	≥8 000 m^3/s	≥10 000 m^3/s	≥15 000 m^3/s
出现次数	1950 ~ 1959	36	21	11	5	2
	1960 ~ 1969	35	11	3	0	0
	1970 ~ 1979	34	7	2	1	0
	1980 ~ 1989	40	15	4	1	1
	1990 ~ 1999	9	2	0	0	0
	2000 ~ 2004	0	0	0	0	0
出现频次（次/年）	1950 ~ 1959	3.6	2.1	1.1	0.5	0.2
	1960 ~ 1969	3.5	1.1	0.3	0	0
	1970 ~ 1979	3.4	0.7	0.2	0.1	0
	1980 ~ 1989	4.0	1.5	0.4	0.1	0.1
	1990 ~ 1999	0.9	0.2	0	0	0
	2000 ~ 2004	0	0	0	0	0

表 2-6　黄河干流主要站实测输沙量统计　（单位：亿 t）

水文站	2000 年	2001 年	2002 年	2003 年	2004 年	2005 年	2000 ~ 2005 年	1990 ~ 1999 年	1956 ~ 1999 年
唐乃亥	0.053	0.067	0.081	0.137	0.087 9	0.111	0.089	0.110	0.131
兰州	0.251	0.217	0.171	0.294	0.153	0.247	0.222	0.516	0.720
头道拐	0.284	0.200	0.268	0.279	0.248	0.404	0.281	0.409	1.126
龙门	2.190	2.364	3.352	1.857	2.354	1.214	2.222	5.092	8.006
花园口	0.835	0.657	1.160	1.970	2.01	1.050	1.280	6.834	10.34
利津	0.222	0.197	0.543	3.690	2.701	1.910	1.544	3.899	8.120

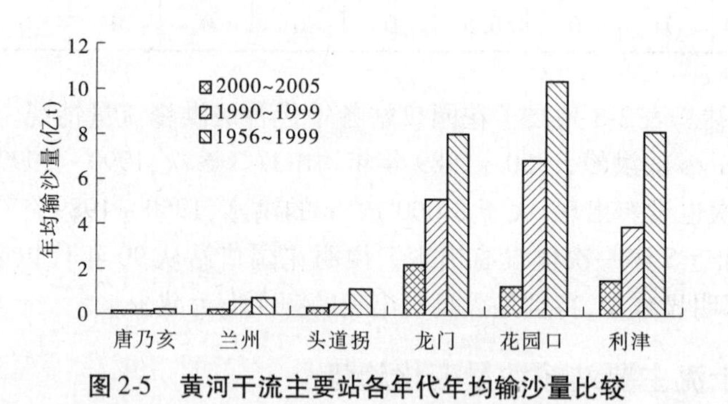

图 2-5　黄河干流主要站各年代年均输沙量比较

2.2　对有关问题的探讨

2.2.1　关于水沙变化原因问题

黄河中游近期水沙锐减，水沙变化原因争论较大，从目前的分析成果来看，存在两种不同的认识，一种认为主要是流域降水量偏少，特别是中游多沙地区大雨、暴雨频次及量级偏小造成的，而水利水保作用居于次要地位；另一种认为是水利水保措施等人类活动发挥了主要作用。因此，水沙变化原因分析是当前需要深入研究的问题。

2.2.1.1　关于植被等水土保持生态建设对水沙变化影响问题

近期植被等水土保持生态建设发展很快已是不争的事实，因此植被等生态建设对水沙变化的影响令人关注，甚至影响到水土保持今后治理方向，因此植被建设等生态建设对水沙变化是值得研究的重要问题。

随着林草植被的增加，坡面措施（主要指梯田、人工林、人工草）减沙作用也迅速增加，20世纪80年代初期，黄河水利科学研究院张胜利等对无定河流域治理减沙作用分析表明，坡面措施减沙作用占总减沙作用的20%；近期陕西省水保局王正秋等对陕西省无定河流域第一期十年重点治理后减沙分析表明，坡面措施减沙量占总减沙量的41.2%，两者相比，后者坡面措施减沙增加了20%。在坡面措施中，梯田变化不大，增加的主要是林草，林草植被等水土保持生态建设，可以改变流域下垫面状况，包括被覆度、土壤结构、土壤含水量、地下水循环等，大区域的生态建设还可能对局地气候产生影响。那么，下垫面的变化是否会对产流机制产生影响，有什么影响，目前，对这一问题还缺乏深入认识。由此可见，林草措施减水减沙作用研究应引起足够的重视。

2.2.1.2　关于暴雨洪水对水土保持减水减沙影响问题

暴雨洪水，包括普通洪水、大洪水和特大洪水。普通洪水是塑造河槽的重要因素，也是黄河下游河道目前的困境所在。由于大、中、小水库和水保措施都拦蓄洪水，特别是中小洪水，中小洪水减少是不可避免的。但对大洪水和特大洪水需要进一步具体分析，不仅要研究可能发生的洪峰，而且要具体分析可能发生的洪量，特别是黄河粗泥沙集中来源区，该地区是暴雨多发地区，在规划拦沙工程时应注意控制较大或特大洪水条件分析，以免造成投资的浪费。例如，2002年7月清涧河发生的一次暴雨洪水，使清涧河输沙量很大，侵蚀模数特高，7月4日子长站洪水输沙量为4 090万t，子长站以上913 km^2 范围内侵蚀模数高达44 800 t/km^2；延川站输沙量达5 600万t，延川站以上3 468 km^2 流域范围内侵蚀模数达16 100 t/km^2，均为两站历年次洪水侵蚀模数最大纪录。因此，需对暴雨洪水产流产沙规律及机制进行研究，通过暴雨径流关系及水循环过程的分析，搞清楚上中游地区的暴雨洪水有什么变化，为什么产生变化，变化的机制是什么以及其影响等问题，为分析水沙变化原因、预测水沙变化趋势提供理论支撑。

2.2.1.3　关于人类活动对水沙变化的影响作用分析问题

目前，人类活动对流域产流产沙的影响作用日益增强，是影响水沙变化的主导因子。但是，对诸如人类活动增沙作用的估算，基本上仍属于调查评估、经验判断和以点推面的统计方法，还缺乏更为科学的评估技术，需要利用GIS、遥感影像等先进技术，探讨有效的分析评价方法。同时，关于水土保持措施作用机制问题，根据水文学、生物学、土壤学、泥沙运动学及流体力学等理论和方法，结合试验观测的方法，研究不同水土保持措施对径流、泥沙的作用关系，找出作用机制，为建立减水减沙指标体系提供依据。

2.2.1.4　关于水沙变化分析评价方法研究问题

目前，大多利用“水文法”、“水保法”作为分析水沙变化及其原因的手段，这些方法概念明确且计算简单,在水沙变化分析中得到广泛应用。但是,这些方法在理论上均有一定的缺陷,例如,“水保法”的理论前提条件是各项水利水保措施的作用具有线性关系,即流域水沙变化的结果等于各类措施作用的线性叠加,显然,这是不合理的;再如,“水文法”的理论基础是降水径流关系具有不变性,也就是评价期的降水径流关系与基准期的相同,这样的理论假设,往往会使连续枯水期的径流泥沙量估算偏大,从而使“水文法”计算结果较“水保法”计算结果偏大较多,降低了水沙变化的评价精度。

2.2.2 关于黄河治理可能影响问题

黄河水沙来量的减少,给黄河治理带来一系列新问题,其中比较突出的有三个:一是水资源问题。随着来水量的减少,水资源供需矛盾将非常突出,严重影响工农业生产和人民生活。二是防洪问题。水沙来量的大幅度减少,给黄河下游水沙过程及河道特性带来严重影响,黄河是一条多泥沙河流,其河床冲淤演变对流域来水来沙有着高阶的非线性响应关系。由于年水量大量减少,洪峰流量减小,来沙量减少的幅度不及水量减少的幅度,黄河下游出现高含沙量小洪水的机遇增多,河道的输沙能力降低,下游河道将发生严重淤积,而且绝大部分淤积在主槽内,造成河道主槽萎缩,排洪能力降低,影响防洪安全。三是宏观决策问题。黄河水沙变化规律不清,水沙变化原因若明若暗,直接或间接影响着决策者的决心,影响着水土保持投资方向和投资力度,甚至影响到黄河水土保持的治理方向。此外,黄河下游河道淤积情况并不单独决定于来沙量的减少,而是决定于水沙条件的搭配。对于水土保持减沙程度及对下游河道的影响,必须与入黄水量的变化、入黄水沙搭配以及粒径的可能变化情况统一研究,这些问题都是今后需要认真研究的问题。

黄河水沙变化研究是一个庞大的系统工程,涉及黄河治理及水资源开发利用的诸多方面,是一个需要长期研究的课题,需要不断探讨解决一系列的应用基础、技术和方法等各层面的科学问题,力求对黄河水沙变化及其趋势得到更为科学的认识,更好地为黄河治理开发与管理提供科技支撑。

2.3 结论与讨论

(1)黄河流域水沙变化近期趋势表明,黄河流域近期径流、泥沙发生了巨大变化,不仅水沙来量减少,而且较大洪峰流量的发生频次也减少,特别是来沙量减少幅度最大,这些问题对黄河治理带来一系列新问题。

(2)针对近期水沙变化趋势探讨了近期水沙变化原因和对黄河治理可能影响问题,指出了植被等水土保持生态建设对水沙变化影响、暴雨洪水对水土保持减水减沙影响、人类活动对水沙变化的影响及水沙变化分析评价方法研究等诸多方面存在的问题和对黄河治理可能带来的水资源、防洪、宏观决策等方面的影响问题。

(3)黄河水沙变化研究是一个庞大的系统工程,影响因素复杂而不确定因素较多,是一个需要长期研究的课题,需要不断探讨解决一系列的应用基础、技术和方法等各层面的科学问题,力求对黄河水沙变化及其趋势得到更为科学的认识,更好地为黄河治理开发与管理提供科技支撑。

参考文献

[1] 史辅成. 对未来黄河来沙量有关问题的思考[OL]. 黄河网,2008-10-31.

[2] 姚文艺. 黄河流域水沙变化研究新进展[OL]. 黄河网,2009-09-24.

[3] 张胜利,李倬,赵文林. 黄河中游多沙粗沙区水沙变化原因及发展趋势[M]. 郑州:黄河水利出版社,1998.

[4] 陈江南,张胜利,赵业安,等. 清涧河流域水利水保措施控制洪水条件分析[J]. 泥沙研究,2005(1).

第3章 黄河中游水利水土保持减沙作用分析评价

黄河中游水利水土保持减沙作用研究关系治黄全局,不仅是正确评估水利水土保持减少人黄水沙量,全面认识水资源开发利用对水沙条件影响,而且是做好水土保持规划和流域规划的一项重要基础工作。

黄河是一条受人类活动严重影响的河流,有关单位和部门对水利水土保持减沙作用研究十分重视。早在20世纪40年代初期就开始了水土保持减沙效益的试验研究,此后,随着水土保持工作的开展和治黄规划工作的需要,黄河水利委员会(以下简称黄委)和有关单位,曾多次组织大量人力进行水利水土保持减沙效益的研究。20世纪70年代以来,特别是80年代,黄河来水来沙明显减少,引起了社会各界的关注。1986年6月,中国水利学会泥沙专业委员会和黄委在郑州联合召开了"黄河中游近期水沙变化情况研讨会",在这次会议的推动下,1987年水利部拨专款设立了"黄河水沙变化研究基金"(以下简称水沙基金)进行了一、二期黄河水沙变化研究,与此同时,黄委黄河流域水保科研基金进行了"黄河中游多沙粗沙区水土保持减水减沙效益及水沙变化趋势研究",国家自然科学基金"黄河流域环境演变与水沙运行规律研究","八五"国家重点科技攻关项目"黄河中游多沙粗沙区水沙变化原因及发展趋势"专题,以及黄委多项专题研究等都对黄河中游水利水保措施减水减沙效益进行了大量研究工作,在暴雨产流产沙规律和水利水保措施减水减沙效益研究方面取得了一批新成果。但由于降水过程的多变性、水利水保措施的多样性以及地面物质形态(特别是其他人类活动改变下垫面)的复杂性,加之基本资料的准确性及计算方法不够完善等诸多原因,对水利水土保持减沙作用认识上还存在一定分歧,特别是一些新情况、新问题还在不断发生和发展,对现阶段减沙作用尚需作进一步分析论证。

目前,有关单位正在进行现状水土保持减沙作用和未来水土保持减沙目标的研究,本书结合作者多年从事的水利水土保持减沙作用研究,对此项研究工作进行一些回顾评价,供水土保持规划和流域规划参考。

3.1 水利水土保持现状减沙作用研究的回顾评价

20世纪50年代初期,围绕三门峡水库的泥沙问题,对水土保持、拦泥库工程的生效及减沙的速度进行了估计。苏联专家认为"凡是发动群众去做的工作,其速度及效果不宜估计过高",当时中国专家偏于乐观,认为一二十年内黄河输沙量可以减少一半以上,事实证明,这样的估计不切实际,教训深刻。20世纪70年代以来,特别是80年代,黄河来水来沙明显减少,引起了社会各界的关注。黄委和有关单位对黄河中游水利水保措施减水减沙效益进行了大量研究,在水利水保措施减水减沙效益研究方面取得了丰硕成果。

现将这方面有代表性的成果回顾评价如下。

3.1.1　20 世纪 70、80 年代初期水利水土保持减沙作用研究成果分析评价

20 世纪 50 年代初期设立的试验小流域到 70 年代初期，通过水文观测资料证实，各项水利水保措施能有效地拦截泥沙。

经过对流域面积超过 10 km^2 并具有干、支、毛沟系统的小流域，以“水保法”为主间接推算逐年减水减沙效益，对面积较小一般在 0.2 ~ 5 km^2 只有支、毛沟系统小流域，以“对比沟法”直接计算逐年减水减沙效益，其结果列于表 3-1，从统计的 8 条小流域平均成果来看，当综合治理程度达到 40.2% 时，可减水 39%，减沙 52.2%。

表 3-1　黄河中游小流域综合治理减水减沙效益

站名	流域名称	治理与对比	测站控制面积（km^2）	资料年限	代表区类型	治理度（%）	年平均径流		年平均输沙	
							模数（m^3/km^2）	效益（%）	模数（t/km^2）	效益（%）
绥德	韭园沟	治理	70.1	1954 ~ 1969	黄丘一副区	35.7	16 419	24.2	6 692	55.1
		对比		1974 ~ 1976			21 669		14 907	
绥德	想她沟	治理	0.454	1958 ~ 1961	黄丘一副区	38.4	28 744	23.7	18 626	32.4
	团圆沟	对比	0.491				37 672		27 540	
绥德	王茂沟	治理	6.97	1962 ~ 1963	黄丘一副区	25.4	6 666	19.4	2 416	50.4
	李家寨沟	对比	4.92				8 267		4 872	
山西水保所	王家沟	治理	9.1	1954 ~ 1975	黄丘一副区	40.3	17 900	37.2	7 550	52.4
		对比					28 500		15 850	
山西水保所	治理沟	治理	0.193	1956 ~ 1970	黄丘一副区		17 400	49.4	10 100	49.5
	羊道沟	对比	0.206				34 400		20 000	
延安	大砭沟	治理	3.7	1961	黄丘二副区	37.0	12 437	44.2	1 943	78.8
	小砭沟	对比	4.05	1963 ~ 1967			22 295		9 152	
西峰	南小河沟	治理	36.3	1955 ~ 1969	黄土高塬沟壑区	50.0	3 988	55.6	112	97.4
		对比		1971 ~ 1974			8 974		4 342	
西峰	杨家沟	治理	0.87	1954 ~ 1969	黄土高塬沟壑区	54.4	3 883	57.9	821	81.3
	董庄沟	对比	1.15	1972 ~ 1974			11 610		4 386	
平均						40.2		39.0		52.2

20 世纪 70 年代初期，一些较大流域，如无定河（30 261 km^2）、汾河（39 471 km^2）、清水河（14 481 km^2）、大黑河（17 673 km^2）等实施水利水保措施后，通过水文观测资料分析，河流输沙量也表现出明显减少趋势。

为探讨黄河中游近期水沙变化情况，中国水利学会泥沙专业委员会和黄委于 1986 年

6月24～27日在郑州联合召开了“黄河中游近期水沙变化情况研讨会”。主要结论与观点归纳如下：

(1)1970～1984年间，黄河中上游地区实测平均输沙量和径流量较1950～1969年减少66.3亿m^3，减少了14.8%，输沙量减少5.84亿t，减少了33.7%，相应地降水量减少了11.0%。其中河口镇至龙门区间减少最多，减沙38.8%，减水36.0%，雨量减少14.5%。说明近十几年来降水减少和水利水保措施的蓄水拦沙作用是黄河水量、沙量减少的主要原因。1970年以来，黄土高原进入少雨期，年平均降水量较前期减少10%～15%，日降水量大于50 mm和100 mm的次数也减少；同时，各项水利水保措施也起了重要作用。

(2)1960～1984年平均每年拦蓄泥沙约5.1亿t，其中干流水库每年拦蓄1.0亿t，支流水库拦蓄1.2亿t，灌溉引沙0.6亿t，淤地坝拦沙2.0亿t，梯田拦沙0.3亿t。但需指出的是，拦蓄的泥沙并不直接等于减少的入黄泥沙。张胜利、赵业安用水文法与水保法分析，得出1971～1983年黄河上中游水土保持及支流治理减沙3亿t(见表3-2)。

表3-2　黄河上中游水土保持及支流治理减沙量计算(1971～1983年)

区间(流域)	总拦沙量(亿t)	年均减沙量(亿t)	备注
河口镇以上	6.80	0.523	1972～1983年大中型水库拦沙量
河龙区间	22.01	1.693	
汾河	1.27	0.106	
渭河	8.80	0.677	
北洛河	3.30	0.254	
合计	42.18	3.253	

(3)熊贵枢用“比较不受影响和受影响河流的相似泥沙过程方法”，求得1970～1984年黄河流域水利水保措施平均每年减少泥沙2.97亿t；陈枝霖采用“1960年前后两个时段各站天然年均径流量的差值，乘以工程修建后相应的年平均含沙量”的方法，求得1960年以来黄河上中游工程及其他措施反映在龙门、华县、河口、洑头4站的年均减沙量为1.5亿～3.0亿t。经与会领导和专家讨论，对黄河中游水利水保措施减沙3.0亿t取得了共识，并被规划采用。

3.1.2　20世纪80、90年代水利水土保持减沙作用研究成果分析评价

水利水土保持减沙作用研究属基础性应用研究范畴，需要长期连续的研究。因此，自1986年“黄河中游近期水沙变化情况研讨会”取得水利水土保持减沙3.0亿t共识后的20多年间，黄委和有关单位又进行了大量研究，其中代表性的有水利部水沙基金和黄河水利科学研究院为黄河流域(片)防洪规划所作的“黄河中游水土保持减沙作用分析”。

3.1.2.1　第二期水沙基金水利水保减沙研究成果分析评价

综合第二期水沙基金研究成果，将黄河中上游各时期水利水保减沙量列于表3-3。由表3-3可见，1960～1996年系列龙门、河津、张家山、洑头、咸阳5站合计年均减沙4.51亿t，其中水利工程减沙2.17亿t，占48.1%；水土保持减沙2.75亿t，占61.4%。水土保

持减沙量大于水利工程减沙量，从各年代减沙量来看，各种措施总减沙量是逐年增加的，而水利工程减沙量在 20 世纪 90 年代有所减少。

表 3-3　黄河上中游各年代天然产沙量　（单位：亿 t）

项目		1950～1959 年	1960～1969 年	1970～1979 年	1980～1989 年	1990～1996 年	1950～1969 年	1960～1996 年
5 站实测年沙量		17.725	17.303	13.558	7.894	10.00	17.514	12.366
减沙量	总减沙量	0.965	2.466	4.283	5.696	6.06	1.716	4.511
	水利工程	0.991	1.696	2.369	2.494	2.076	1.344	2.166
	水保措施	0.109	1.145	2.519	3.676	4.055	0.627	2.754
	河道冲淤＋人为增沙	-0.135	-0.375	-0.605	-0.474	-0.071	-0.255	
5 站天然沙量		18.69	19.77	17.84	13.59	16.06	19.23	16.877

注：5 站为龙门、河津、张家山、洑头、咸阳。

同时，该成果还对 1970 年后黄河中上游水利水保工程减沙量进行了计算，若以 20 世纪 50、60 年代为基准期（实际上 60 年代水利水保工程减沙作用已达 2.47 亿 t），计算 1970 年后的水保工程减沙量，还原计算成果列于表 3-4。从表列成果可以看出，1970～1996 年与 50、60 年代相比，5 站年均减沙量为 3.08 亿 t。

表 3-4　1970 年后黄河中上游水利水保措施减沙量计算成果　（单位：亿 t）

站名（区间）	1970～1979 年	1980～1989 年	1990～1996 年	1970～1996 年
兰州	0.011	0.530	0.448	0.316
河口镇	1.440	2.261	2.070	1.909
龙门	1.451	2.791	2.518	2.225
河津	0.185	0.218	0.217	0.206
张家山	0.236	0.266	0.298	0.263
洑头	0.123	0.047	0.062	0.079
咸阳	0.281	0.311	0.318	0.304
5 站合计	2.276	3.633	3.413	3.077

注：计算以 20 世纪 50、60 年代为基准年。

3.1.2.2　黄河水利科学研究院“黄河中游水土保持减沙作用”研究成果分析评价

1999 年在进行黄河流域（片）防洪规划时，黄河水利科学研究院承担了“黄河中游水土保持减水减沙作用分析”课题，在收集、整理、核实水利水保措施数量的基础上，按干流水库、支流水库、大型灌区引沙、水土保持措施减沙、人为增沙、河道冲淤等分项计算，用求其代数和的方法，估算了 20 世纪 80、90 年代黄河中上游水利水保措施的减沙量（见表 3-5 和表 3-6）。

表 3-5 20 世纪 80 年代黄河中上游水利水土保持措施减沙量 （单位:亿 t）

项目		干流水库	支流水库	大型灌区	水土保持措施减沙					人为增沙	河道冲淤	总减沙量
					梯田	坝地	造林	种草	小计			
龙华河洑以上	减沙总量	9.860	13.741	4.811	1.202	12.603	0.738	0.115	14.658	-1.248	0.045	41.865
	年平均	0.99	1.374	0.481	0.120	1.260	0.074	0.012	1.466	-0.125	0.004	4.19
河口镇以上	减沙总量	9.78	3.419	3.320	0.059	0.913	0.020	0.002	0.994	-0.030	0.043	17.526
	年平均	0.98	0.342	0.332	0.006	0.091	0.002	0.000	0.099	-0.003	0.004	1.753
河龙区间	减沙总量	0.080	4.877		0.459	9.695	0.465	0.075	10.694	-1.069		14.582
	年平均	0.01	0.488		0.046	0.970	0.046	0.008	1.070	-0.107		1.460
泾洛渭汾河	减沙总量		5.445	1.490	0.684	1.995	0.253	0.038	2.970	-0.149		9.756
	年平均		0.545	0.149	0.068	0.200	0.025	0.004	0.297	-0.015		0.976

由表3-5可知,20世纪80年代黄河中上游(龙华河洑4站以上)水利水保措施年均减沙量4.19亿t,其中干流水库年均减沙0.99亿t,支流水库减沙1.37亿t,大型灌区引沙0.48亿t,水土保持措施年均减沙1.47亿t。其中水保措施中淤地坝减沙最大,年均减沙1.26亿t,占水土保持减沙量的86.0%;造林、种草、梯田仅占14.0%。若将黄河中游支流水库拦沙计入水土保持减沙,则水土保持年均减沙为2.84亿t。

用同样方法计算20世纪90年代黄河中上游水利水保措施年均减沙量为3.92亿t(见表3-6),较20世纪80年代有所减少,若将水土保持与支流水库减沙视为水土保持减沙,则水土保持年均减沙为2.46亿t。

表 3-6 20 世纪 90 年代黄河中上游水利水土保持措施减沙量 （单位:亿 t）

项目		干流水库	支流水库	大型灌区	水土保持措施减沙					人为增沙	河道冲淤	总减沙量
					梯田	坝地	造林	种草	小计			
龙华河洑以上	减沙总量	5.82	8.254	3.628	1.724	7.441	1.963	0.227	11.405	-0.950	3.224	31.372
	年平均	0.73	1.031	0.543	0.215	0.930	0.246	0.035	1.426	-0.120	0.403	3.922
河口镇以上	减沙总量	5.82	2.051	2.771	0.032	0.562	0.019	0.005	0.618	-0.018	3.224	14.466
	年平均	0.73	0.256	0.346	0.004	0.070	0.002	0.001	0.077	-0.002	0.403	1.810
河龙区间	减沙总量		2.926		0.759	5.562	1.367	0.158	7.846	-0.785		9.987
	年平均		0.366		0.075	0.695	0.171	0.020	0.981	-0.100		1.247
泾洛渭汾河	减沙总量		3.367	0.856	0.933	1.317	0.577	0.114	2.941	-0.147		6.917
	年平均		0.408	0.107	0.117	0.165	0.072	0.014	0.368	-0.020		0.863

3.1.3 近期水土保持减沙作用分析评价

近年来,随着黄河流域经济社会的快速发展和水土保持生态建设的大力推进,加之在全球气候变化的背景下,流域下垫面和降水等水文要素进一步发生变化,引起黄河流域水沙发生了新的变化。

姚文艺等近期通过"十一五"国家科技支撑计划资助的课题研究表明,在黄河河口镇至龙门区间,1997~2006年与1969年以前相比(含未控区),实测年均总减水量43.60亿m^3,其中,水利水保措施等人类活动年均减水量29.90亿m^3,占总减水量的68.6%,因降水减少10.2%的影响作用引起的年均减水量为13.70亿m^3,占总减水量的31.4%;年均总减沙量7.77亿t,其中,水利水保措施等人类活动年均减沙量3.5亿t,占总减沙量的45.0%,因降水减少影响而引起的年均减沙量为4.27亿t,占总减沙量的55.0%。另外,在泾河、北洛河、渭河、汾河流域,1997~2006年与1969年以前相比,实测年均总减水量为68.52亿m^3,其中,水利水保措施等人类活动年均减水量55.88亿m^3,占年均总减水量的81.6%,因降水减少15.2%影响年均减水量12.64亿m^3,占年均总减水量的18.4%;年均总减沙量为4.03亿t,其中,水利水保措施等人类活动年均减沙量2.37亿t,占年均总减沙量的58.8%,因降水减少而年均减沙量为1.66亿t,占年均总减沙量的41.2%。应当指出的是,1997~2006年黄河中游的水沙变化是人类活动和降水变化共同引起的,其中,人类活动起主要作用。但必须注意到,这种影响是在近年来河口镇至龙门区间降水连续偏枯的情况下产生的,因而对水利水保措施的减水减沙效益评估时,应当充分注意到这一点。

黄河上中游管理局对黄河流域水土保持规划(修编)水土保持现状减沙作用进行了初步分析论证。论证指出,截至2005年底,黄河流域综合治理面积累计达到21.5万km^2,其中基本农田527.29万hm^2,水保林946.13万hm^2,经果林196.36万hm^2,人工种草349.38万hm^2,封禁治理131.46万hm^2;建成小型水保工程176万座(处),淤地坝12万座,其中骨干坝2 708座,中小型坝119 349座,这些措施发挥了较大的减沙作用。

在总结分析了中科院水保所科考报告分析成果及其他研究成果后认为,按照20世纪80年代和90年代保守的治理减沙关系(1万km^2治理面积减沙0.2亿t)计算,21.5万km^2减沙4.3亿t;已建骨干坝控制面积约1万km^2,按侵蚀模数5 000 t/(km^2·a)计算,骨干坝每年拦沙约0.5亿t;两项合计,黄河流域水土保持现状减沙的保守量为每年4.8亿t。因此,分析者认为,截至2005年,保守计算的水土保持现状减沙量取4.5亿~5.0亿t较为合适。

对于黄河上中游管理局提出的水土保持现状减沙4.5亿~5.0亿t的成果,黄委科技委进行了咨询,大多数专家认为偏大,最后的咨询意见认为,水土保持现状减沙效果为3.5亿~4.5亿t较为合适。

3.2 水土保持规划减沙作用预估回顾评价

3.2.1 黄河流域黄土高原地区水土保持建设规划减水减沙预测

水土保持减水减沙作用的预测是一项非常重要而又十分困难的工作,其中一个最重要的原因是不确定因素较多。因此,在预测规划水平年水土保持减水减沙作用时需进行全面综合分析。

3.2.1.1　**水土保持规划治理进度指标**

本次预测主要依据《黄河流域黄土高原地区水土保持建设规划》(黄河水利委员会，1998)，其不同水平年水土保持措施规划治理进度指标列于表3-7。

表3-7　不同水平年水土保持措施规划治理进度指标

规划水平年	治理面积(万 km^2)	基本农田(万 hm^2)	造林(万 hm^2)	种草(万 hm^2)	骨干坝(座)
1999～2010	14.52	435.53	871.13	145.34	6 000
2011～2020	12.10	366.0	723.0	121.0	5 000
2021～2030	12.10	366.0	723.0	121.0	5 000
2031～2050	2.58	77.4	154.8	25.8	3 016
合计	41.3	1 244.93	2 471.93	413.14	19 016

3.2.1.2　**水土保持措施减水减沙预测**

1)预测方法

规划水平年各项水土保持措施减水减沙量按以下公式预测：

$$\Delta W_s = \sum_{i=1}^{n} M_{si} f_i \tag{3-1}$$

式中　ΔW_s——规划水平年减沙(水)量；

M_{si}——减沙(水)模数；

f_i——各项水土保持措施减水减沙有效面积。

2)计算参数的确定

a.减水减沙有效面积的确定

考虑到水土保持措施保存率及减水减沙滞后性等问题，在计算水土保持措施减水减沙作用时应采用真正发挥减水减沙作用的有效面积。因此，需对规划水平年各项措施数量进行折减，以求得减水减沙有效面积。根据已有研究成果，折减系数基本农田为0.8，造林为0.3，种草为0.2。折减后不同水平年水土保持措施减水减沙有效面积列于表3-8。

表3-8　不同水平年水土保持措施减水减沙有效面积　(单位：万 hm^2)

规划水平年	基本农田	造林	种草	骨干坝(座)
1999～2010	348.4	261.3	29.1	6 000
2011～2020	292.8	216.9	24.2	5 000

b.减水减沙模数的确定

(1)治坡措施减沙模数。选择不同河段丰、平、枯代表年份，计算不同河段不同降水条件的输沙模数(见表3-9)，而后根据表3-10的减水减沙系数计算丰、平、枯年各项治坡措施减沙模数(见表3-11)，其中坡面产沙模数按以下公式计算：

$$M_{sb} = M/1.3 \tag{3-2}$$

式中　M_{sb}——坡面产沙模数；

M——流域平均输沙模数。

表3-9　不同河段丰平枯水年输沙模数

河段	流域面积（km^2）	水土流失面积（km^2）	丰平枯代表年	输沙量（万t）	输沙模数（万t/km^2）
河口镇以上	367 898	179 516	丰1967	31 600	0.18
			平1954	14 600	0.08
			枯1956	8 060	0.04
河龙区间	111 586	100 236	丰1967	214 400	2.14
			平1953	143 500	1.43
			枯1957	51 470	0.51
泾洛渭汾河	170 380	106 092	丰1964	133 200	1.26
			平1968	66 200	0.62
			枯1953	41 200	0.39
龙华河洑以上	649 864	385 844	丰	379 200	0.98
			平	224 300	0.58
			枯	100 730	0.26

表3-10　大面积坡面措施的减水减沙系数

措施	枯水年		平水年		丰水年		多年平均	
	减水(%)	减沙(%)	减水(%)	减沙(%)	减水(%)	减沙(%)	减水(%)	减沙(%)
水平梯田	97.0	94.0	83.0	70.0	53.0	36.0	79.0	67.0
人工林地	67.0	81.0	39.0	34.0	20.0	13.0	42.0	41.0
人工草地	58.0	77.0	31.0	30.0	15.0	11.0	34.0	37.0

表3-11　黄河中上游不同降水条件下治坡措施减沙模数

降水条件	流域输沙模数（t/km^2）	坡面产沙模数（t/km^2）	梯田		造林		种草	
			减沙系数（%）	减沙模数（t/km^2）	减沙系数（%）	减沙模数（t/km^2）	减沙系数（%）	减沙模数（t/km^2）
丰水年	9 795	7 530	36.0	2 715	13.0	975	11.0	825
平水年	5 805	4 470	70.0	3 135	34.0	1 515	30.0	1 335
枯水年	2 595	1 995	94.0	1 875	81.0	1 620	77.0	1 530

由于黄河流域黄土高原地区水土保持建设规划已规划了不同水平年基本农田的进度指标，而基本农田包括梯田、条田、坝地、水地等，其中坝地减沙是主要部分，本次预测按规划的治沟骨干工程减沙量单独计算，将梯田、条田、水地按基本农田计算，在这三项措施

中,梯田的减沙模数较条田、水地为大,因此基本农田的减沙模数按梯田减沙模数计算,不致使预测成果偏小。

(2)治坡措施减水模数。根据张胜利等的研究成果,各种治理措施不同降水条件下减水模数列于表3-12。

表3-12　各种治理措施不同降水条件下减水模数　　(单位:m^3/km^2)

项目	梯田、条田	林地	草地	水地	坝地
丰水年	48 900	39 600	30 150	48 900	450 000
平水年	29 550	24 750	21 000	29 550	450 000
枯水年	6 600	6 450	6 150	6 600	450 000

注:引自张胜利等,《黄河中游多沙粗沙区水沙变化原因及发展趋势》,黄河水利出版社,1998。

为求得基本农田不同降水条件下的减水模数,根据黄河流域黄土高原地区水土保持专项治理规划所规定的各项措施面积比例和表3-10中各项措施不同降水条件下的减水系数加权求得基本农田不同降水条件下减水模数见表3-13。

表3-13　基本农田不同降水条件下减水模数

项目	面积(km^2)	措施比例(%)	丰水年(m^3/km^2)		平水年(m^3/km^2)		枯水年(m^3/km^2)	
			减水模数	加权模数	减水模数	加权模数	减水模数	加权模数
	(1)	(2)	(3)	(4)=(2)×(3)	(5)	(6)=(2)×(5)	(7)	(8)=(2)×(7)
梯条田	42 053	73.6	48 900	36 000	29 550	21 750	6 600	4 858
坝地	4 293	7.5	450 000	33 750	450 000	33 750	450 000	33 750
水地	10 800	18.9	48 900	9 242	29 550	5 585	6 600	1 247
合计	57 146	100		78 992		61 085		39 855

注:措施面积引自《黄土高原地区水土保持专项治理规划》。

3)不同水平年水土保持措施减水减沙量预测成果

按照上述计算方法和计算参数,可以得到以下预测成果:

(1)不同水平年不同降水条件水土保持措施减水减沙量预测成果列于表3-14、表3-15。

表3-14　不同水平年不同降水条件水土保持措施减沙量预测成果

项目	水平年	降水条件	基本农田	造林	种草	合计
累计治理面积(万 hm^2)			995.9	741.6	82.6	1 820.1
规划时段有效面积(万 hm^2)	1999~2010		348.4	261.3	29.1	638.8
	2011~2020		292.8	216.9	24.2	533.9
规划时段减沙量(亿 t)	1999~2010	丰水年	0.95	0.26	0.02	1.23
		平水年	1.09	0.40	0.04	1.53
		枯水年	0.62	0.42	0.04	1.11
	2011~2020	丰水年	0.80	0.21	0.02	1.03
		平水年	0.92	0.33	0.03	1.28
		枯水年	0.55	0.35	0.04	0.94

表3-15　不同水平年不同降水条件水土保持措施减水量预测成果

项目	水平年	降水条件	基本农田	造林	种草	合计
累计治理面积(万 hm^2)			995.9	741.6	82.6	1 820.1
规划时段有效面积(万 hm^2)	1999～2010		348.4	261.3	29.1	638.8
	2011～2020		292.8	216.9	24.2	533.9
规划时段减水量(亿 m^3)	1999～2010	丰水年	27.5	10.3	0.9	38.7
		平水年	21.3	6.5	0.6	28.4
		枯水年	13.8	1.7	0.2	15.7
	2011～2020	丰水年	23.1	8.6	0.7	32.4
		平水年	17.9	5.4	0.5	23.8
		枯水年	11.6	1.4	0.1	13.1

由表3-14、表3-15所列成果可以看出，1999～2010年水土保持规划实施后丰水年减沙量(未包括治沟骨干工程)1.23亿t，平水年1.53亿t，枯水年1.11亿t，减水量丰水年为38.7亿 m^3，平水年为28.4亿 m^3，枯水年15.7亿 m^3；2011～2020年水土保持规划实施后丰水年减沙量(未包括治沟骨干工程)1.03亿t，平水年1.28亿t，枯水年0.94亿t，减水量丰水年为32.4亿 m^3，平水年为23.8亿 m^3，枯水年为13.1亿 m^3。

(2)不同水平年水土保持措施年均减水减沙量预测成果。根据黄河中游丰、平、枯水年发生发展规律，基本上是10年一个包括丰、平、枯水年的周期，一般情况下10年中发生2次丰水年、3次平水年、5次枯水年，考虑到今后降水可能增加，预测时采用不利丰、平、枯水年组合。据此，根据表3-14、表3-15预测成果和丰、平、枯水年组合计算得到不同水平年水土保持年均减水减沙量(见表3-16)。

表3-16　不同水平年水土保持年均减水减沙量预测成果

水平年	减水量(亿 m^3)	减沙量(亿t)	丰、平、枯水年组合
1999～2010	25.7	1.28	12年中发生3次丰水年、4次平水年、5次枯水年
2011～2020	20.2	1.06	10年中发生2次丰水年、3次平水年、5次枯水年

注：未包括治沟骨干工程。

3.2.1.3　治沟骨干工程减沙量预测

1)按现有骨干工程单坝拦沙能力预估

根据1986～1996年11年已竣工验收的骨干工程统计，总拦沙量为2.71亿t，年均拦沙量为0.25亿t，单坝年均拦沙能力为3.31万t。据此，可根据不同水平年修建治沟骨干工程座数推估不同水平年拦沙量(见表3-17)。

表 3-17 不同水平年治沟骨干工程拦沙量预测成果

水平年	修建骨干坝座数(座)	单坝年均拦沙能力(万 t/座)	骨干坝拦沙量(亿 t)
1999 ~ 2010	6 000	3.31	1.99
2011 ~ 2020	5 000	3.31	1.66

2)按骨干坝控制面积和侵蚀模数预估

治沟骨干工程主要集中于黄河中游多沙粗沙区,按照规划总体布局,布设在侵蚀模数大于 15 000 t/(km^2 · a)的剧烈侵蚀区的骨干坝约占 40%,布设在侵蚀模数 8 000 ~ 15 000 t/(km^2 · a)的区域的骨干坝约占 35%,布设在侵蚀模数 5 000 ~ 8 000 t/(km^2 · a)的区域的骨干坝约占 25%。考虑到布设骨干坝坡面治理程度应达到 40%,水土保持措施有一定的减沙作用,故取规划初期侵蚀模数为 8 000 t/(km^2 · a),规划到 2010 年侵蚀模数取 7 000 t/(km^2 · a),规划到 2020 年侵蚀模数取 6 000 t/(km^2 · a)。据 1996 年现有 883 座骨干坝计算,骨干坝控制面积 6 000 km^2,单坝控制面积 6.8 km^2。黄土高原地区到 1998 年已安排 984 座骨干坝,控制面积 6 700 km^2,作为规划初期骨干坝控制面积。

根据推算,1999 ~ 2010 年新建骨干坝 6 000 座,控制面积 4.1 万 km^2;2011 ~ 2020 年新建骨干坝 5 000 座,控制面积 3.4 万 km^2。

(1)计算方法。设规划水平年骨干坝拦沙量为 ΔS,则

$$\Delta S = \frac{1}{2}(M_{s1} + M_{s2}) \times \frac{1}{2}(F_1 + F_2) \tag{3-3}$$

式中 M_{s1}——规划初期 F_1 面积内侵蚀模数,t/(km^2 · a);

M_{s2}——规划末期 F_2 面积内侵蚀模数,t/(km^2 · a);

F_1——规划初期骨干坝控制面积,km^2;

F_2——规划末期骨干坝控制面积,km^2。

(2)预估成果。根据以上计算方法和计算参数计算的结果见表 3-18。

表 3-18 不同水平年治沟骨干工程拦沙量预测成果

水平年	修建骨干坝座数(座)	F_1 (km^2)	F_2 (km^2)	M_{s1} (t/(km^2 · a))	M_{s2} (t/(km^2 · a))	ΔS (亿 t)
1999 ~ 2010	6 000	6 700	41 000	8 000	7 000	1.79
2011 ~ 2020	5 000	6 700	34 000	8 000	6 000	1.42

由表 3-18 所列成果可以看出,以上两种方法计算结果大体相近,取其平均值作为不同水平年治沟骨干工程拦沙量。

3.2.1.4 不同水平年水土保持减水减沙量预测成果

因坝地拦沙量未计入基本农田减沙量,因此将骨干坝拦沙量与水土保持减沙量相加即为不同水平年水土保持减沙量预测成果(见表 3-19)。

表3-19　不同水平年水土保持减水减沙量预测成果汇总

水平年	减水量(亿 m^3)	减沙量(亿 t)
1999 ~ 2010	25.7	3.17
2011 ~ 2020	20.2	2.60

注:治沟骨干工程拦沙量为两种方法计算结果平均值。

不同水平年水土保持预测成果与前期水土保持减水减沙量相加,即得不同水平年水土保持减水减沙量最终预测成果(见表3-20)。由表3-20所列成果可以看出,如规划指标如期在规划水平年内完成,到2020年减水量可达36.7亿 m^3,减沙量可达6亿t。

表3-20　黄河中上游水土保持减水减沙最终预测成果

项目	1999 ~ 2010年				2011 ~ 2020年			
	基准年	时段预测	减少总量	扣除20%负效应	基准年	时段预测	减少总量	扣除20%负效应
减水量(亿 m^3)	6.43	25.70	32.13	25.7	25.70	20.20	45.90	36.72
减沙量(亿t)	2.65	3.17	5.82	4.66	4.66	2.60	7.26	5.81

注:1. 1999 ~ 2010年基准年为20世纪80、90年代平均值,其中减沙量为水土保持和支流水库减沙量之和,2011 ~ 2020年基准年为1999 ~ 2010年预测值。

2. 扣除20%负效应主要指规划水平年内可能发生较大或特大暴雨水毁和河道冲刷的增水增沙以及人类活动加剧水土流失抵消部分水土保持减水减沙作用,此外,治沟骨干工程随着时间的推移,其拦沙作用也会衰减。根据已有研究成果,上述诸因素可能使预测成果减小20%左右。

3.2.1.5　结论与讨论

(1)本次预测主要依据是《黄河流域黄土高原地区水土保持建设规划》(黄河水利委员会,1998),预测的主要水土保持措施为梯田、林地、草地、水地、坝地和治沟骨干工程的减水减沙作用,不包括水库、灌溉等水利工程及其他措施的减水减沙作用。预测表明,2020年后减水量37亿 m^3,减沙量达6亿t。

(2)未来水土保持减水减沙作用受制于自然和社会经济影响,也受工程运行过程的影响,不确定因素较多,很难准确预测,为避免水土保持减水减沙计算偏大问题,对未来水土保持减水减沙预测成果应持慎重和偏于安全的态度,特别要重视规划水平年内可能发生较大或特大暴雨水毁与河道冲刷的增水增沙以及人类活动加剧水土流失和治沟骨干工程随着时间推移致其拦沙作用衰减等非线性关系对减水减沙的影响。

3.2.2　规划减沙预估成果评价

3.2.2.1　《黄河近期重点治理开发规划》预估成果

根据国务院2002年7月批复的《黄河近期重点治理开发规划》估计,2010年前基本控制人为因素产生新的水土流失,黄土高原新增水土流失治理面积12.1万 km^2,平均每年减少入黄泥沙达到5亿t;预估2050年黄河流域适宜治理的水土流失区基本得到治理,平均每年减少入黄泥沙达到 8 亿 t。

3. 2. 2. 2 《黄土高原地区水土保持淤地坝规划》预估成果

根据《黄土高原地区水土保持淤地坝规划》分析，到 2010 年在黄土高原建设淤地坝 6 万座，淤地坝年减少入黄泥沙增加 2 亿 t；到 2015 年，在黄河中游多沙区的各支流上初步建成较为完善的沟道坝系，累计建设淤地坝 10. 7 万座，年减少入黄泥沙 3 亿 t；到 2020 年，在黄土高原地区的主要入黄支流建成较为完善的沟道坝系，累计建设淤地坝 16. 3 万座，年减少入黄泥沙可达 4 亿 t。

由于对当前水利水保措施减沙量的估计存在一定的差异，同时由于对新增水利水保措施的可能减沙幅度以及对大规模治理后黄土高原侵蚀强度可能变化情况认识的差异，目前对未来水利水保工程减沙幅度预估偏差较大。部分专家认为，近年来几个重要规划预估的水利水土保持减沙幅度比较合理，即 2010 年平均减沙量为 5 亿 t，2020 年达到 6 亿 t，2050 年达到 8 亿 t（见表 3-21）；防洪规划则认为到 2025 年年均减沙量达 6 亿 t。

表 3-21　未来水利水土保持措施减沙量预估成果　（单位：亿 t）

项目	水平年						
	1986	2000	2008	2010	2020	2030	2050
黄河近期重点治理开发规划	3	3		5			8
黄土高原地区水土保持淤地坝规划	3	3		5	7		
黄河流域水土保持规划（修编）			4		5. 5	6. 5	

3. 2. 2. 3 《黄河流域水土保持规划（修编）》预估成果

近期进行的《黄河流域水土保持规划（修编）》，对水土保持减沙进行了预估，现状水土保持减沙 4 亿 t，到 2020 年减沙 5. 5 亿 t，2030 年减沙 6. 5 亿 t。

3. 2. 2. 4 对规划减沙效果的评价

2009 年 3 月 26 日黄委召开专题办公会，研究水土保持规划减沙目标分析报告，现以此次会议的会议纪要作为对规划减沙效果的评价：

（1）对水土保持减沙效果的评价要持慎重和偏于安全的态度。

（2）水土保持减沙效果的计算要完善两个方面的内容：①降水和产沙的关系。②工程的密度和规模与减沙效果的关系。

（3）规划减沙目标的确定。①产沙量预测。采用随机水文学的方法对规划期水文系列进行组合分析，并计算不同组合系列下的产沙量。②对不同规划水平年进行水利水保工程规划布置，在此前提下求得相应减沙量，作为规划水平年减沙指标。该目标尚应与国务院批复的黄河流域防洪规划相协调。基于产沙量计算的复杂性，按照偏于安全的原则提出减沙目标的范围：2020 年减沙目标 5. 0 亿 ~5. 5 亿 t，2030 年减沙目标 6. 0 亿 ~6. 5 亿 t，具体计算中取下限，即 5. 0 亿 t 和 6. 0 亿 t。

3. 3　水利水土保持减水减沙效益计算方法评价及改进

在分析水土保持减水减沙效益时，选择和提出科学合理的计算方法是至关重要的，因为有理论根据且能反映客观实际的计算方法，不仅决定着计算结果的精度，而且还直接关系到计算结果的可信度。多年来对计算方法的研究表明，计算方法必须根据变化了的新情况加以改进提高，才能获得比较合理的成果。

3.3.1　传统水利水土保持措施减水减沙效益计算方法(水保法)述评

3.3.1.1　水利水土保持措施减水量计算方法简述

1)水利水土保持措施减洪量计算方法

(1)计算基本公式：

$$\Delta W = \Delta W_1 + \Delta W_2 - \Delta W_3 \tag{3-4}$$

式中　ΔW——计算范围内各项措施减少的洪量；

ΔW_1——计算范围内人工林地、人工草地、梯田等治坡措施减洪量；

ΔW_2——计算范围内水库、淤地坝等治沟措施减洪量；

ΔW_3——天然林、天然草地被破坏后增加的洪量。

(2)治坡措施减洪量(ΔW_1)的计算：

$$\Delta W_1 = \sum_1^i M_i f_i \eta_i \tag{3-5}$$

式中　M_i——天然草地、坡耕地、塬面耕地的径流模数，按试验区观测资料推算；

f_i——当年人工林地、人工草地、梯田、条田的有效面积；

η_i——人工林地、人工草地、梯田、条田的减洪指标，不同流域、不同类型区、不同暴雨，应分别研究确定。

(3)治沟措施减洪量(ΔW_2)的计算：

$$\Delta W_2 = \sum_1^i V_i + \sum_1^j V_j \tag{3-6}$$

式中　$\sum_1^i V_i$——计算区水库的总蓄水量，大水库逐个计算，小水库可以标准库容推算，水库蓄水量应小于当年暴雨集水区可能产生的洪水总量；

$\sum_1^j V_j$——计算区淤地坝的总拦洪库容。

坝内已淤出并进行了耕种的坝地，减洪量按梯田减洪量计算方法计算，即径流模数乘以坝地面积，再乘以效益指标；新增坝地减洪量计算方法同小水库。

(4)天然林草地破坏后增加洪量(ΔW_3)的计算：

$$\Delta W_3 = \Delta M_1 f_1 + \Delta M_2 f_2 \tag{3-7}$$

式中　ΔM_1、ΔM_2——林草地破坏后增加的洪水模数，其值一般采用坡耕地洪水模数与天然林草地洪水模数之差；

f_1、f_2——天然林地、草地面积。

2)减少年径流计算方法

(1)计算基本公式：

$$\Delta Y = \Delta Y_1 + \Delta Y_2 + \Delta Y_3 + \Delta Y_4 \tag{3-8}$$

式中 ΔY——各项措施减少的年径流量；

ΔY_1——人工林地、人工草地、梯田、条田等治坡措施减少的年径流量；

ΔY_2——灌溉减少的年径流量；

ΔY_3——治沟措施减少的年径流量；

ΔY_4——水库水面蒸发量。

（2）治坡措施减少的年径流量（ΔY_1）的计算：

$$\Delta Y_1 = \Delta W_1 (1 - k) \tag{3-9}$$

式中 ΔW_1——治坡措施减少的当年洪水量，计算方法见式(3-5)；

k——地下径流补给系数，用下式计算：

$$k = H/(P - R) \tag{3-10}$$

式中 H——地下径流深，mm；

P——年总降水量，mm；

R——年地表径流深，mm。

（3）灌溉减少的年径流量（ΔY_2）的计算：

$$\Delta Y_2 = Y_g (1 - k_1)$$

式中 Y_g——年灌溉总用水量，其值用毛灌溉定额乘以灌溉面积求得；

k_1——灌区平均回归水系数，在无观测资料时可采用 k 值代替（见式(3-10)）。

（4）治沟措施减少的年径流量（ΔY_3）的计算。因水利水土保持措施主要是拦蓄利用汛期径流量，因此治沟措施减少年径流量（ΔY_3）的计算同治沟措施减洪量计算方法（见式(3-6)）。

（5）水库水面蒸发量（ΔY_4）的计算：

$$\Delta Y_4 = (Z_s - Z_l) F_s \tag{3-11}$$

式中 Z_s——水面蒸发量；

Z_l——陆面蒸发量；

F_s——计算区水库水面年平均水面面积。

3.3.1.2 水利水土保持措施年减沙量计算方法简述

（1）计算基本公式：

$$\Delta S = (\Delta S_1 + \Delta S_2 + \Delta S_3 + \Delta S_4 - \Delta S_5) \cdot \alpha \tag{3-12}$$

式中 ΔS——各项措施在流域出口减少的年输沙量；

ΔS_1——人工林地、人工草地、梯田、条田等治坡措施减少的坡地冲刷量（侵蚀量）；

ΔS_2——治坡措施因减少坡面径流而减少的沟道侵蚀量；

ΔS_3——淤地坝、水库拦蓄的泥沙量；

ΔS_4——灌溉引沙量；

ΔS_5——人为因素增加的侵蚀量；

α——泥沙输移比，即流域出口的年输沙量与流域年侵蚀量之比。

（2）治坡措施减少的坡地侵蚀量（ΔS_1）的计算：

$$\Delta S_1 = \sum_{i=1}^{4} S_i \cdot f_i \cdot \eta_i \tag{3-13}$$

式中　S_i——天然草地、坡耕地、塬面耕地的平均侵蚀模数，按试验区观测资料推算；

f_i——当年人工林地、人工草地、梯田、条田的有效面积；

η_i——人工林地、人工草地、梯田、条田的减少土壤侵蚀的效益指标，这些指标不同流域、不同类型区、不同年份、不同暴雨应分别研究。

（3）治坡措施减少的沟道侵蚀量（ΔS_2）的计算：

$$\Delta S_2 = \Delta W_1(\rho_g - \rho_p) \tag{3-14}$$

式中　ΔW_1——治坡措施减少的洪量，计算方法见式（3-5）；

ρ_g——治理前沟道洪水平均含沙量；

ρ_p——治理前坡面洪水平均含沙量。

（4）淤地坝、水库拦蓄的泥沙量（ΔS_3）的计算：

$$\Delta S_3 = \Delta S_y + \Delta S_k \tag{3-15}$$

式中　ΔS_y——淤地坝的拦泥量，以每年新增坝地面积乘以每亩坝地拦泥量得之，每亩坝地拦泥量从流域调查确定；

ΔS_k——水库淤积量，有实测资料的按实测资料计算，无实测资料的可用典型推算。

（5）灌溉引沙量（ΔS_4）的计算。有实测资料的用实测资料统计计算，无实测资料的可用下式计算：

$$\Delta S_4 = S_s \cdot \Delta f_m \tag{3-16}$$

式中　S_s——单位灌溉面积引沙量；

Δf_m——计算时间内新增加的灌溉面积。

（6）人为因素增加的侵蚀量（ΔS_5）的计算。增加土壤侵蚀的人为因素很多，诸如修路、开矿、毁林开荒、毁草开荒等，关于修路、开矿等新增侵蚀量将在另外章节中专门论述，这里仅就毁林开荒、毁草开荒增加的侵蚀量加以说明。

毁林开荒、毁草开荒增加的侵蚀量可用下式计算：

$$\Delta S_5 = \Delta S_L \cdot f_L + \Delta S_C \cdot f_C \tag{3-17}$$

式中　ΔS_L——天然林地被开垦后单位面积增加的侵蚀量，其值为坡耕地的侵蚀模数与天然林地侵蚀模数之差；

ΔS_C——天然草地被开垦后单位面积增加的侵蚀量，其值为坡耕地的侵蚀模数与天然草地侵蚀模数之差；

f_L——毁林开荒面积；

f_C——毁草开荒面积。

（7）泥沙输移比（α）的计算：

$$\alpha = S_{SH}/S_{SQ} \tag{3-18}$$

式中　S_{SH}——流域输沙量；

S_{SQ}——流域侵蚀量，包括水力侵蚀和重力侵蚀，其值可用下式估算：

$$S_{SQ} = S_{SH} + S_H + S_C \tag{3-19}$$

式中　S_{SH}——流域输沙量；

S_H——河道沿程冲淤量，冲为负，淤为正，调查或计算求得；

S_C——流域重力侵蚀滞留量,可调查求得。

3. 3. 2 传统“水保法”评价及改进

传统“水保法”的优点是成因明确,计算简单,计算结果也有一定精度。但水保法计算减沙作用是按单项措施分别计算的,其理论前提条件是各项水利水保措施的作用具有线性关系,即计算的结果等于各项水利水保措施的作用的线性叠加,没有全面考虑其内在的联系和相互影响,特别是对水利水土保持减沙作用的非线性问题未全面考虑。此外,水保法系数较多,有些系数难以准确确定,往往带来人为指定性误差。从目前的计算结果来看,水利水保措施(特别是造林、淤地坝)减沙作用计算结果偏大,因此传统“水保法”应加以改进。

传统水保法计算的减沙作用偏差较大的是造林和淤地坝,现对这两项的计算方法改进于下。

3. 3. 2. 1 造林减沙作用计算方法的改进

1)林地减沙作用偏大的原因分析

第二期黄河水沙变化研究基金(简称水沙基金)对河龙区间水土保持各项措施减沙作用进行了分析(见表 3-22),分析表 3-22 可见,水沙基金造林年均减沙量由 20 世纪 70 年代的 0. 224 亿 t,增加到 80 年代的年均减沙 0. 671 亿 t,再增加到 90 年代的年均减沙 1. 116 亿 t,减沙效益占水保措施总减沙的 39. 7%,这样的增加速度是不大可能的,而且所占比例较大。因此,其计算结果偏大。对其原因分析如下。

表 3-22 河龙区间不同年代各项水保措施的拦沙作用

时段	拦沙量(亿 t)					各占比例(%)			
	梯田	造林	种草	坝地	小计	梯田	造林	种草	坝地
1970 ~ 1979	0. 139	0. 224	0. 030	1. 312	1. 705	8. 2	13. 3	1. 8	76. 9
1980 ~ 1989	0. 225	0. 671	0. 069	1. 397	2. 362	9. 5	28. 4	2. 9	59. 3
1990 ~ 1996	0. 330	1. 116	0. 113	1. 254	2. 813	11. 7	39. 7	4. 0	44. 6
1970 ~ 1996	0. 220	0. 621	0. 066	1. 328	2. 236	9. 9	27. 8	3. 0	59. 4

注:水沙基金成果引自汪岗、范昭主编《黄河水沙变化研究》第二卷,第 56 页,黄河水利出版社,2002 年 9 月。

(1)林地减沙超过了坡面产沙能力。试验研究表明,黄河中游地区沟谷产沙占总产沙量的 53. 6% ~93. 2%,坡面产沙占总产沙量的 6. 8% ~46. 4%,即以沟谷产沙为主。植被等坡面措施可有效控制面蚀,但不能完全控制沟谷侵蚀,特别是重力侵蚀,其最大拦沙量也不会超过 50%。造林、种草可望有一定的减水减沙作用,但黄河中游气候干旱,黄土本身经常处于水分匮乏状态,雨水入渗深度一般不超过 3 m,很难与地下水衔接,因此植被(特别是乔木)一般生长不良,特别是延安北部地区,林草多分布于陡坡,覆盖率低,减水减沙作用不可能很大。但据第二期黄河水沙变化研究基金对现状林草措施减水减沙作用分析来看,1990 ~1996 年更是高达 40%,超过了坡面产沙能力,因此我们认为这一结果估计偏高。

(2)采用的减沙指标偏大。表 3-23 为黄河中游水保试验站的人工造林减水减沙效益,可以看出,1 ~2 年林呈增水增沙,1 ~5 年林减水减沙效益很小,只有当林龄大于 6 年以上才有一定的减水减沙作用。

表 3-23　人工造林减水减沙效益情况

树种	林龄	试验单位	资料年限	径流(m^3/km^2)			泥沙(t/km^2)		
				林区	对照区	减少(%)	林区	对照区	减少(%)
刺槐	1 ~5	绥德站	1958 ~1963	17 079	18 792(农地)	9.1	5 097	5 213	2.2
刺槐、榆树	6 ~14	绥德站	1958 ~1963	14 338	23 726(农地)	39.6	3 489	5 695	38.7
刺槐、杨树	1 ~2	西峰站	1955 ~1957	2 547	2 428(荒坡)	-4.9	43.5	26.3	-65.4
刺槐、杏树	22 ~26	西峰站	1976 ~1980	372	1 259(荒坡)	70.5	2.6	4.9	46.9
刺槐	7 ~9	天水站	1954 ~1956	11 566	14 819(农地)	22.0	621	3 034	79.5
刺槐	7 ~9	天水站	1954 ~1956	11 566	12 205(苜蓿)	5.2	621	955	35.0

表 3-24 列出了黄河上中游管理局 2006 年 9 月根据航片得出的皇甫川造林资料,由表 3-24 所列成果可以看出,全流域治理面积为 1 396.17 km^2,其中水保林面积 1 001.78 km^2,占治理面积的 71.8%,在水保林中,疏林和幼林(灌木林和未成林)占 81.8%,属覆盖度小于 30% 的低覆盖,研究表明,当覆盖度小于 30% 时,林地控制侵蚀的作用很小,因此占林地 80% 以上的疏林和幼林仍按成林的拦蓄指标计算减沙效益,势必将减沙效益算大。

表 3-24　皇甫川流域造林面积统计

行政区	治理面积(km^2)	其中水保林面积(km^2)			
		乔木林	灌木林	未成林	合计
准格尔旗	1 259.72	172.97	634.71	141.17	948.85
达拉特旗	12.12	1.78	4.31	1.30	7.39
内蒙古	1 271.84	174.75	639.02	142.47	956.24
府谷县	124.33	17.53	17.43	10.58	45.54
陕西省	124.33	17.53	17.43	10.58	45.54
合计	1 396.17	192.28	656.45	153.05	1 001.78

2)林地减沙作用计算方法的改进

根据以上分析,建议林地减沙作用采用下式计算:

$$\Delta W_s = S_b f \eta \kappa y \tag{3-20}$$

式中　ΔW_s——林地减沙量;

S_b——坡面产沙模数;

f——林地面积；

η——小区试验减沙系数；

κ——小区推广面积折减系数；

y——林地面积有效减沙率。

林地减沙效益计算方法的修改是多了一因子 y，该值根据皇甫川流域近期造林资料(见表3-24)分析，乔木林占造林总面积的19.2%，灌木林占65.5%，未成林占15.3%的情况，也就是说，真正起减沙作用的林地是乔木林和覆盖度大于30%的灌木林，未成林基本不起减沙作用。据调查，在灌木林中约有50%的面积为有效减沙作用，50%无有效减沙作用，据此，无有效减沙作用的林地合计为48.05%（0.153 + 0.655 × 0.5），因此建议 y 的取值为0.5～0.6，即林地减沙系数应采用较小一些的数值。

3.3.2.2　淤地坝减沙作用计算方法的改进

淤地坝减沙量包括淤地坝的拦泥量、减轻沟蚀量以及由于坝地滞洪和流速减小对坝下游沟道侵蚀的影响减少量。目前，削峰滞洪对下游的影响减沙量还难以计算，因此仅计算拦泥量和减蚀量，其中拦泥量可由实际测算获得，减蚀量据已有研究成果推算。

传统"水保法"视淤地面积的增加与减沙作用呈线性关系，因此淤地坝减沙量通常采用以下公式计算：

$$\Delta W_s = \Delta W_{sg} + \Delta W_{sb} \tag{3-21}$$

$$\Delta W_{sg} = M_s f(1 - \alpha_1)(1 - \alpha_2) \tag{3-22}$$

$$\Delta W_{sb} = k\Delta W_{sg} \tag{3-23}$$

式中　ΔW_s——淤地坝总减沙量；

ΔW_{sg}——坝地拦泥量，坝地拦泥量主要指悬移质泥沙；

ΔW_{sb}——坝地减蚀量；

M_s——单位面积坝地拦泥量；

f——计算期内坝地面积；

α_1——人工填地及坝地两岸坍塌所形成的坝地面积占坝地总面积的比例系数；

α_2——推移质在坝地拦泥量中所占比例系数；

k——淤地坝减蚀系数(减蚀量/拦沙量)，可根据已有淤地坝拦沙量计算成果求得，其值不同类型区是不同的，一般取值为2%～5%。

事实上，随着淤地面积的增加，病险坝库增多，水毁机会增多，上述计算方法存在的主要问题是没有考虑淤地坝水毁增沙。淤地坝减沙是一个较长时段的效益，在一个较长时段内，淤地坝水毁是难免的(见表3-25)。由表3-25所列成果可以看出，自1966～2002年的36年里，发生较大的淤地坝水毁7次，事实证明，在黄河中游地区黄河水沙丰枯变化比较明显，常有长达数年或数十年的枯水系列和每隔几年就有较大洪水出现的丰水系列交替出现。这种水沙丰枯变化主要是由气候条件决定的，在短期内难以改变。因此，在计算淤地坝减沙时应适当减去淤地坝水毁增沙量。

在小流域治理中，特别是以治沟为主的小流域，治沟措施减沙也大量存在非线性问题。现以韭园沟为例说明如下。

表 3-25　黄河中游地区暴雨水毁淤地坝调查

调查地区	绥德、米脂、横山县	延川县	延长县	子长县	准格尔旗	子洲县	子长县
暴雨时间	1966-07-17	1973-08-25	1978-08-05	1977-07-05	1988-08-03～05	1994-08-04～05	2002-07-04～05
降水量(mm)	101、165、112	112.5	50.7+108.5	167.0	127.3	130.0	283.0
总坝数(座)	693	7 570	6 000	403	665	968	1 244
水毁坝数(座)	444	3 300	1 830	121	86	821	85
水毁率(%)	64.1	43.6	30.5	30.0	12.9	84.8	6.8
冲毁坝地占坝库内坝地(%)	72.0	13.3	26.1	26.0	10～20		30.0
冲失坝地占全县坝地(%)		5.8	9.3	5.2	10.0	6.1	12.5
调查单位	陕西省水保局	延川县、延安地区水保局	延长县、延安地区水保局	子长县、延安地区水保局	黄科院	黄委黄河中游调查组	黄科院

韭园沟是无定河中游左岸的一条支沟，属黄土丘陵沟壑区第一副区，流域面积 70.7 km^2，其中沟间地占 56.6%，沟谷地占 43.4%，沟壑密度平均为 5.34 km/km^2。多年平均降水量 517.6 mm，降水集中且多暴雨。

淤地坝作为水土保持的主要措施，20 世纪 50 年代初期进行了试验示范，完成了干沟 5 座土坝，60 年代在支沟全面铺开。截至 1983 年底，全流域共修水平梯田 1 018 hm^2，水地 7.33 hm^2，淤地坝 242 座，已淤 196.43 hm^2（见表 3-26），造林 2 130.60 hm^2，人工种草 215.07 hm^2，治理程度达 51.3%。

根据黄委绥德水保站的分析，将 1954～1969 年韭园沟流域综合治理减洪减沙效益列于表 3-27，其治坡、治沟减沙效益如图 3-1 所示。由此可以看出，治坡措施减沙效益在波动中呈上升趋势，基本上呈线性波动，而治沟措施则呈“马鞍形”变化，即建坝初期库容较大时，拦沙效益较大，随着库容淤积，又兼遇较大暴雨时，拦沙效益减小，此后，随着库容的增加，拦沙效益又逐渐加大，但波动幅度较大，基本上呈非线性变化。

因此，对淤地坝减沙公式作如下修改：

$$\Delta W_s = \Delta W_{sg} + \Delta W_{sb} \tag{3-24}$$

$$\Delta W_{sg} = M_s f(1-\alpha_1)(1-\alpha_2) - \Delta W_s Z \tag{3-25}$$

$$\Delta W_{sb} = k\Delta W_{sg} \tag{3-26}$$

式中　Z——水毁增沙系数；

其他符号含义同前。

表 3-26 韭园沟淤地坝基本情况(截至 1983 年)

坝高(m)	数量(座)	土石方(万 m^3)	库容(万 m^3)				淤地面积(hm^2)		
			总库容	其中			可淤	已淤	利用
				拦泥 已淤	拦泥 剩余	泄洪			
30 以上	4	78.0	730.9	411.7	180.5	138.7	52.75	43.91	34.79
20~30	16	88.3	877.4	345.5	435.5	96.4	90.07	43.92	27.01
15~20	20	38.2	376.6	196.8	89.4	90.4	40.23	27.71	24.12
10~15	48	29.5	162.2	128.5	23.2	10.5	37.77	32.03	29.83
5~10	122	22.3	131.1	87.1	18.3	25.7	47.59	41.99	35.97
5 以下	32	2.00	15.1	10.8	2.3	2.0	7.90	6.87	6.50
合计	242	256.3	2 293.3	1 180.4	749.2	363.7	276.31	196.43	158.22

表 3-27 韭园沟流域综合治理减洪减沙效益计算(1954~1969 年)

年份	降水量(mm)		洪水总量(万 m^3)		减少洪水效益(%)			冲刷总量(万 t)		减少泥沙效益(%)		
	汛期	全年	治理前(推算)	治理后(实测)	治坡	治沟	合计	治理前(推算)	治理后(实测)	治坡	治沟	合计
1954	313.2	479	71.88	49.28	1.44	30	31.44	64.69	2.101	1.8	95	96.8
1955	285.6	372	10.84	0	3	97	100	4.46	0	4.1	95.9	100
1956	542.6	675	322.6	257.3	5	15.2	20.2	256.7	46.75	9.9	71.9	81.8
1957	225.8	373	43.44	34.48	8.2	13.4	20.6	25.64	3.88	10.2	74.7	84.9
1958	506.2	661	355.3	294.1	6.2	11	17.2	277.6	68.7	12.1	63.2	75.3
1959	573.4	688	306.4	289.5	7.3	-1.8	5.5	210.7	193	11.2	-2.8	8.4
1960	298.7	442	30.74	25.01	8.7	9.9	18.6	25.53	13.34	9.5	38.2	47.7
1961	490.9	711	335.4	284.1	6	9.3	15.3	239.9	117.4	10.1	41	51.1
1962	294.8	387	31.37	23.29	9	16.8	25.8	21.36	9.09	9.9	47.5	57.4
1963	295	493	120.8	99.42	10.8	6.9	17.7	82.53	44.08	11.6	35	46.6
1964	480.8	735	244.9	168.7	9.9	21.2	31.1	188.1	97.44	11.6	36.6	48.2
1965	111.6	232	12	9.692	4.6	14.6	19.2	9.39	2.125	15.2	62.2	77.4
1966	380.2	503	301	234.2	7.8	14.4	22.2	236.5	126.5	7.7	38.8	46.5
1967	441.4	583	309.4	238.3	17.4	5.6	23	195.5	126.2	22.2	13.2	35.4
1968	291.9	439	172.2	55.84	30.6	37	67.6	151.3	16.1	16.5	72.9	89.4
1969	365.2	509	62.25	26.21	17.4	40.5	57.9	15.52	6.887	23	32.6	55.6

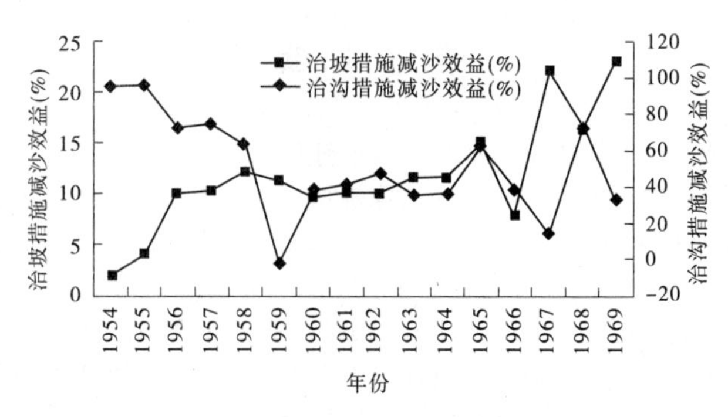

图3-1　韭园沟治坡措施与治沟措施减沙效益历年变化图

关于水毁增沙系数的取值,不同类型区是不同的,可根据降水情况加以适当确定,就河龙区间而言,按冲失坝地占全县坝地的比例而定,一般为5.2%～12.5%,河口镇以上取值3%,泾洛渭汾河取值5%。

3.4　结论与讨论

3.4.1　水利水保措施现状减沙效益评价

通过回顾新中国成立以来水土保持减水减沙效益研究认为,20世纪50年代初期设立的试验小流域到70年代初期,通过水文观测资料证实,各项水利水保措施能有效地拦截泥沙,当综合治理程度达到40%时,可减水39%,减沙52.2%;20世纪70～90年代,黄河中游水利水保措施年均减少入黄泥沙3.0亿t;目前,水利水土保持现状减沙效益为3.5亿～4.5亿t。但需指出,这种减沙效益是在近年来降水连续偏枯的情况下产生的,因而,在对水利水保措施的减水减沙效益评估时,应当充分注意到这一点。

3.4.2　水土保持规划减沙预估评价

(1)在黄河泥沙问题上有过沉痛的教训,对此应有清醒的认识。因此,对未来水利水土保持减沙应持慎重和偏于安全的态度。

(2)基于产沙量计算的复杂性,按照偏于安全的原则提出减沙目标的范围:2020年减沙目标5.0亿～5.5亿t,2030年减沙目标6.0亿～6.5亿t,具体计算中取下限,即5.0亿t和6.0亿t。

3.4.3　水土保持减水减沙计算方法评价

(1)传统水保法在理论上有一定的缺陷,即流域水沙变化的结果等于各类措施作用的线性叠加,显然,这是不合理的。

(2)针对传统水保法的缺陷,分析了水土保持措施减水减沙的一些非线性问题,对水土保持减水减沙效益影响较大的林地和淤地坝计算方法进行了某些改进。

参考文献

[1] 汪岗,范昭.黄河水沙变化研究[M].郑州:黄河水利出版社,2002.
[2] 叶青超,等.黄河流域环境演变与水沙运行规律研究[M].济南:山东科技出版社,1995.
[3] 张胜利,李倬,赵文林.黄河中游多沙粗沙区水沙变化原因及发展趋势[M].郑州:黄河水利出版社,1998.
[4] 温存德.治黄规划编制始末[M]//黄河往事.郑州:黄河水利出版社,2006.
[5] 康玲玲,张胜利,魏义长,等.黄河中游水利水土保持减沙作用研究的回顾与展望[J].中国水土保持科学,2010(3).
[6] 张胜利,赵业安.黄河中上游水土保持及支流治理减沙效益初步分析[J].人民黄河,1986,8(1).
[7] 姚文艺.黄河流域水沙变化研究新进展[OL].黄河网,2009-09-24.
[8] 张胜利,于一鸣,姚文艺.水土保持减水减沙效益计算方法[M].北京:中国环境科学出版社,1994.

第 4 章　人类活动对河川径流泥沙影响研究实例分析

4.1　黄河中上游水利水土保持措施减沙作用分析

1999 年在进行黄河流域(片)防洪规划时,受黄委勘测规划设计研究院的委托,黄河水利科学研究院承担了“黄河中游水土保持减水减沙作用分析”课题。分析计算的区域范围为黄河龙门、华县、河津、洑头 4 站以上流域,从水利水土保持的地域分异出发,将 4 站以上流域划分为河口镇以上、河龙区间和泾洛渭汾河等河段,分别计算其减沙作用,最后集成为黄河上中游流域的减沙作用。在收集、整理、核实水利水保措施数量的基础上,按干流水库、支流水库、大型灌区引沙、水土保持措施减沙、人为增沙、河道冲淤等分项计算,用求其代数和的方法,宏观估算了 20 世纪 80 年代、90 年代黄河中上游水利水土保持措施的减沙量。

4.1.1　水库拦沙量分析计算

4.1.1.1　干流水库拦沙量计算

黄河干流水库一般都有测淤资料,可直接计算其拦沙量。根据《黄河流域水库泥沙淤积调查报告》(黄河流域水库泥沙调查组,1994)和《黄河水文基本资料审查评价及天然径流量计算》(黄委水文局,1997)等资料,龙华河洑 4 站以上已建大中型水库 7 座,总库容达314.79 亿 m^3,到1989 年累计淤积量20.99 亿 m^3,90 年代资料系根据 80 年代淤积资料相关分析求出(见表 4-1)。从表 4-1 所列成果可以看出,80 年代干流水库为 7.58 亿 m^3,折合每年平均淤积量 0.99 亿 t(泥沙干容重取 1.3 t/m^3),90 年代年均拦沙量 0.73 亿 t。

4.1.1.2　支流水库拦沙量计算

根据《黄河流域水库泥沙淤积调查报告》(黄河流域水库泥沙调查组,1994)资料,黄河中上游已建支流水库(小(一)型以上)483 座,总库容 75.54 亿 m^3,其中河口镇以上 87 座,总库容 13.89 亿 m^3;河龙区间 134 座,总库容 21.76 亿 m^3;泾洛渭汾河 262 座,总库容 39.89 亿 m^3。从库容变化来看,20 世纪 80 年代以后,总库容基本没有增长,泥沙淤积量也基本与 70 年代持平,分别为 10 亿 m^3 左右。90 年代流域内支流水库没有增加,多数原有水库运用方式由“拦”转“排”,淤积量减少,推估到 1997 年淤积量为 6.34 亿 m^3。根据支流水库淤积资料,可求得 80 年代年均拦沙量为 1.37 亿 t,90 年代年均拦沙量为 1.03 亿 t(见表 4-2)。

表 4-1 黄河上中游干流水库泥沙淤积情况

库名	建成时间	总库容(亿 m^3)	累计淤积量(亿 m^3)				库容淤损率(%)	不同年代淤积量(亿 m^3)		
			1969 年	1979 年	1989 年	1997 年		70 年代	80 年代	90 年代
龙羊峡	1986	247			0.62	1.80	0.70	0	0.62	1.18
刘家峡	1968	57.4	0.97	5.16	11.75	14.91	26.0	4.19	6.59	3.16
盐锅峡	1961	2.16	1.7	1.63	1.70	1.73	80.0	-0.07	0.07	0.03
八盘峡	1975	0.52		0.17	0.25	0.28	54.2	0.17	0.08	0.03
青铜峡	1967	6.06	3.96	5.66	5.83	5.90	97.3	1.70	0.18	0.07
三盛公	1961	0.98	0.47	0.47	0.46	0.46	46.5	0	-0.01	0
天桥	1976	0.67		0.32	0.38	0.38	56.7	0.32	0.06	0
总计		314.79	7.10	13.41	20.99	25.46	8.1	6.31	7.58	4.47
河口镇以上		314.12	7.10	13.09	20.61	25.08	8.0	5.99	7.52	4.47
河龙区间		0.67	0	0.32	0.38	0.38	56.7	0.32	0.06	0

表 4-2 黄河中上游支流水库拦沙量计算 (单位:亿 t)

项目	河口镇以上(87 座)	河龙区间(134 座)	泾洛渭汾河(262 座)	龙华河洑以上(483 座)
1989 年累积量	8.549	9.309	17.351	35.209
80 年代时段量	3.419	4.877	5.445	13.741
80 年代年平均	0.342	0.488	0.545	1.374
1997 年累积量	10.600	12.236	20.618	43.454
1990~1997 年时段量	2.051	2.927	3.267	8.245
1990~1997 年平均	0.256	0.366	0.408	1.030

4.1.2 水土保持措施减沙量计算

4.1.2.1 坡面措施减沙量计算

1)坡面措施减沙量计算基本公式

水土保持坡面措施(主要指人工林、人工草、梯田等)可用以下基本公式计算:

$$\Delta W_s = \sum_{i=1}^{n} M_{sb} f_i \eta_i \tag{4-1}$$

式中 ΔW_s——某坡面措施减沙量;

M_{sb}——坡面产沙模数;

f_i——某坡面措施保存面积；

η_i——某坡面措施减沙系数。

2）各项计算参数的确定

（1）坡面措施有效面积的确定。水土保持治理面积的调查核实，历来是一项十分复杂而困难的工作，它不仅受统计和调查方法的限制，还受许多人为因素的影响，它不仅是空间变量，而且是时间变量，浩繁的工作量影响着资料的精度。因此，基本资料的获得多依赖于统计年报资料，资料的精度难以保证。本次计算在无条件改变这一状况的情况下，仍然依赖于各省区的“水土保持基本资料汇编”。在统计时，分河口镇以上、河龙区间和泾洛渭汾河等三个河段，然后统计每个河段包括的省区以及各省区包含的县（旗、市），最后得到流域各省区、各河段水土保持上报面积。在统计时，考虑到水土流失情况和治理措施的正常进度，对水土流失轻微地区的水土保持措施数量进行了折减，对措施数量偏大或偏小的情况进行了合理性处理。在治理措施中，主要统计了梯田、坝地、造林、种草的数量，未包括诸如条田、其他造地、封禁等。此外，参考有关典型调查资料，对统计上报的措施数量进行了折减（见表4-3），求得真正发挥减沙作用的有效面积。

表4-3　黄河中游统计上报措施有效面积折减系数

措施	梯田	坝地	造林	种草
有效面积折减系数	0.7	0.9	0.3	0.2

（2）坡面产沙模数的确定。坡面产沙模数可通过水文泥沙资料分析，先求得计算时段（如1990～1997年）河段（或沟口）输沙模数（或称流域产沙模数），这样的输沙模数就考虑了治理对产沙状况的改变。在计算水土保持减沙量时，可用忽略计算沟道的冲淤变化，但不能忽视坡面和沟道产沙模数的差别，因此可建立如下反映地貌特征和产沙规律的沙量平衡方程：

$$W_s = F_b M_{sb} + F_g M_{sg} \tag{4-2}$$

式中　W_s——流域产沙量；

F_b、F_g——沟间地和沟谷地面积；

M_{sb}、M_{sg}——沟间地和沟谷地产沙模数。

对于黄土丘陵沟壑区（其他可类推）可建立如下联立方程：

$$M_{sg}/M_{sb} = 1.76 \tag{4-3}$$

$$0.4M_{sg} + 0.6M_{sb} = M \tag{4-4}$$

式中　M——流域平均输沙模数；

0.4、0.6——沟谷地和沟间地占流域面积比例。

联解以上两式可求得坡面产沙模数

$$M_{sb} = M/1.3 \tag{4-5}$$

（3）河段输沙模数的确定。河段输沙模数采用各河段相应年份的平均输沙量除以水土流失面积求得。根据各河段水文观测资料，求得各河段输沙模数（见表4-4）。

表 4-4　黄河中上游不同河段输沙模数　（单位：t/km²）

时段	河口镇以上	河龙区间	泾洛渭汾河
1980～1989 年	543.80	3 716.80	3 116.10
1990～1997 年	245.10	5 117.94	3 506.39

（4）坡面措施减沙指标的确定。梯田、造林、种草是治理坡面水土流失的三项主要措施，其减沙指标在水土保持减沙作用分析中是一个重要方面。根据绥德水保站整理的不同质量、不同径流泥沙水平下径流小区梯田、林地、草地减水减沙指标（见表 4-5），将径流小区治坡措施减水减沙指标移用到大面积计算时需视实际情况加以修改，考虑到径流小区域大面积的主要区别是措施质量，因此当小区观测效益移用到大面积是采用较低质量指标，故在大面积计算时，梯田的质量按 3、4 类考虑；河龙区间北部和西北部，林地、草地基本无枯枝落叶层，被覆度平均在 35% 以下，因此林草地采用盖度 20%～30% 的平均值。为计算方便，根据表 4-5 中的指标整理成计算大面积坡面措施减水减沙指标（见表 4-6），计算时可采用多年平均指标。

表 4-5　不同质量、不同径流泥沙水平下径流小区梯田、林地、草地减水减沙指标　（%）

措施及质量		枯水（>75%）		平水（25%～75%）		丰水（<25%）		多年平均	
		减水	减沙	减水	减沙	减水	减沙	减水	减沙
梯田	1 类	100	100	100	99.5	78.0	48.7	94.5	86.9
	2 类	100	100	98.0	95.3	69.8	43.6	91.5	83.6
	3 类	99.0	100	90.0	83.8	59.3	38.0	84.6	76.4
	4 类	95.0	88.0	76.0	56.2	46.9	33.3	73.5	58.4
林地	盖度 70%	100	100	100	98.0	76.5	57.7	94.1	88.4
	盖度 60%	100	100	96.5	92.9	72.2	51.0	91.3	84.2
	盖度 50%	99.0	99.0	90.1	86.9	64.2	46.2	85.9	79.8
	盖度 40%	94.0	96.0	73.2	69.8	48.8	33.3	72.3	67.2
	盖度 30%	80.0	89.0	52.0	48.2	28.4	19.2	53.1	51.2
	盖度 20%	55.0	73.0	26.7	20.2	11.1	6.4	29.9	30.0
草地	盖度 70%	100	100	96.3	94.4	64.8	50.0	89.4	84.7
	盖度 60%	100	100	92.6	89.9	59.3	45.1	86.1	81.2
	盖度 50%	98.0	99.0	83.7	82.5	51.2	40.0	79.2	76.0
	盖度 40%	86.0	95.0	67.8	66.5	37.7	30.0	64.8	64.5
	盖度 30%	72.0	85.0	42.7	41.8	22.1	16.9	44.9	46.4
	盖度 20%	45.0	69.0	19.5	18.6	8.2	5.9	23.1	28.0

注：表中枯、平、丰栏中的百分数指年产水量及年产沙量的频率。

表4-6　大面积坡面措施的减水减沙指标　(%)

措施	枯水年		平水年		丰水年		多年平均	
	减水	减沙	减水	减沙	减水	减沙	减水	减沙
梯田	97.0	94.0	83.0	70.0	53.0	36.0	79.0	67.0
林地	67.0	81.0	39.0	34.0	20.0	13.0	42.0	41.0
草地	58.0	77.0	31.0	30.0	15.0	11.0	34.0	37.0

3)坡面措施减沙量计算

(1)坡面产沙量的计算。坡面产沙量由坡面产沙模数乘以坡面措施面积求得。

(2)年均减沙量的计算。年减沙量为年坡面产沙量乘以减沙系数。

(3)计算实例。为说明上述计算方法的应用,以20世纪90年代黄河上中游造林减沙量为例计算列于表4-7。

表4-7　黄河上中游20世纪90年代造林减沙量计算

项目		造林面积(km^2)	河段输沙模数(t/km^2)	坡面产沙模数(t/km^2)	坡面产沙量(万t)	减沙系数	年减沙量(万t)	1990~1997年减沙量(万t)
龙华河洑以上	合计				5 984.18		2 453.51	19 628.11
	1989年累计	19 498.75			5 803.30		2 379.35	19 034.81
	1990~1997年平均	698.14			180.88		74.16	593.30
河口镇以上	小计				58.29	0.41	23.9	191.18
	1989年累计	2 948.8	245.10	188.54	55.60	0.41	22.79	182.36
	1990~1997年平均	142.69	245.10	188.54	2.69	0.41	1.10	8.82
河龙区间	小计				4 167.23	0.41	1 708.56	13 668.52
	1989年累计	10 356.20	5 117.94	3 936.88	4 077.11	0.41	1 671.61	13 372.92
	1990~1997年平均	228.92	5 117.94	3 936.88	90.12	0.41	36.95	295.60
泾洛渭汾河	小计				1 758.66	0.41	721.05	5 768.41
	1989年累计	6 193.75	3 506.39	2 697.22	1 670.59	0.41	684.94	5 479.54
	1990~1997年平均	326.52	3 506.39	2 697.22	88.07	0.41	36.11	288.87

4.1.2.2　淤地坝减沙量的计算

淤地坝减沙量包括淤地坝的拦泥量、减轻沟蚀量以及由于坝地滞洪和流速减小对坝下游沟道侵蚀的影响减少量。目前,削峰滞洪对下游的影响减沙量还难以计算,因此仅计算拦泥量和减蚀量,其中拦泥量可由实际测算获得,减蚀量据已有研究成果推算。淤地坝减沙量通常采用以下公式计算:

$$\Delta W_s = \Delta W_{sg} + \Delta W_{sb} \tag{4-6}$$

$$\Delta W_{sg} = M_s f(1-\alpha_1)(1-\alpha_2) - \Delta W_s Z \tag{4-7}$$

$$\Delta W_{sb} = k\Delta W_{sg} \tag{4-8}$$

式中 ΔW_s——淤地坝总减沙量；

ΔW_{sg}——坝地拦泥量，坝地拦泥量主要指悬移质泥沙；

ΔW_{sb}——坝地减蚀量；

M_s——单位面积坝地拦泥量；

f——计算期内坝地面积；

α_1——人工填地及坝地两岸坍塌所形成的坝地面积占坝地总面积的比例系数；

α_2——推移质在坝地拦泥量中所占比例系数；

Z——水毁增沙系数；

k——淤地坝减蚀系数（减蚀量/拦沙量），可根据已有淤地坝拦沙量计算成果求得。

Z 值不同类型区是不同的，可根据降水情况加以适当确定，就河龙区间而言，按冲失坝地占全县坝地的比例而定，一般为5.2%～12.5%，河口镇以上取值3%，泾洛渭汾河取值5%。作为计算实例，20世纪80年代黄河中上游淤地坝拦沙量计算列于表4-8。

表4-8　20世纪80年代黄河中上游淤地坝拦沙量计算

河段	1980～1989年新增坝地面积（万 hm^2）	每公顷坝地拦沙量（t）	1980～1989年拦沙量（万t）	1980～1989年水毁损失量（万t）	1980～1989年实际拦沙量（万t）	淤地坝减蚀量（万t）	淤地坝总拦沙量（万t）	1980～1989年年均拦沙量（万t）
龙华河洑以上	2.83		135 439	11 869	123 570	2 471	126 041	12 604
河口镇以上	0.615 3	15 000	9 230	277	8 953	179	9 132	913
河龙区间	1.676 7	63 000	105 630	10 563	95 067	1 901	96 968	9 697
泾洛渭汾河	0.538	38 250	20 579	1 029	19 550	391	19 941	1 994

注：1. 淤地坝水毁损失量河口镇以上取值3%，河龙区间取值10%，泾洛渭汾河取值5%。
2. 淤地坝减蚀量取值为淤地坝拦泥量的2%。

4.1.3　大型自流引黄灌区灌溉引沙量

目前，对黄河减水减沙影响较大的大型自流灌区有宁夏青铜峡灌区、内蒙古河套灌区、陕西省宝鸡峡引渭灌区和泾惠渠、洛惠渠等，有效灌溉面积约106.67万 hm^2（1985年），占龙华河洑以上引黄灌溉面积120余万 hm^2 的88%。因此，本次计算仅统计了大型引黄灌区，至于汾河盆地灌区，因有水库控制，灌溉引沙量不大，未进行统计。

根据引黄灌区的实测资料，统计得到大型自流引黄灌区引水引沙量（见表4-9），其中20世纪90年代为推估值，考虑到青铜峡灌区、河套灌区位于黄河上游，黄河90年代含沙量与80年代相比变化不大，因此90年代引沙量按80年代平均含沙量乘以90年代引水量计算；泾洛渭河含沙量 90 年代与 80 年代相比有所减少，因此泾洛渭河 90 年代含沙量按 80 年代含沙量的 85% 推估。

表 4-9　黄河中上游大型灌区引水引沙量统计

河段	灌区名称	1980～1989 年					1990～1997 年				
		有效灌溉面积(1985 年)(万 hm^2)	用水量(亿 m^3)		引沙量(亿 t)		有效灌溉面积(1997 年)(万 hm^2)	用水量(亿 m^3)		引沙量(亿 t)	
			合计	年平均	合计	年平均		合计	年平均	合计	年平均
河口镇以上	宁夏灌区	35. 21	330. 9	33. 09	2. 03	0. 20	43. 20	284. 3	35. 54	1. 75	0. 218
	内蒙古灌区	55. 17	612. 2	61. 22	1. 03	0. 10	63. 53	512. 2	64. 02	1. 02	0. 128
	小计	90. 39	943. 1	94. 31	3. 32	0. 33	88. 87	796. 5	99. 56	2. 77	0. 346
泾洛渭河	宝鸡峡灌区	19. 56	57. 3	5. 73	0. 710	0. 071	17. 11	35. 2	4. 40	0. 375	0. 047
	泾惠渠	8. 93	38. 3	3. 83	0. 347	0. 035	8. 53	22. 4	2. 80	0. 174	0. 022
	洛惠渠	5. 17	22. 3	2. 23	0. 429	0. 043	4. 93	16. 0	2. 00	0. 308	0. 039
	小计	33. 67	117. 9	11. 79	1. 486	0. 149	30. 57	73. 6	9. 20	0. 856	0. 107
合计		124. 06	1 061. 0	106. 1	4. 810	0. 481	119. 44	870. 1	108. 76	3. 63	0. 453

4. 1. 4　人为新增水土流失量计算

人类活动加剧水土流失主要表现在：一是陡坡开荒、毁林毁草，破坏天然植被，增加水土流失面积，从而增加水土流失量；二是由于开矿、修路及附属建设等，移动岩石土体，不仅破坏植被，而且破坏地貌和土层，在遭受破坏的地方，新增水土流失十分严重。据有关单位调查分析，某些河流或省区人为新增水土流失占总输沙量的 10% 以上，在人类活动强度较大的地区，新增水土流失量可达 20%（见表 4-10）。

表 4-10　人为新增水土流失量调查成果

地区或流域	新增水土流失量占总输沙量(%)	完成单位	完成年份
马莲河	14. 0	黄委西峰水保站	1980
山西省	13. 3	山西省水保局	1984
无定河	14. 3	黄河水利学校、绥德水保站	1986
陕西省	18. 0	陕西省减灾协会	1993
北洛河、延河上游地区	15. 0～20. 0	中科院西北水保所	1993
神府东胜矿区(一期工程)	20. 0	黄委水科院	1993

水土保持减沙效益是水土保持减沙正效益与人为新增水土流失负效应的代数和，因此人为新增水土流失的负效益会抵消一部分水土保持减沙的正效益。考虑到有关部门正

在努力制止新增水土流失以及"点"上的调查资料比较严重一些，在由"点"推"面"的大面积计算时，并根据不同地区开发建设程度，适当减小新增水土流失量。因此，计算时河口镇以上采用人为增沙占水土保持减沙的百分比为3%，河龙区间为10%，泾洛渭汾河为5%。

4.1.5 河道冲淤量计算

河口镇以上由于干支流水库的修建，使内蒙古河段发生冲淤变化，如进行黄河中上游水土保持减沙计算时，计算水利工程的减沙作用，可根据巴彦高勒、三湖河口、头道拐等水文测验资料，采用输沙平衡法进行估算，求得该河段冲淤量，干流其他河段由于冲淤影响较小，未予考虑。黄河中游支流河道有冲有淤，但从多年平均来看，冲淤量不大。汾河出兰村后，流经晋中、临汾两盆地，因河道比降较缓，河道呈淤积状态，1960 年后，先后修建了 10 余座水库，因水库调峰作用及其他边界条件影响，河道仍处于微淤状态。无定河中游河段多为砂砾石河床，下游已切至基岩，冲淤变化较小；其他支流多为槽形河谷，比降较大，输沙能力较强，累积冲淤量也不大。因此，在宏观分析计算中不考虑这些支流的河道冲淤量，对估算成果不致有多大影响。

4.1.6 分河段水利水土保持减沙作用汇总

根据流域内水利水保措施减沙量、人为新增水土流失量及河道冲淤量，按以下公式计算水利水保措施减沙量：

$$\Delta W_s = \Delta W_{sa} + \Delta W_{sb} + \Delta W_{sc} - \Delta W_{sd} + \Delta W_{se} \tag{4-9}$$

式中 ΔW_s——水利水保措施减沙量；

ΔW_{sa}——水利工程减沙量；

ΔW_{sb}——灌溉引沙量；

ΔW_{sc}——水土保持措施减沙量；

ΔW_{sd}——人为增沙量；

ΔW_{se}——河道冲淤量（淤为正，冲为负）。

计算结果表明，20 世纪 80 年代黄河中上游水利水土保持减沙总量 41. 865 亿 t，年均 4. 19 亿 t；90 年代（1990 ~ 1997 年）黄河中上游水利水土保持减沙总量 31. 372 亿 t，年均 3. 92 亿 t（见第 3 章表 3-5、表 3-6）。

4.2 黄河河口镇至龙门区间水沙变化成因分析

黄河河口镇至龙门区间（简称河龙区间）面积 11. 16 万 km²，仅占全河面积的 14. 8%，而来沙量却高达 10. 3 亿 t（1956 ~ 1969 年平均值），占全河来沙量 16 亿 t 的 64. 3%。这一地区是黄河洪水及粗泥沙集中来源区，也是黄河治理的重点地区。1970 年以来，河龙区间水沙发生了巨大变化。因此，重点对这一地区的水沙变化成因进行探讨，对分析论证黄河流域水沙变化趋势至关重要。

4.2.1　河龙区间水沙变化情势分析

本研究所采用的降水资料系黄委水文局提供的1956～2006年共50多年的降水系列资料和1950～2006年共57年的径流、泥沙系列资料；河龙区间水沙资料为龙门站水沙资料减去河口镇站水沙资料。

4.2.1.1　水沙变化情况分析

1）不同年代水沙变化情况

表4-11为河龙区间1956～2006年各年代降水、径流、泥沙变化统计资料。可以看出，若以1956～1969年作为基准期（指治理较少时段），20世纪70年代在降水减少9.9%的情况下，年径流减少25.8%，年输沙量减少26.6%；80年代在降水减少13.0%的情况下，年径流减少49.0%，年输沙量减少63.7%；值得指出的是，1990～1999年在年降水量减少的情况下，径流、泥沙较80年代有增加趋势；2000～2006年在降水减少10.6%的情况下，年径流减少61.2%，年均输沙量由基准期的10.28亿t减少为1.84亿t，较基准期减少82.1%。水沙来量的锐减表明，近期河龙区间水沙发生了重大变化。

表4-11　河龙区间各年代降水、径流、泥沙变化情况

时段	年降水量（mm）	年径流量（亿m^3）	年输沙量（亿t）	各年代减少（%）		
				降水	径流	泥沙
1956～1969	476.7	72.90	10.28			
1970～1979	429.4	54.08	7.55	9.9	25.8	26.6
1980～1989	414.8	37.16	3.73	13.0	49.0	63.7
1990～1999	405.1	41.55	4.68	15.0	43.0	54.5
2000～2006	426.0	28.32	1.84	10.6	61.2	82.1

注：以1956～1969年作为基准期

2）水沙变化过程

a. 降水变化过程

点绘河龙区间年降水量变化过程线见图4-1。可以看出，1970年以前的基准期年降水量波动较大；20世纪70～80年代年降水量相对均衡，大部分点据在400～500 mm波动。也就是说，在河龙区间泥沙减少的时段虽有降水波动，但还是有较多的降水量，并没有出现单一的趋势性变化和连续特枯的降水时段。与基准期的1956～1969年相比，年降水减少幅度为9.9%～15%，同时也没有出现1986～1998年泥沙趋增而年降水增加的趋向（见图4-2）。这一情况表明，径流、泥沙的大幅度减少除与降水减少有关外，还与其他因素有重要关系。值得指出的是，降水分配对产流、产沙有重要影响，而年降水量是区间多点雨量站平均而得，难以反映局部性、短历时暴雨对产流、产沙的影响。

b. 泥沙变化过程

点绘河龙区间年输沙量变化过程线见图4-2。可以看出，从1950年至2005年，河龙区间输沙量总体上呈减少趋势。1970年以前属治理较少的天然状况或称基准期，输沙量

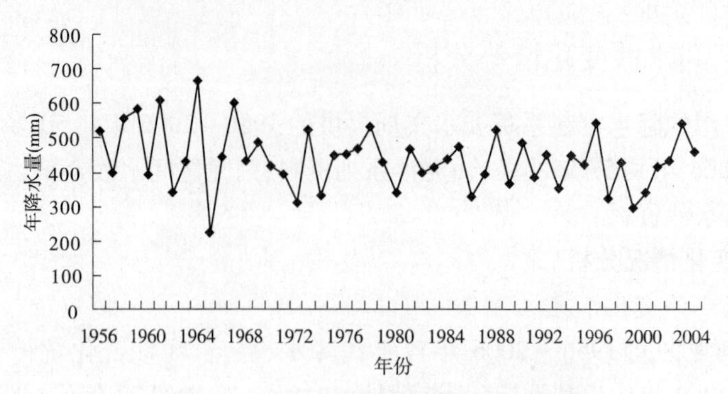

图 4-1　河龙区间年降水量变化过程线

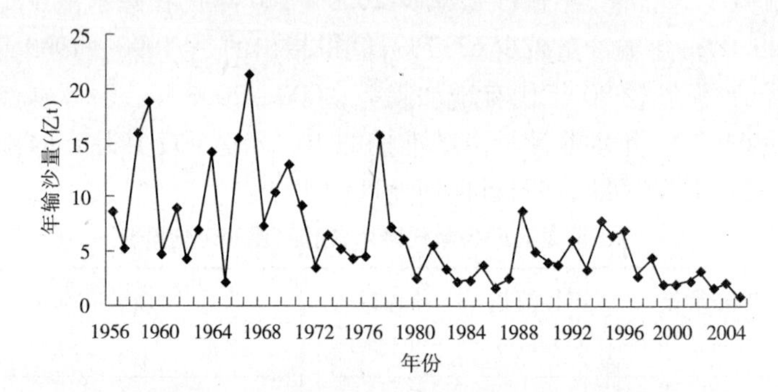

图 4-2　河龙区间年输沙量变化过程线

点据上下波动很大,但总体上并无明显的单向增减变化趋势。1970～1986 年,随着河龙区间水土保持综合治理工作的大幅度开展,特别是水坠筑坝技术的推广应用,修建了数以万计的水库和淤地坝,拦沙作用显著,泥沙呈减少趋势,且年际间的波动幅度也有所减小,但仍不够稳定。1977 年河龙区间遭遇较大暴雨,其年输沙量超过 15 亿 t;1980～1985 年输沙量又趋减少,但自 1986 年以后,输沙量又有增加趋势,其中 1988 年输沙量近 9 亿 t;自 1999 年开始入黄泥沙又明显趋减。如果按年代分别统计河龙区间水沙量(见表 4-11),则可发现年均输沙量由 20 世纪 50～60 年代(基准期)的 10.28 亿 t/a 减少为 70 年代的 7.55 亿 t/a,80 年代进一步减少为 3.73 亿 t/a,减沙幅度达 63.7%。进入 20 世纪 90 年代,河龙区间泥沙来量虽然增加到 4.68 亿 t/a,但与基准期相比,减沙仍达 54.4%;2000～2005 年泥沙进一步减少为 1.95 亿 t/a,较基准期减少了 81.0%。而 2005 年输沙量仅为 0.81 亿 t,年输沙量大幅度减少。在河龙区间水沙 50 多年的变化过程中,也曾出现过 1972～1976 年和 1980～1986 年两次丰枯相间的情况,枯沙期一般持续 5～6 年,而 1999～2005 年的枯沙期已持续 7 年,这种趋势是非常令人关注的。

c. 径流变化过程

图 4-3 为河龙区间年径流量变化过程线。可以看出,年径流量变化与年沙量变化基本同步,1956～2005 年径流量总趋势是减少的。1970 年以前年径流量波动较大,且没有单向增减的变化趋势;1970 年以后总趋势是减少的,20 世纪 70 年代年均径流量 54.08 亿 m^3,较基准期减少 25.8%;80 年代年均径流量减少为 37.16 亿 m^3,较基准期减少 49%;90 年代年均径流量为 41.55 亿 m^3,较基准期减少 43%;2000～2006 年年均径流量仅为

28.32 亿 m^3，较基准期减少 61.2%（见表 4-11）。年径流量的减少趋势非常明显。

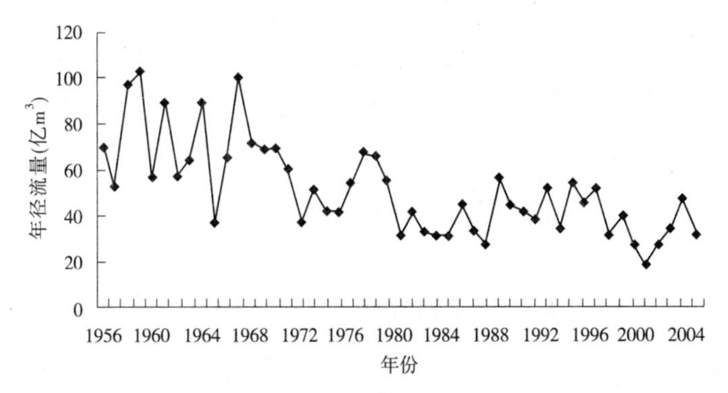

图 4-3　河龙区间年径流量变化过程线

4.2.1.2　水沙关系变化分析

1）降水—径流变化关系分析

图 4-4 为河龙区间年降水—径流变化过程关系。可以看出，1970 年以前降水—径流关系是比较适应的，即降水—径流关系是一致的；1970 年以后两者关系发生分离，即在降水量呈减少的趋势下，径流减少的幅度更大，说明 1970 年以后径流因受人类活动影响而减少。因此，通常以 1970 年前后为治理的分界年份。

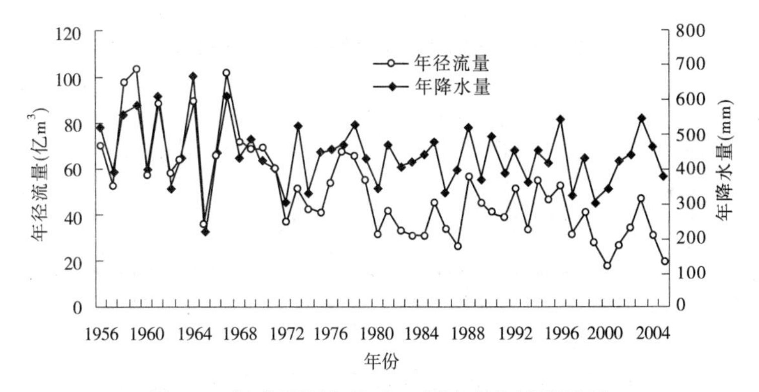

图 4-4　河龙区间年降水—径流变化过程关系

从不同年代降水—径流关系（见图 4-5）来看，若将 1956～1969 年作为基准期，则随着治理时段的推移，表现为在相同降水量条件下，径流量明显减少，同样说明了自 1970 年后因人类活动影响使径流发生了明显变化。

2）降水—输沙关系分析

图 4-6 为河龙区间年降水—输沙过程关系。由图 4-6 可以看出，自 1970 年后降水—输沙的分离幅度远大于降水—径流的分离幅度，说明人类活动对泥沙的影响大于对径流的影响。1970 年以前降水—输沙关系也发生了一定的分离，这是由于 1970 年以前黄河中游也建设了不少支流水库和淤地坝。

图 4-7 为黄河中上游支流水库历年新增库容变化过程。可以看出，1958～1960 年支流小（一）型水库以上新增库容较大，在此期间泥沙的减少主要是这几年库容的增加造成的。

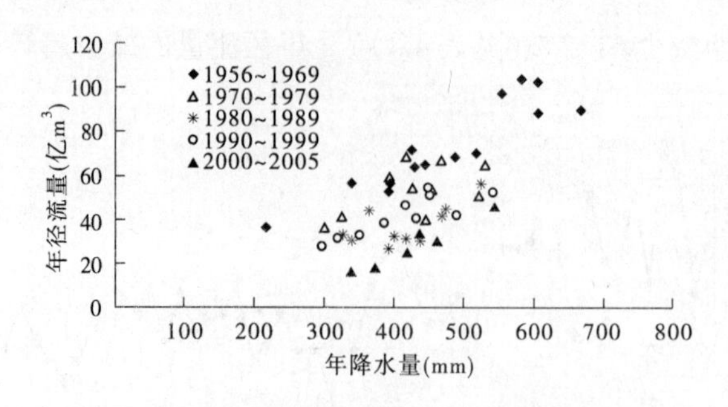

图4-5　河龙区间降水—径流关系

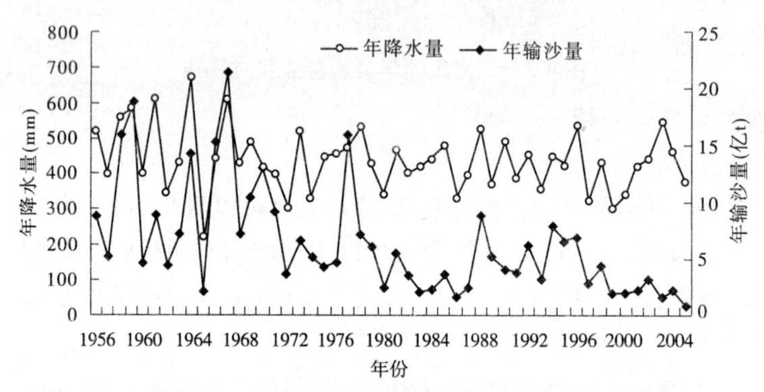

图4-6　河龙区间年降水—输沙过程关系

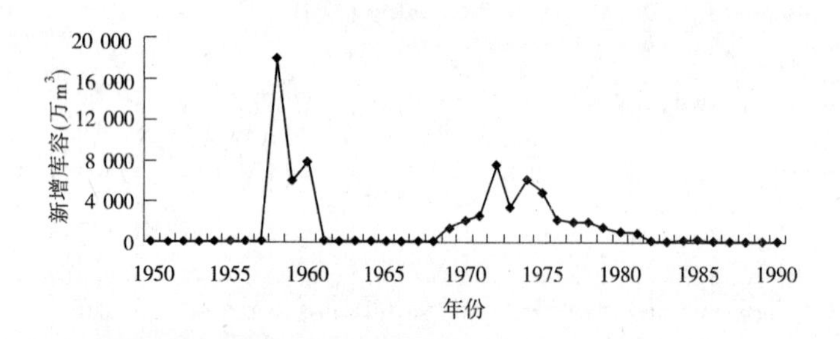

图4-7　黄河中上游支流水库历年新增库容变化过程

4.2.2　河龙区间近期水沙锐减的原因分析

河流水沙变化过程是一个受众多因素影响的综合过程,其形成和演化过程是自然与人类活动综合作用的结果。降水是径流形成的主要补给源,降水量的多少直接关系着径流的形成;特殊的地理条件和目前气候变化是造成降水变化的两大因素,由此导致径流、泥沙的改变。同时,在降水变化影响的同时,人类活动对径流、泥沙的影响也极为明显。

4.2.2.1　降水变化影响分析

1)降水减少对产流影响分析

径流量是降水量和径流损失的函数,在河龙区间,径流的主要来源是降水,如其他条件相同,降水量越大,产流量也越大,反之亦然,特别是黄土地区超渗产流突出,地下径流年际变化不大,当年径流量主要受当年降水量的影响。因此,对于雨量站布设比较均匀的中、小流域，年径流量与年降水量之间存在如下指数关系：

$$W = AP^n \text{ 或 } W = AP^n + B \tag{4-10}$$

式中　W——当年径流量；

P——当年降水量；

A——系数；

B——常数；

n——率定幂值。

据对河龙区间主要支流的资料统计，若 W、P 的单位分别为亿 m^3 和 mm 时，式(4-10)中的 A 为 $2.943\times10^{-9}\sim3.338\times10^{-2}$，$n$ 为 0.881 ~ 2.916，由此可见，n 值的变化对径流的变化影响还是很大的。

为研究降水变化对径流的影响，取式(4-10)微分，可得降水对径流影响的变化率

$$\mathrm{d}W/\mathrm{d}P = AnP^{n-1} \tag{4-11}$$

由式(4-11)可见，降水变化对径流变化的影响随 n 值的增大而增大，为分析简便起见，取 $n=2$，代入式(4-11)可得径流变化是降水变化的 2 倍。由表 4-11 可知，20 世纪 80 年代年均降水量较基准期减少 13%、1990 ~ 1999 年减少 15%、2000 ~ 2006 年减少 10.6%，那么，因降水减少而影响的 80 年代、1990 ~ 1999 年和 2000 ~ 2006 年径流分别减少 26%、30% 和 21.2%。在表 4-11 中，实测径流减少较降水减少影响为大，说明除降水减少影响外，人类活动对径流也有影响。例如，2000 ~ 2006 年径流减少为 61.2%，则因降水减少影响为 21.2%，因人类活动影响减少为 40.0%，也就是说，因降水减少影响占 34.6%，因人类活动影响占 65.4%，即降水减少影响与人类活动影响是主要的。

2）降水减少对产沙影响分析

河龙区间支流治理前降水—产沙关系通常采用周明衍、张胜利提出的降水指标法，即用各年最大 1 日、最大 30 日、汛期和年降水量，寻求对产沙的影响。一般建立如下关系：

$$W_s = AK^n \tag{4-12}$$

式中　W_s——产沙量；

K——反映降水量和降水强度的降水指标；

A——系数；

n——指数。

根据黄河水沙变化研究基金、黄委水保科研基金等建立的降水—产沙统计模型可知，公式(4-12)中的 n 值较公式(4-10)中的 n 值为大，表明了降水对产沙更敏感。

为研究降水变化对产沙的影响，取式(4-12)微分，可得降水对产沙影响的变化率

$$\mathrm{d}W_s/\mathrm{d}K = AnK^{n-1} \tag{4-13}$$

由于公式(4-13)中的 n 值是一个大于 2 的常值，因此降水的减少对产沙影响较降水减少对径流影响为大。

4.2.2.2　水利水保措施对减沙影响分析

水利水保措施是影响水沙减少的另一重要原因。河龙区间近期水利水保措施由于缺乏精确资料，目前尚无法定量分析。下面以资料精度较高的 20 世纪 80 年代为例，对水利水保措施对减沙影响进行分析。

1)各项水利水保措施的拦沙作用

a. 治沟措施拦沙量

(1)水库拦沙量。河龙区间水库主要是1985年前修建的,实行家庭联产承包责任制后,基本上没有再新修水库。因此,根据《黄河流域水库泥沙淤积调查报告》(黄河流域水库泥沙淤积调查组,1994)和《黄河水文基本资料审查评价及天然径流量计算》(黄委水文局,1997)等资料,河龙区间已建支流水库134座,总库容21.76亿m^3(见表4-12);截至1997年累计淤积94 121万m^3,20世纪70、80、90年代年均淤积量分别为2 619.8万m^3、3 751.6万m^3和2 251万m^3。

表4-12 河龙区间支流水库泥沙淤积情况

河名	水库座数(座)	总库容(万m^3)	累计淤积量(万m^3)			库容淤损率(%)	各年代淤积量(万m^3)		
			1979年	1989年	1997年		70年代	80年代	90年代
浑河	7	11 877	2 940	4 390	5 260	44.3	990	1 450	870
偏关河	1	1 890	1 400	1 500	1 560	82.5	100	100	60
县川河	2	1 025	300	300	300	29.3	300	0	0
朱家川	2	1 705	210	290	338	19.8	105	80	48
岚漪河	2	3 049	150	310	406	13.0	150	160	96
蔚汾河	2	1 887	230	1 010	1 478	78.3	180	780	468
湫水河	3	2 831	316	496	604	21.3	166	180	108
三川河	3	3 312	295	510	639	19.3	195	215	129
屈产河	1	783	30	100	142	18.1	30	70	42
皇甫川	7	1 549	100	651	982	63.4	100	551	331
清水川	1	166	7	38	57	34.1	7	31	19
孤山川	4	1 414	187	567	795	56.2	187	380	228
石马川	1	295	23	134	201	68.0	23	111	67
窟野河	7	3 698	214	1 265	1 896	51.3	214	1 051	631
秃尾河	4	810	97	293	411	50.7	97	196	118
佳芦河	2	1 948	67	263	381	19.5	67	196	118
无定河	67	145 999	19 845	47 569	64 203	44.0	15 604	27 724	16 634
清涧河	7	7 323	1 272	2 508	3 250	44.4	1 272	1 236	742
延河	3	22 457	6 258	8 880	10 453	46.5	6 258	2 622	1 573
河龙未控区	8	3 554	154	537	767	21.6	153	383	230
支流合计	134	217 572	34 095	71 611	94 121	43.3	26 198	37 516	22 510
天桥水库	1	0.67	0.32	0.38	0.38	56.7	0.32	0.06	0.00

（2）淤地坝拦沙量。据对第二期黄河水沙变化研究基金研究成果和黄河水利科学研究院提出的“黄河中游水土保持减水减沙作用分析”等报告综合分析，20 世纪 80 年代河龙区间淤地坝年均减沙量为 0.97 亿～1.397 亿 t，90 年代为 0.70 亿～1.25 亿 t（见第 3 章表 3-5、表 3-6 和表 3-22），取两者平均，80 年代淤地坝年均减沙量为 1.18 亿 t，90 年代为 0.98 亿 t。

（3）治沟工程拦沙量。治沟工程拦沙量为水库和淤地坝拦沙量之和，20 世纪 80 年代水库拦沙量为 3 752 万 m^3，泥沙干容重按 1.4 t/m^3 计，折合 5 253 万 t，水库和淤地坝拦沙量之和为 1.705 3 亿 t。

b. 治坡措施减沙量

根据“八五”攻关对资料精度较高的无定河、三川河等各项水土保持措施减沙作用分析，治坡措施减沙约占总减沙量的 20%，治沟措施减沙约占总减沙量的 80%，随着治理度的提高，治坡措施减沙占总减沙量比例会有所提高，陕西省水保局王正秋等对无定河流域第一期十年重点治理后减沙作用分析认为，治坡措施减沙约占总减沙量的 41.2%，考虑到无定河流域为国家重点治理支流，移用到大面积计算时应有所折减，采用“八五”攻关和陕西省水保局治坡措施减沙约占总减沙量比例平均值的 30% 计算。据此可由下列联立方程求得治坡措施减沙量：

$$\Delta W_s = \Delta W_{sp} + \Delta W_{sg} \tag{4-14}$$

$$\Delta W_{sp} = 0.3\Delta W_s \tag{4-15}$$

式中　ΔW_s——总减沙量；

ΔW_{sp}——治坡措施减沙量；

ΔW_{sg}——治沟措施减沙量。

联立解式（4-14）、式（4-15）两式，可得 $\Delta W_{sp} = 0.43\Delta W_{sg}$，将治沟措施年均减沙量 1.705 3 亿 t 代入，可得治坡措施减沙量为 0.733 3 亿 t。

2）河龙区间水利水保措施减沙量

由式（4-14）可知，河龙区间水利水保措施减沙量为治沟措施减沙量与治坡措施减沙量之和，根据上述求得治沟措施减沙量与治坡措施减沙量，可求得 20 世纪 80 年代水利水保措施减沙量为 2.438 6 亿 t。

3）水利水保措施及对减沙影响程度分析

由表 4-11 可知，20 世纪 80 年代与基准期相比，在降水减少 13% 的情况下，年均输沙量减少 6.55 亿 t。根据上面的分析，水利水保措施年均减沙 2.438 6 亿 t，占总减沙量的 37.2%，另据“八五”攻关“黄河中游水沙变化原因分析及发展趋势”专题采用水文法对黄河中游 21 条支流 20 世纪 80 年代气候变化和人类活动对水沙变化原因分析，气候变化和人类活动对年输沙量影响约各占 50%。在人类活动影响的 50% 减沙中，约有 37.2% 属于水利水保措施的拦蓄作用，有 12.8% 左右属于改变下垫面条件的其他人类活动的影响。

4.2.2.3　其他人类活动对水沙变化影响分析

其他人类活动主要指除水利水保措施外的人类活动。随着社会经济的快速发展，近期其他人类活动影响呈增加态势，如蕴藏丰富煤炭、石油、天然气等资源的晋陕蒙接壤地区，截至 2007 年底，已建和在建的大、中、小建设项目 2 349 个，其中煤炭开采项目 607

个,电力项目110个;在已建成的项目中,国家级项目61个,千万吨以上的大型煤炭开采项目10个;正在新建和改建的国家级大型项目73个,其中千万吨以上的大型煤炭开采项目7个,初步统计2007年原煤产量已超过2.5亿t。与煤炭开发利用相配套的铁路、公路、电力、化工等项目陆续兴建,据不完全统计,已建成铁路700 km,新建、改建公路1 100 km,已建电力项目总装机容量超过2 000万kW,已建和在建的以煤炭、天然气为原料的化工项目生产能力超过600万t。据晋陕蒙监督局调查,煤炭开采除在矿井建设中大量弃土弃渣、扰动地面和生产过程中因排矸而易产生人为水土流失外,对环境影响最大的是采空区地面塌陷、裂缝引发的问题。生态环境的这些变化,将影响矿区所在河流水文条件,使"三水循环系统"遭到一定程度的破坏,使矿区所在河流枯水量发生了巨大变化,突出表现为井田范围内地下水位降低,泉水干涸,河道断流,甚至矿区所在的窟野河干流已经成为季节性河流。此外,流域面上已建高垫方铁路、公路对坡面产流产沙的拦蓄或改变水流方向与流路使水沙沿程滞留,或由于桥梁的修建使水流受阻造成河道淤积;河道川地、滩地的大量开发利用,拦阻坡面产流产沙进入河流以及集流、集雨工程(如人工造湖、人工造景等)对径流、泥沙的拦蓄、利用和耗损等,这些流域面上的变化,有可能给河流水沙变化带来不易引起人们重视的渐变过程,在降水减少的情况下,可能使水沙锐减。由此可见,除水利水保措施外的其他人类活动对水沙变化的影响是值得重视的问题。

综上分析,降水总量和高强度暴雨减少是一个重要原因,在这样的降水条件下,流域治理也有一定的蓄水拦沙作用,特别指出的是,社会经济的迅速发展等其他人类活动是使径流、泥沙锐减的一个值得重视的原因,这种变化有可能给河流水沙带来不易引起人们重视的渐变过程,在降水较少时,是水沙锐减的一个重要原因。

4.2.3 1986~1998年泥沙增多的原因分析

如图4-2所示,1986~1998年河龙区间年输沙量有增大趋势,这一情况也可从表4-11中得到体现。由表4-11可见,1990~1999年河龙区间年均输沙量达4.68亿t,较1980~1989年的3.73亿t增加了近1亿t,故对1986~1998年的增沙原因进行了重点分析。

4.2.3.1 局部性暴雨洪水增多

1986年以后河龙区间部分支流发生了几次较大暴雨洪水。根据收集到的资料(见表4-13),可以看出这几次暴雨洪水的共同特点是暴雨量及暴雨强度较大,并产生了较大洪水。因此,1986~1998年河龙区间泥沙的增多,与出现局部性暴雨所形成的高含沙洪水较多的水文系列有很大关系。

表4-13 1986年以后河龙区间部分支流暴雨洪水产沙情况

支流	站名	控制面积(km^2)	洪水时段(年-月-日)	次洪降水量(mm)	洪量(亿m^3)	沙量(亿t)	洪水平均含沙量(kg/m^3)	洪水最大流量(m^3/s)
皇甫川	皇甫	3 175	1988-08-03~05	127.3	(2.576)	(1.207)	469	6 790
窟野河	温家川	8 645	1989-07-21	120.0	0.95	0.66	695	9 480
无定河	白家川	29 662	1994-08-04~05	139.6	1.33	0.75	564	3 220

注:括号内数字为汛期水沙量。

4.2.3.2　人为新增水土流失的增加

1986 年以来，随着神府东胜、准格尔、河东等大型煤田的开发建设及铁路、公路、居民区等配套工程建设，人口剧增，城镇崛起，人类活动强度显著增大。由于开发建设移动了大量土石，破坏植被，在暴雨作用下必将加剧人为新增水土流失。根据水利部第二期黄河水沙变化研究基金对河龙区间人为增沙量的估算结果（见表 4-14）可以看出，自 20 世纪 70 年代以来，人为增沙量及人为增沙量与水土保持减沙量之比均呈增加趋势。尤其是进入 90 年代以后，人为增沙量已相当于水土保持减沙量的 13.2%。这一情况说明，河龙区间开发建设项目带来的新增水土流失不仅极为严重，而且呈增加态势。

表 4-14　河龙区间不同年代人为增沙量与水保减沙量

项目	1970～1979 年	1980～1989 年	1990～1996 年
人为增沙量（亿 t）	0.153	0.281	0.371
水保减沙量（亿 t）	1.705	2.392	2.813
人为增沙量/水保减沙量（%）	9.0	11.7	13.2

注：1. 人为增沙量来自汪岗、范昭主编的《黄河水沙变化研究》第二卷，第 71 页，黄河水利出版社，2002 年 9 月。
2. 水保减沙量来自汪岗、范昭主编的《黄河水沙变化研究》第二卷，第 56 页，黄河水利出版社，2002 年 9 月。

4.2.3.3　淤地坝减沙作用的衰减

河龙区间 1985 年以前修建了大量淤地坝，曾发挥了巨大的拦沙作用。但由于该地区水土流失严重，已建淤地坝大多数已到运用后期，病险坝较多，一遇较大暴雨洪水，极易发生水毁。同时，大多淤地坝运用方式"由拦转排"，致使淤地坝拦沙作用呈衰减趋势。淤地坝拦沙作用的衰减是致洪增沙的一个重要原因。调查研究表明，淤地坝拦沙作用衰减的主要原因是新增加的坝库库容赶不上淤损的坝库库容。

4.2.4　河口镇、龙门水沙变化趋势分析

河口镇水文站位于内蒙古托克托县河口镇，1952 年建站，集水面积 38.6 万 km^2，1958 年撤销，当年建立头道拐水文站，集水面积 36.8 万 km^2，通常将其统称为河口镇或头道拐水文站。该站是黄河上游出口控制站，其水沙变化可综合反映黄河上游水利水保工程对水沙的影响。龙门（禹门口）水文站始建于 1934 年，集水面积 49.75 万 km^2，是黄河北干流的控制站，其水沙变化可以反映黄河上游和河龙区间的水沙情势。

4.2.4.1　河口镇（托克托）水沙变化趋势分析

1）不同时段水沙变化情况

表 4-15 为河口镇站不同时段水沙变化统计结果。由表 4-15 所列成果可以看出，若以无龙羊峡、刘家峡水库时段为基准期，在有刘家峡水库的 1969～1986 年时段，水量减少 9.7%，沙量减少 37.8%；在龙羊峡、刘家峡同时运用时期，水量减少 42.4%，沙量减少 77.8%。

2）水沙变化过程

a. 水量变化过程

图 4-8 所示为河口镇站年径流量变化过程线。可以看出无龙羊峡、刘家峡水库的

1968 年以前径流量波动较大,刘家峡水库投入运用后水量一度减小,后又有所波动,但波动的幅度减小;1986 年龙羊峡水库投入运用后,在龙羊峡、刘家峡水库的联合运用下,径流量呈单向减少趋势。

表 4-15　河口镇不同时段水沙变化情况

时段	水量		沙量		工程情况
	年均(亿 m³)	减少(%)	年均(亿 t)	减少(%)	
1952 ~ 1968	264.3		1.771 1		无龙羊峡、刘家峡水库
1969 ~ 1986	238.6	-9.7	1.101 8	-37.8	有刘家峡水库
1987 ~ 2005	152.3	-42.4	0.3932	-77.8	有龙羊峡、刘家峡水库

注:以 1952 ~ 1968 年为基准期。

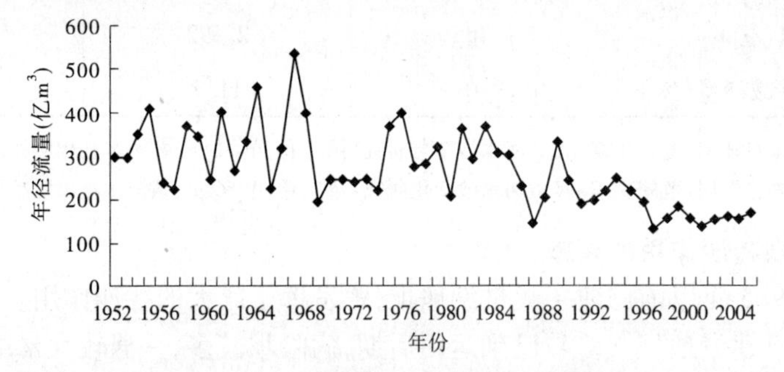

图 4-8　河口镇站年径流量变化过程线

b. 输沙量变化过程

图 4-9 所示为河口镇站年输沙量变化过程线。可以看出,其变化过程与径流量变化过程相似,无刘家峡水库的时段(1952 ~ 1968 年)输沙量波动较大,刘家峡水库投入运用后输沙量减少;龙羊峡、刘家峡两库联合运用期,泥沙大幅度减少。

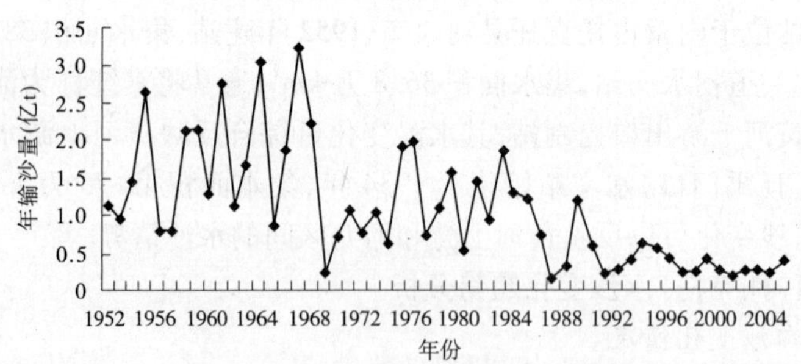

图 4-9　河口镇站年输沙量变化过程线

3)水沙关系变化

图 4-10 为河口镇站年水沙关系。可以看出,输沙量与水量有较好的线性关系,输沙量随水量的增加而增加,但不同时期具有不同的线性关系。对于同样的水量,1968 年刘家峡水库运用以前的天然输沙量最大,1969 ~ 1986 年刘家峡水库单库运用次之,1987 年龙羊峡水库投入运用后输沙量最小,而且水量增大时这种差异也随之增大。

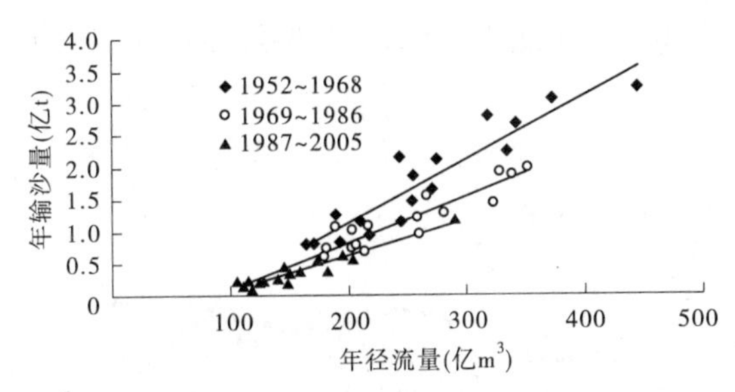

图4-10　河口镇站年水沙关系

4.2.4.2　龙门水沙变化趋势分析

1)龙门年水沙变化特点及过程分析

a.不同年代水沙变化情况

表4-16为龙门站不同年代水沙变化情况。由表4-16所列成果可以看出,若以1952～1969年为基准期,则治理后的各年代水沙均呈减少趋势。尤其值得指出的是,2000～2005年水沙锐减,与基准期相比水量减少51.8%,泥沙减少81.4%。

表4-16　龙门站不同年代水沙变化情况

时段	水量		沙量	
	年均(亿m³)	减少(%)	年均(亿t)	减少(%)
1952～1969	326.4		11.93	
1970～1979	284.57	-12.8	8.68	-27.2
1980～1989	276.18	-15.4	4.70	-60.6
1990～1999	198.1	-39.3	5.06	-57.6
2000～2005	157.2	-51.8	2.22	-81.4

注:以1952～1969年为基准期。

b.水沙变化过程

(1)年径流量变化过程。图4-11所示为龙门站年径流量变化过程线。可以看出,1970年以前径流量波动较大,没有单向变化趋势;1970年以后,径流量总体上呈减少趋势,特别是近期减少趋势十分明显。

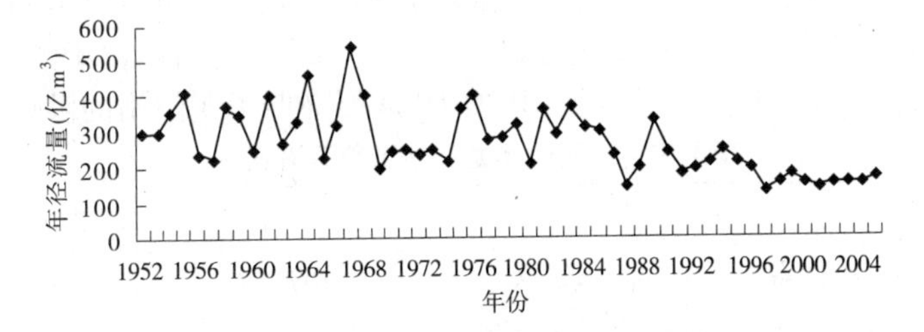

图4-11　龙门站年径流量变化过程线

(2)年输沙量变化过程。图4-12所示为龙门站年输沙量变化过程线。可以看出,1970年以前年输沙量波动较大,与径流量变化过程一致;1970年以后,泥沙总体上呈减少趋势，但不够稳定。1977 年输沙量逾 15 亿 t，此后输沙量减少，特别是近期输沙量锐减。

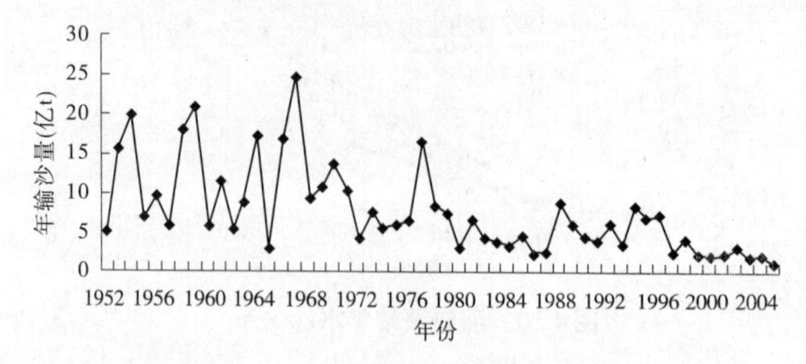

图 4-12　龙门站年输沙量变化过程线

（3）水沙变化关系。图 4-13 所示为龙门站年水沙关系。可以看出，水沙基本上呈正相关，即水大沙多，水小沙少。从各年代水沙变化来看，20 世纪 80 年代以后泥沙有减小趋势，近期处于枯水枯沙期。

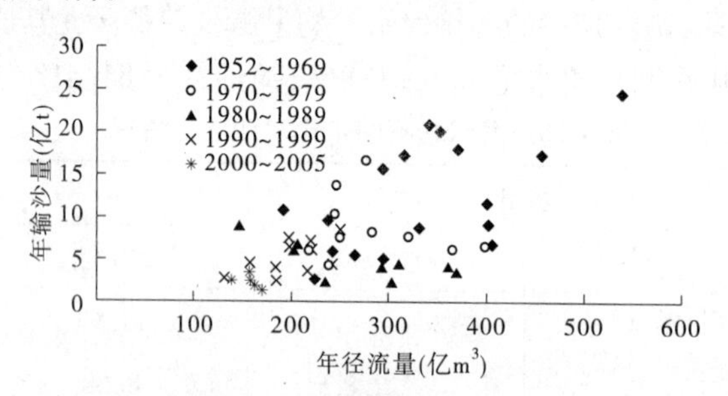

图 4-13　龙门站年水沙关系

2）龙门洪水泥沙变化趋势分析

a. 黄河上中游水利水保工程对龙门洪前基流影响分析

龙门洪水由河龙区间洪水与上游来的基流组成。上游的流量过程是构成龙门洪水的基流，上游水库蓄水和灌区引水都会减少龙门洪峰的基流，促进龙门洪峰坦化，使龙门洪峰流量减小。

20 世纪 70 年代之前，基流在龙门洪水中占主要部分。龙羊峡、刘家峡等水库修建以后，调节了径流，改变了流量过程，汛期蓄水，使出库流量过程平稳，中小流量历时加长，加之上游灌溉引水，致使龙门洪前基流大量减少。根据 1950 ~ 2000 年龙门 259 次洪峰的洪前基流统计（见表 4-17），刘家峡单独运用期间，龙门的洪前基流减少 500 m^3/s 左右，刘家峡、龙羊峡联合运用使龙门的洪前基流普遍减少 1 000 m^3/s 左右。由于洪水基流的减少，洪峰传递速度减缓，引起河道滞洪削峰作用增大，从而降低了龙门站的洪峰流量。

表 4-17　不同时期龙门站洪前基流变化

时期	工程	洪峰次数	最大基流量(m^3/s)
1950 ~ 1968	无龙羊峡、刘家峡水库	107	3 600
1969 ~ 1985	有刘家峡水库	85	3 150
1986 ~ 2000	有龙羊峡、刘家峡水库	67	2 550

注：引自熊贵枢资料。

b. 上中游水利水保措施对龙门洪水影响分析

(1)龙门洪水泥沙变化情况。表 4-18 为龙门站各年代洪水、泥沙变化情况。由表4-18所列成果可以看出,20 世纪 80、90 年代洪水次数、洪峰平均流量、基流量、次洪洪量、次洪沙量等均呈减少趋势,但 90 年代的年均次洪沙量、年沙量和次洪沙量占年沙量的比例均较 80 年代有所增加。

表 4-18 龙门站各年代洪水、泥沙变化情况

时段	洪水次数	洪峰平均流量 (m^3/s)	基流量 (亿 m^3)	次洪洪量 (亿 m^3)	年径流量 (亿 m^3)	次洪洪量/年径流量 (%)	次洪沙量 (亿 t)	年沙量 (亿 t)	次洪沙量/年沙量 (%)
1950 ~ 1959	54	5 822	39.1	61.4	321.1	19.1	7.76	11.9	65.2
1960 ~ 1969	58	5 411	41.1	62.3	336.5	18.5	6.91	11.3	61.2
1970 – 1979	54	5 660	24.1	41.7	284.6	14.7	5.51	8.58	64.2
1980 ~ 1989	45	3 645	20.7	33.8	276.2	12.2	2.30	4.70	48.9
1990 ~ 1999	45	3 581	12.4	25.1	198.7	12.6	2.87	5.09	56.4

注:根据熊贵枢统计资料整理。

表 4-19 为龙门站 28 场洪峰流量大于或接近 10 000 m^3/s 的洪水特征。统计分析表 4-19可见,1970 年以前的 17 次洪水历时 6 ~ 15 d,大多接近或超过 10 d,平均为 10.7 d;1970 年以后的 11 次洪水历时缩短到 4 ~ 8 d,平均为 6.2 d,洪水历时明显缩短;汛期、洪水期的水沙量都有减小;洪水期占汛期的比例天数、水量减小,但沙量却有所增加(见表 4-20)。从表 4-21 龙门站典型洪水特征可见,在洪峰流量相近的条件下,洪量有减小趋势,而峰型系数增大表明洪峰更加尖瘦;河口镇来水占龙门的比例降低,说明龙门洪水的降低与上游来水的减少有关。

表 4-19 龙门站大于或接近 10 000 m^3/s 洪峰流量的洪水特征

洪峰出现时间 (年-月-日)	洪水历时 (d)	洪峰流量 (m^3/s)	最大含沙量 (kg/m^3)	洪水期		汛期		洪水期占汛期比例(%)		
				水量 (亿 m^3)	沙量 (亿 t)	水量 (亿 m^3)	沙量 (亿 t)	天数	水量	沙量
1951-08-15	8	13 700		20.3	3.35	233	7.95	7	9	42
1953-08-26	18	15 500		37	9.7	178	14.89	15	21	65
1954-07-13	14	13 100	495	23.3	4.07	221	18.19	11	11	22
1954-09-03	15	16 400	605	49.7	8.38	221	18.19	12	22	46
1958-07-13	10	10 800	425	24.9	3.68	254	16.77	8	10	22
1958-07-29	9	9 570	460	19.2	3.82	254	16.77	7	8	23
1959-07-21	6	12 400	514	15.1	2.37	221	19.5	5	7	12
1959-08-04	10	11 300	368	30.3	5.35	221	19.5	8	14	27

续表 4-19

洪峰出现时间(年-月-日)	洪水历时(d)	洪峰流量(m^3/s)	最大含沙量(kg/m^3)	洪水期		汛期		洪水期占汛期比例(%)		
				水量(亿 m^3)	沙量(亿 t)	水量(亿 m^3)	沙量(亿 t)	天数	水量	沙量
1959-08-20	13	9 660	424	46.8	6.92	221	19.5	11	21	35
1964-07-05	8	10 200	619	13.4	3.48	295	15.87	7	5	22
1964-08-13	9	17 300	401	34.3	2.56	295	15.87	7	12	16
1966-07-29	13	10 100	504	27.8	5	216	15.9	11	13	31
1966-08-16	10	9 260	515	27.5	3.47	216	15.9	8	13	22
1967-08-06	12	15 300	268	45.1	4.25	367	23	10	12	18
1967-08-11	9	21 000	464	23.7	3.53	367	23	7	6	15
1967-08-25	11	14 900	326	39.3	5.14	367	23	9	11	22
1967-09-02	7	14 500	357	27.6	3.34	367	23	6	8	15
1970-08-02	7	13 800	828	8	4.43	109	12.6	6	7	35
1971-07-26	6	14 300	509	12.3	4.32	108	9.14	5	11	47
1972-07-20	5	10 900	387	8.5	1.56	110	3.61	4	8	43
1976-08-03	7	10 600	270	17.7	1.58	250	5.8	6	7	27
1977-07-06	6	14 500	690	11	3.13	132	15.5	5	8	20
1977-08-04	4	13 600	551	6.8	2.01	132	15.5	3	5	13
1977-08-06	6	12 700	821	9.1	3.49	132	15.5	5	7	23
1979-08-12	8	13 000	299	24.7	2.55	189	7.01	7	7	36
1988-08-06	5	10 200	500	9.6	2.84	101	8.43	4	10	34
1994-08-05	8	10 600	26.1	26.1	3.63	115	6.59	7	23	55
1996-08-10	6	11 000	217	10.2	1.77	189	5.97	5	5	30

表 4-20 龙门站大于或接近 10 000 m^3/s 洪水泥沙变化统计分析

时期	洪水次数(次)	平均洪水历时(d)	平均洪峰流量(m^3/s)	洪水期		汛期		洪水期占汛期比例(%)		
				水量(亿 m^3)	沙量(亿 t)	水量(亿 m^3)	沙量(亿 t)	天数	水量	沙量
1970 年前	17	10.7	13 234.7	29.7	4.61	265.5	18.0	8.8	11.9	26.8
1970 年后	11	6.2	12 290.9	13.1	2.85	142.5	9.6	5.2	8.9	33.0

表 4-21　龙门站相近洪水特征及来水组成

时间（年-月-日）	洪峰流量 Q_m（m^3/s）	5 天洪量 W_5（亿 m^3）	峰型系数 Q_m/W_5	河口镇来水占龙门来水比例(%)
1958-07-13	10 800	12.7	851	51
1966-07-29	10 100	11.7	863	45
1988-08-06	10 200	12.0	849	9
1994-08-05	10 600	12.0	882	29
1996-08-10	11 000	9.6	1 146	37

(2)人类活动改变下垫面条件对龙门洪水影响分析。人类活动改变下垫面条件对洪水径流的影响，也可从龙门洪峰流量与河龙区间雨区笼罩面积的关系分析中反映出来。其中洪水基本上是按龙门洪峰流量大于 5 000 m^3/s 为标准进行选取的，个别年份龙门没有超过 5 000 m^3/s 的洪水，则选取其年最大洪峰流量进行分析。河龙区间暴雨主要是降雨时间集中在 24 h 之内的高强度暴雨，因此暴雨以龙门站洪峰流量出现时间前最大 1 日降水作为主降水。河龙区间共选用 279 个雨量站，同时在河口镇以上内蒙古黄河流域选用了 68 个雨量站作为参考点。

暴雨分析时，主要以日降水量大于 50 mm 的降水笼罩面积作为分析基础，笼罩面积是在 1∶25 万电子地图上，利用地理信息系统软件 Arcgis，在电子地图上通过数据库生成雨量站图层，然后在电脑上手工绘制最大 1 日降水量等值线图；根据 GIS 面积计算功能，统计计算出形成洪峰的日降雨范围大于 50 mm 的降雨笼罩面积。

统计的基本资料列于表 4-22。根据表 4-22 所列成果，按降雨落区大致相同或相近条件，点绘河龙区间日暴雨大于 50 mm 笼罩面积与龙门洪峰流量关系见图 4-14。可以看出，洪峰流量大小基本与 50 mm 暴雨笼罩面积成正比关系。治理前的 20 世纪 50、60 年代甚至 70 年代的点据基本都在图的右下方，治理后的 80 年代，特别是 90 年代，大多数点据位于图的左上方。也就是说，形成相同量级的龙门洪峰流量，治理前后笼罩面积不同，治理后其形成洪水的大于 50 mm 的笼罩面积大于治理前的笼罩面积，这反映出治理后由于水利水保措施改变了下垫面条件，已对龙门洪水产生了影响。此外，还可以看出，治理后龙门站大于 15 000 m^3/s 的洪水出现几率减少。

表 4-22　河龙区间日降水大于 50 mm 的暴雨洪水特征统计

序号	暴雨日期（年-月-日）	暴雨地区	暴雨中心		龙门洪水		50 mm 暴雨笼罩面积（万 km^2）
			位置	日雨量（mm）	洪峰流量（m^3/s）	出现时间（月-日）	
1	1958-07-12	无定河、窟野河	高家堡	82.5	10 800	07-13	1.00
2	1959-07-20	吴堡附近	裴家川	195.3	12 400	07-21	2.00
3	1964-07-05	吴堡上下	丁家沟	144	10 200	07-05	1.20
4	1964-08-12	无定河中上游、秃尾河、窟野河、偏关河、北洛河	大路湾	167.5	17 300	08-13	4.80

续表 4-22

序号	暴雨日期（年-月-日）	暴雨地区	暴雨中心		龙门洪水		50 mm 暴雨笼罩面积（万 km^2）
			位置	日雨量（mm）	洪峰流量（m^3/s）	出现时间（月-日）	
5	1966-08-15	窟野河、皇甫川、偏关河	长滩	98.2	9 260	08-16	1.50
6	1967-08-05	裴家川以北、放牛沟以南	水泉	122.2	15 300	08-06	1.00
7	1967-08-09	高家堡以北、放牛沟以南	三井	155.9	21 000	08-11	2.70
8	1967-08-19	吴堡以北、河口镇以南	榆林	129.5	14 900	08-20	1.75
9	1970-07-31	杨家沟到放牛沟之间	王家砭	132.4	13 800	08-02	1.00
10	1971-07-24	杨家沟以北、放牛沟以南	杨家坪	408.7	1 4300	07-26	1.70
11	1974-07-30	府谷以南、吴堡以北	温家川	101.2	9 000	08-01	1.60
12	1976-08-01	窟野河、皇甫川	乌兰镇	248	10 600	08-03	1.0
13	1977-07-05	泾河、北洛河、渭河中上游、延河、无定河、洑水河、三川河、屈产河	招安	219	14 500	07-06	2.79
14	1977-08-01	陕北北部至毛乌素沙地闭流区	呼吉尔特	650	13 600	08-03	1.43
15	1977-08-05	北洛河上游、延河、无定河、秃尾河、汾河上游	平遥	350.7	12 700	08-06	2.00
16	1978-08-07	北洛河、延河、无定河下游、蔚汾河、岚漪河	和尚泉	144.9	6 820	08-08	1.69
17	1979-08-10	河口镇以南、府谷以北	花亥图	141	13 000	08-12	2.04
18	1981-08-14	泾河、北洛河中上游、黄河北干流南段	驿马关	157.6	3 610	08-15	1.27
19	1982-07-29	三花间为主要暴雨区；北洛河、清涧河、无定河为另一块	小河则	114.6	5 050	07-31	1.31
20	1985-08-05	窟野河、孤山川、朱家川、岚漪河	巴图塔	117	6 720	08-06	0.84
21	1987-08-25	无定河中下游、佳芦河、屈产河、朱家川、洑水河	樊家河	98.6	6 840	08-26	1.57
22	1988-08-03	山陕区间	沙圪堵	98	10 200	08-06	2.80
23	1989-07-21	皇甫川、窟野河上游及头道拐以上的 7 大支流	青达门	186	7 690	07-22	2.30
24	1989-07-22	窟野河下游、岚漪河、蔚汾河中下游、洑水河上游	任家塔、康宁镇	245	8 310	07-23	0.83
25	1992-08-07	西起伊盟的杭锦旗、东至山西的河曲，北纬 39°~40°范围内	东胜市、神木中鸡	108	7 740	08-09	1.18
26	1994-07-06	秃尾河、窟野河、孤山川、皇甫川、无定河、泾河、北洛河上中游	王道恒塔、天池	124	5 000	07-08	1.52

续表 4-22

序号	暴雨日期（年-月-日）	暴雨地区	暴雨中心		龙门洪水		50 mm 暴雨笼罩面积（万 km²）
			位置	日雨量（mm）	洪峰流量（m³/s）	出现时间（月-日）	
27	1994-08-04	窟野河、皇甫川、无定河、清涧河、秃尾河、佳芦河、湫水河	绥德	152	10 600	08-05	3. 50
28	1995-07-17	窟野河、无定河、秃尾河下游	清水	133	3 880	07-18	1. 39
29	1995-07-28	窟野河、秃尾河上游、河曲至府谷干流两岸	府谷	178	7 860	07-30	0. 88
30	1996-07-31	黄河干流及西部各支流中下游	王道恒塔	88	4 580	08-01	1. 70
31	1996-08-08	黄河干流及两岸各支流下游地区	沙圪堵	69	11 100	08-10	2. 45
32	1998-07-12	山陕区间右岸支流	涧峪岔	90	7 160	07-13	3. 14
33	2003-07-31	山陕区间右岸支流	清水川		7 230	07-31	1. 18

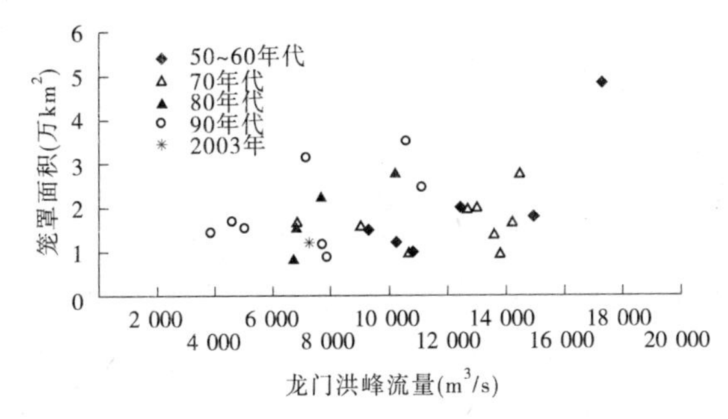

图 4-14　河龙区间日暴雨大于 50 mm 笼罩面积与龙门洪峰流量关系

4. 2. 5　小结

（1）研究表明，河龙区间水沙发生了巨大变化。主要表现在近期水沙来量大幅度减少，如区间年均径流量由 1956 ~ 1969 年的 72. 9 亿 m³ 减少为 2000 ~ 2006 年的 28. 32 亿 m³，减少 61. 2%；年均输沙量由 1956 ~ 1969 年的 10. 28 亿 t 减少为 2000 ~ 2006 年的 1. 84 亿 t，减少 82. 1%。近期泥沙大幅度减少的原因分析表明，多年平均降水量虽然减少不多，但高强度、大面积的暴雨减少是主要原因，在这样的降水条件下，水利水保措施也有一定的拦蓄作用，值得指出的是，其他人类活动对水沙变化影响呈增加趋势。

（2）1986 ~ 1998 年泥沙增多的原因主要是，在此期间局部性暴雨增多、人为新增水土流失增加和淤地坝作用衰减等增沙因素同时发生。

（3）河口镇水沙变化趋势分析表明，刘家峡、龙羊峡水库投入运用后水沙来量减少，水沙关系也发生了变化。在同样水量下，1968 年刘家峡水库运用以前的天然输沙量最大，1969 ~ 1986 年刘家峡水库单库运用次之，1987 年龙羊峡水库投入运用后输沙量最小，而且水量增大时这种差异也在增大。

（4）龙门水沙变化趋势分析表明，近期的 2000 ~ 2005 年水沙锐减，与基准期的

1952～1969年相比，水量减少51.8%，泥沙减少81.4%。不仅如此，龙门洪水也发生了巨大变化，上游水库蓄水和灌区引水减少了龙门洪峰的基流，促使龙门洪峰坦化，在洪峰流量(10 000 m^3/s左右)相近的条件下，洪量有减小趋势，峰型系数增大表明洪峰更加尖瘦。对人类活动改变下垫面条件后对龙门洪水影响的分析表明，形成相同量级的龙门洪峰流量，治理前后笼罩面积不同；治理后其形成洪水的大于50 mm的笼罩面积大于治理前，这反映了治理后由于水利水保措施等人类活动改变了下垫面条件，已对龙门洪水产生了影响。

4.3　典型支流——北洛河流域近期水沙变化分析

北洛河是一条流域面积较大、水土流失类型多样的河流，既有黄土高原现存较好的天然次生林区，也有水土流失严重的黄土丘陵沟壑区，通过对北洛河流域近期水沙变化的分析，既可了解森林植被和小流域生态修复对水沙变化的影响，也可了解水利水保措施的减水减沙作用，因此典型支流——北洛河近期水沙变化研究对黄河中游水沙变化规律研究有一定代表性。本节系根据“十一五”国家科技支撑计划“黄河流域水沙变化特点及成因分析”课题的第一专题“黄河近期水沙变化特点及成因分析”之子题“北洛河流域近期水沙变化分析”整理而成。

4.3.1　北洛河流域自然环境特征及社会经济状况分析

多年来水沙变化的研究实践表明，流域水沙变化与流域自然环境特征和社会经济发展密切相关，因此在分析水沙变化时应首先了解和熟悉流域自然环境特征与社会经济发展状况等基本情况。

4.3.1.1　北洛河流域自然环境特征

北洛河发源于陕西省定边县白于山的魏梁山，流经陕西省榆林市的定边、靖边县，延安市的吴起、志丹、甘泉、富县、洛川、黄龙、黄陵县，铜川市及宜君县，渭南市的澄城、白水、蒲城、大荔、合阳以及支流葫芦河上游伸入的甘肃省华池、合水县等县境，在大荔县东南注入渭河。河源海拔1 785 m，河口高程325 m，总落差1 460 m；平均比降1.52‰，河长680 km，流域面积26 905 km^2。流域出口水文站为湫头水文站，集水面积25 154 km^2，占流域面积的93.5%。

北洛河自河源至甘泉为上游，河长275 km，比降1.6‰；甘泉至白水河口为中游，河长251 km，比降1.2‰；白水河至河口为下游，河长154 km，比降0.8‰。北洛河上中游河道大部分流经峡谷，谷底宽200～300 m；下游河道两岸地势平坦，河道弯曲，两岸崩塌变动较为频繁。

1)水土流失类型多样

北洛河自北向南纵贯黄土丘陵沟壑区、黄土丘陵林区、黄土高塬沟壑区、黄土阶地区和冲积平原区等5个水土流失类型区，水土流失类型多样。刘家河以上为黄土丘陵沟壑区，大部地区山高坡陡，土层深厚，土壤多为黄绵土，抗蚀力极差，气候干燥寒冷，多大风，长短不同历时暴雨时有发生，风蚀、水蚀、重力侵蚀等均很严重；黄土丘陵林区，多为落叶阔叶林地带，天然植被覆盖度高，是黄土高原现存较好的天然次生林区，水土流失轻微；黄土高塬沟壑区塬面平整，但沟谷重力侵蚀也很活跃；阶地和平原区，黄土较厚，塬面平缓开阔，沟道较少较浅，但边缘地区侵蚀也比较严重。据黄委设计院利用地形图量算成果，黄土丘陵沟壑区面积占流域总面积的 26.9%，黄土丘陵林区面积占流域总面积的 41.9%，两类型区合计占流域面积的近 70%；黄土高塬沟壑区占 23.2%，各类型区面积特征见表 4-23，水土流失类型分区见图 4-15。北洛河流域面积大于 1 000 km^2 的较大支流有 3 条，即葫芦河、沮河和周水河，其中葫芦河、沮河主要位于林区，水土流失轻微，周水河位于黄土丘陵沟壑区，水土流失严重。

表 4-23　北洛河流域各县各类型区面积统计　（单位：km^2）

省名	县名	全流域			其中							
					黄土丘陵沟壑区		黄土高塬沟壑区		黄土丘陵林区		阶地及平原区	
		全县面积	流域内	流域占县(%)	面积	占流域(%)	面积	占流域(%)	面积	占流域(%)	面积	占流域(%)
陕西省	靖边	5 088	260	5.0	260	100						
	定边	6 920	969	14.0	969	100						
	吴起	3 776	3 398	90.0	3 398	100						
	志丹	3 781	3 025	80.0	2 128	70.3			897	29.7		
	甘泉	2 287	2 287	100			1 120	49.0	1 167	51.0		
	富县	4 185	4 185	100			1 214	29.0	2 971	71.0		
	洛川	1 886	1 886	100			1 301	69.0	585	31.0		
	黄龙	2 383	1 084	46.0			452	41.7	632	58.3		
	黄陵	2 288	2 288	100			595	26.0	1 693	74.0		
	铜川	793	290	36.6			290	100				
	宜君	1 476	1 155	78.3			855	74.0	300	26.0		
	澄城	1 112	1 112	100							1 112	100
	白水	920	920	100							920	100
甘肃省	华池	3 789	1 137	30.0					1 137	100		
	合水	2 900	1 160	40.0					1 160	100		
洑头以上合计			25 156		6 755	26.9	5 827	23.2	10 542	41.9	2 032	8.1

注：据黄委设计院利用地形图量算成果整理。

2）水沙异源，泥沙主要来自刘家河以上

统计分布于北洛河流域不同水土流失类型区的 7 个水文站建站至 1970 年的降水、径流、泥沙实测资料（见表 4-24），可以看出，年降水量由南向北递减，多年平均降水量由 570.3 mm（洑头）降为 482.8 mm（金佛坪），即使如此也比河龙区间北部主要支流年降水量（400 mm 左右）为大；从径流泥沙来看，由于本流域各区下垫面条件的差异，存在着明

图 4-15 北洛河流域水土流失类型区及水文站网

显的水沙异源,刘家河以上为黄土丘陵沟壑区,侵蚀强烈,来沙集中,其来水量只占洑头来水量的 26.82%,而输沙量却占 83.1%,即泥沙主要来自刘家河以上;张村驿站以上大部处于黄土丘陵林区,流失轻微,虽其年径流量占洑头径流量的 11.31%,但其输沙量仅占 0.51%;刘家河、张村驿至洑头区间,来水量占洑头水量的 61.87%,输沙量所占比例也只有 16.39%。从侵蚀模数来看,刘家河以上侵蚀模数都在 1 万 t/km^2 以上,是主要产沙区。

表 4-24 北洛河流域各站降水、径流、泥沙特征值

站名	流域面积(km^2)	年降水量(mm)	年均径流量(亿 m^3)	年均输沙量(万 t)	侵蚀模数(t/(km^2·a))
金佛坪	3 842	482.8	1.575 7	8 053.33	20 961
志丹	774	502.1	0.366 5	1 406.83	18 176
刘家河	7 325	500.5	2.674	9 770	13 338
交口河	17 180	537.2	4.832	9 161.11	5 332
张村驿	4 715	592.0	1.128	59.84	127
黄陵	2 266	545.8	1.196	84.8	374
洑头	25 154	570.3	9.970	11 750	4 671

注:统计年限为建站至1970年。

3)土被条件地区差异较大

北洛河流域土壤、植被(土被)地区差异性较大。流域内土壤有明显的地区差异,流域内土壤主要有三种:一是黄绵土,主要分布于上游侵蚀严重的梁峁、沟坡,土质疏松,水土流失严重;二是灰褐土,主要分布于中上游,成土母质为黄土或基岩风化物;三是黑垆土,主要分布于黄土丘陵及残塬和风蚀残丘区,土质较好,水土流失轻微。

由于气候带的差异,流域内植被地区分布差异也较大。流域内有大面积天然次生林,乔木主要有杨、柳、桦、栎等阔叶林和油松等针叶林,其次为灌草,主要分布于延安以南的子午岭林区和黄龙林区,延安以北植被明显减少。

4.3.1.2　社会经济概况

1)人口、耕地、粮食变化概况

流域水沙变化除与流域内自然因素有关外,还与社会经济因素密切相关。根据《陕西省水土保持统计资料汇编》,按流域内各县占全县面积的百分比划分到流域(见表 4-25),由 1949 ~ 1989 年 40 年间北洛河流域人口、耕地、粮食发展变化情况可知,截至 1989 年流域总人口达 272 万人,而且人口分布极不均匀,上游人口少,密度小,人口密度 30 ~ 50 人/km^2,下游(主要指蒲城、澄城、白水、合阳、大荔)人口多,密度大,人口密度达 300 ~ 400 人/km^2;从增长速度来看,1949 ~ 1989 年 40 年间,总人口增加 154%,其中农业人口增加 140%,人口增长率为 8.8‰,人口的迅速增加,在粮食、燃料紧缺地区,导致陡坡开荒、毁林开荒等人为水土流失,对水沙变化带来影响;从粮食总产量来看,总产增加 229%,主要原因是粮食单产增加较快,达 277.5%,这一情况表明,流域综合治理起了很大作用,特别是流域内基本农田建设起了关键作用,同时也起到了蓄水保土作用。

表 4-25　北洛河流域人口、耕地、粮食发展概况

项目	单位	1949 年	1965 年	1975 年	1979 年	1989 年	40 年增(+)减(-)%
总人口	万人	107.023	183.272	240.39	249.923	271.941	+154
农业人口	万人	99.151	156.121	212.228	218.855	237.898	+140
耕地面积	万 hm^2	52.65	55.04	49.93	48.96	45.89	-12.8
粮食产量	万 kg	33.37	70.19	89.45	78.80	109.78	+229
总人均产量	kg/人	311.55	382.95	372.09	315.29	403.7	+29.6
农业人均产粮	kg/人	336.3	449.55	421.45	360.05	461.45	+37.2
农业人均耕地	hm^2/人	0.53	0.35	0.24	0.22	0.19	-63.7
单产	kg/hm^2	634	1 275	1 792	1 609.5	2 392.5	+277.5

2)水土保持综合治理

北洛河与黄河中游其他支流一样,综合治理措施具有地区相似性,根据黄河上中游管理局提供的资料,截至 2006 年,全流域(洑头控制站以上)共修梯田 136 942 hm^2,坝地 4 280 hm^2,水地 54 724 hm^2,林地 528 476 hm^2,人工种草 111 824 hm^2,封禁治理 87 179 hm^2,治理度约 40%,治理度虽然较高,但措施配置不尽合理,林草措施面积占治理面积的 85% 以上。截至 1999 年,修建骨干坝 34 座,控制面积 456.9 km^2,总库容 4 947 万 m^3,淤地坝 1 326 座，已淤面积 3 784 hm^2，谷坊 583 道，水窖旱井 82 092 眼，涝池塘坝 1 092 座，沟头防护工程 533 处。

3）水利工程

北洛河流域现有水库 93 座，总库容 30 658 万 m^3，其中库容在 100 万 m^3 以上的水库有 21 座，控制面积 3 080 km^2，总库容 21 586 万 m^3，至 1991 年，淤积 3 665.8 万 m^3，占总库容的 17.0%（见表 4-26）；100 万 m^3 以下小型水库 72 座，总库容 9 072.6 万 m^3，至 1983 年，淤积 2 033.66 万 m^3，淤积率为 22.4%（见表 4-27）。从表 4-26 可以看出，1970 年前修建的只有 3 座，其余 18 座大部为 1970～1980 年修建的，1980 年以后几乎没有修建水库。从水库分布来看，大部分分布于水土流失较轻微的地区，只有四沟门和孙台水库侵蚀模数较大，其运用方式已“由拦转排”，水土流失轻微地区的水库仍蓄洪运用。

流域内较大灌区为洛惠渠及富（县）张（村驿）渠。

表 4-26　北洛河流域水库泥沙淤积调查

县名	库名	控制面积（km^2）	起始库容（万 m^3）		淤积状况（万 m^3）						输沙模数（t/km^2）	开工年份	竣工年份	运行方式
			总库容	时间	淤积量	年份	淤积量	年份	淤积量	年份				
定边	四沟门	69	740	1976	200	1981			290	1991	10 000	1976	1980	蓄洪运用
白水	林皋	330	3 300	1971					470	1991	926	1968	1971	多年调节
洛川	石堡川	820	6 220	1973					221	1991	170	1969	1982	蓄洪运用
澄城	胜利	210	520	1974					35	1991	115	1970	1974	年调节
澄城	五一	84	390	1959					26	1991	115	1958	1959	多年调节
白水	故现	410	686	1976					30	1991	893	1973	1976	多年调节
吴起	孙台	68	1 550	1979	415	1981	830	1988	1 070	1990	14 000	1973	1979	蓄洪运用
洛川	拓家河	296	2 765	1975			94	1982	200	1990	551	1970	1975	蓄洪运用
黄陵	郑家河	73	1175	1973			18	1981	25	1990	332	1970	1973	蓄洪运用
宜君	党沟	12	125	1973	9	1979	18	1985	27	1991	1 653	1973	1973	蓄洪运用
宜君	福地	120	820	1958	177	1969	355	1980	532	1991	1 708	1958	1965	蓄洪运用
宜君	西河	108	785	1973	64	1979	128	1985	192	1991	1 293	1973	1973	蓄洪运用
宜君	李家河	65	268	1975	49	1980	99	1985	158	1991	1 969	1975	1978	蓄洪运用
黄龙	尧门河	65	118	1977			2	1981	3	1990	462	1975	1977	蓄洪运用
甘泉	凉台	61	204	1977			1	1981	1.6	1990	24.5	1973	1977	蓄洪运用
富县	川口	114	375	1976			1	1981	1.6	1990		1973	1976	蓄洪运用
白水	铁牛	51	257	1986					53	1991	903	1975	1986	蓄洪运用
志丹	石沟	51	493	1975			184	1981	314	1991	3 620	1975	1975	底孔拉沙
黄龙	阎庄	32	130	1974			5	1981	5.5	1990	300	1970	1974	蓄洪运用
富县	大申号	198	314	1959			5	1981	8.5	1990		1958	1959	蓄洪运用
富县	柳稍湾	158	230	1970			1.8	1981	2.6	1990		1958	1970	蓄洪运用

注：资料引自“黄河流域水库泥沙淤积调查报告”，黄河流域水库泥沙淤积调查组，1994 年 11 月。

表4-27 北洛河流域洑头以上小型水库淤积量调查(截至1983年)

县名	小型水库座数	库容(万 m^3)	小型水库淤积量(万 m^3)
志丹	5	117	68.82
甘泉	10	389	85.35
富县	11	31	6.8
洛川	4	305	66.91
黄龙	1	80.5	17.66
黄陵	4	106	23.32
铜川市郊	8	21.6	4.74
宜君	7	481.8	105.7
大荔	3	84	18.43
蒲城	6	310	68.01
澄城	9	6 802	1 492.3
白水	4	344.7	75.62
合计	72	9 072.6	2 033.66

注:据张胜利调查资料。

4.3.1.3 小结

(1)北洛河是一条流域面积较大、水土流失类型多样的河流,自然环境复杂,土被条件地区差异较大。

(2)北洛河流域水沙异源,泥沙主要来自刘家河以上河源区。

(3)北洛河流域人口、耕地、粮食发展变化分析表明,总人口发展较快,对生态环境压力较大。

(4)北洛河流域综合治理与黄河中游其他支流综合治理具有相似性,主要措施为梯田、造林、种草、淤地坝、封禁等,目前治理度约为40%,但措施配置以林草措施为主,林草措施面积占治理面积的85%以上,坝地面积不到治理面积的1%;水库多为中小水库,大多分布于林区边缘,水土流失严重的主要产沙区分布很少。

4.3.2 北洛河流域水沙变化宏观分析评价

4.3.2.1 北洛河流域水沙变化情况分析评价

表4-28列出了北洛河流域各时段年降水量、径流量和输沙量,可以看出,如以20世纪50年代为基准,其他年代与之比较,流域(洑头以上)的降水量60年代增加3%,70年代减少9%,80年代减少5%,1990~1996年减少9%,1997~2006年减少20%;流域径流量、输沙量的变化与降水量变化并不同向,特别是近期(1990~1996年)降水量减少近20%,径流量增加11%,输沙量却增加8%,这种反向变化主要是在此期间遭遇1994年、1996年暴雨所致;1997~2006年降水量减少近20%,径流量减少31%,输沙量减少57%,

水沙锐减。

表 4-28　北洛河流域水沙变化情况

时段	年降水量 P		年均径流量 W		年均输沙量 S	
	mm	%	亿 m^3	%	亿 t	%
1950 ~ 1959	551. 8	100	6. 715	100	0. 923	100
1960 ~ 1969	567. 3	103	8. 757	130	0. 997	108
1970 ~ 1979	502. 9	91	5. 906	88	0. 795	86
1980 ~ 1989	522. 6	95	6. 981	104	0. 467	51
1990 ~ 1996	445. 8	81	7. 476	111	1. 000	108
1997 ~ 2006	437. 4	79. 3	4. 666	69. 5	0. 401	43. 4

4. 3. 2. 2　北洛河流域水沙变化过程分析评价

1) 年降水输沙变化过程评价

图 4-16 为北洛河年降水输沙变化过程，可以看出，年降水量总体上呈减少趋势，但年输沙量则波动较大，1970 年后输沙量曾一度减少，1985 ~ 1994 年输沙量呈增加趋势，1997 ~ 2006年降水量并没有减少的情况下，输沙量却又大幅度减少，降水输沙关系复杂。北洛河降水输沙变化图形与河龙区间及支流降水输沙变化图形不同，图 4-17 为河龙区间年降水输沙过程变化，可见，1970 年后降水输沙发生了分离；三川河与北洛河水土流失类型相似，不过，林区在上游，黄土丘陵沟壑区在中下游，降水输沙过程也发生了明显的分离(见图 4-18)。以上对比分析表明，北洛河水沙变化复杂且波动较大，水利水保措施减水减沙还不够稳定。

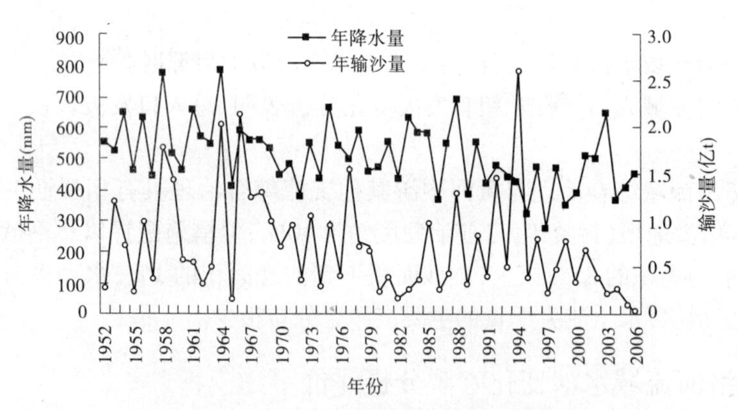

图 4-16　北洛河年降水输沙变化过程线

2) 北洛河与无定河水沙变化过程的对比分析评价

有比较才能有鉴别，为使分析更加明晰，特将北洛河与无定河近期水沙变化情况作比较分析。无定河和北洛河同源于白于山区，两河共一分水岭，无定河流向北，北洛河流向南，彼此有相近的地质、地貌和气候特性。由于邻近河流的泥沙过程具有相似性，因此同步分析两河的泥沙变化过程可发现，无定河历年泥沙变化过程总体上呈减少趋势(见图 4-19)，虽然，1977 年、1994 年泥沙略有增加，但远小于治理前(1970 年前)。

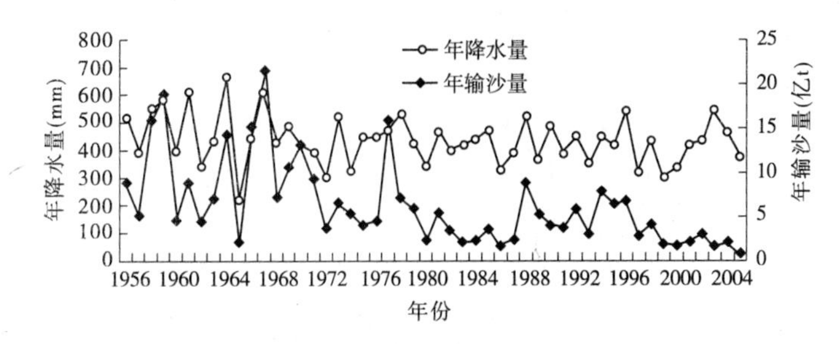

图4-17 河龙区间年降水输沙变化过程线

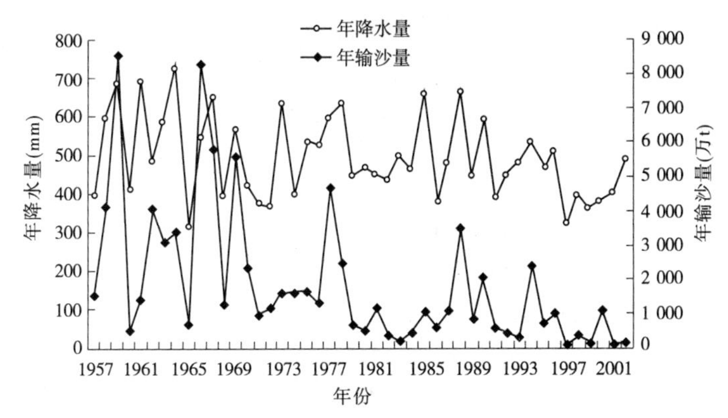

图4-18 三川河年降水输沙变化过程线

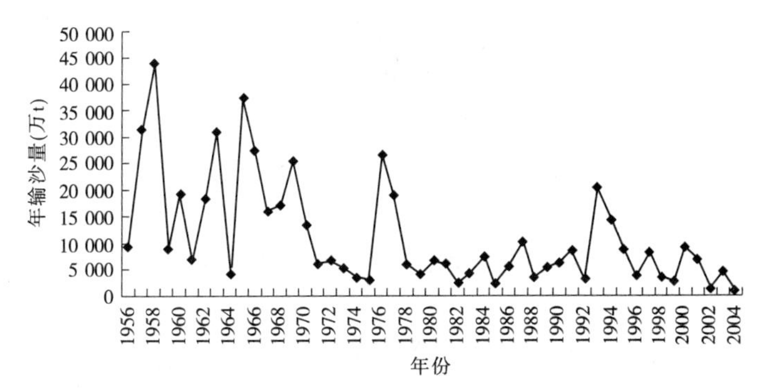

图4-19 无定河年输沙量变化过程

反观北洛河,并没有明显总体减沙趋势,历年输沙量是在波动中变化的,与基准期相比较,1970年后输沙量一度减少,但90年代输沙量又有增加趋势,特别是1994年遭遇特大暴雨,泥沙激增达年输沙量2.632亿t,为有实测资料以来最大值,且远比治理前(1970年前)为大;2000年以后泥沙又趋减少(见图4-20)。这种波动变化说明,北洛河输沙量受降水变化影响较大,并没有做到稳定减沙。

3)不同年代水沙变化分析

表4-29、表4-30为无定河、北洛河不同年代水沙变化统计,可以看出,无定河径流、泥沙减少幅度远大于北洛河减少幅度。在降水较少的20世纪80年代,无定河减沙达75.8%,而北洛河则为55.3%;在降水较多的20世纪90年代,无定河减沙仍达61.4%,而北洛河则仅减沙14.9%,减沙不够明显,而到2000~2005年北洛河水沙锐减,但仍比

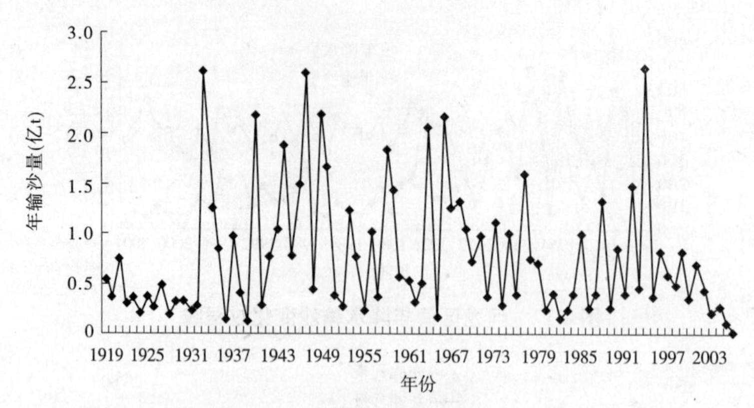

图 4-20　北洛河年输沙量变化过程

无定河小。由此可以说明,北洛河水利水保措施减水减沙作用远比无定河小,而且抵御暴雨的能力脆弱。

表 4-29　无定河白家川站各年代水沙变化情况

时段	年均径流量(亿 m^3)	年均输沙量(亿 t)	各年代减少(%)	
			径流	泥沙
1956 ~ 1969	14.315	2.180		
1970 ~ 1979	12.104	1.160	15.4	46.8
1980 ~ 1989	10.361	0.527	27.6	75.8
1990 ~ 1999	9.342	0.841	34.7	61.4
2000 ~ 2005	7.661	0.447	46.5	79.5

注:以 1956 ~ 1969 年为基准期。

表 4-30　北洛河湫头站各年代水沙变化情况

时段	年均径流量(亿 m^3)	年均输沙量(亿 t)	各年代减少(%)	
			径流	泥沙
1956 ~ 1969	8.190	1.045		
1970 ~ 1979	5.906	0.795	27.9	23.9
1980 ~ 1989	6.981	0.467	14.8	55.3
1990 ~ 1999	6.469	0.889	21.0	14.9
2000 ~ 2005	4.455	0.298	45.6	71.5

注:以 1956 ~ 1969 年为基准期。

从无定河与北洛河水沙变化对比分析中可以得到这样的认识:发源于同一源区且流域面积相差无几的两条河流,无定河减水减沙作用比较大且较稳定,而北洛河减水减沙作用比无定河要小且波动较大。

4.3.2.3　水沙关系变化分析评价

1)年水沙关系变化分析评价

图4-21为北洛河刘家河站年水沙关系,可以看出,年水沙关系较好,1997~2006年点据与其他年代的点据混在一起,说明近期水沙关系没有发生多大变化。

反观张村驿站,没有刘家河站那样好的水沙关系(见图4-22),由图4-22可以看出,1997~2006年的点据在同一水量下有增加趋势,说明人类活动,特别是毁林开荒造成的水土流失使近期泥沙增加,同时也可以看出,在遭遇较大暴雨时,林区拦蓄泥沙的脆弱性,如1977年、1996年、2002年,在相同径流下,泥沙点据高居其他点据之上。

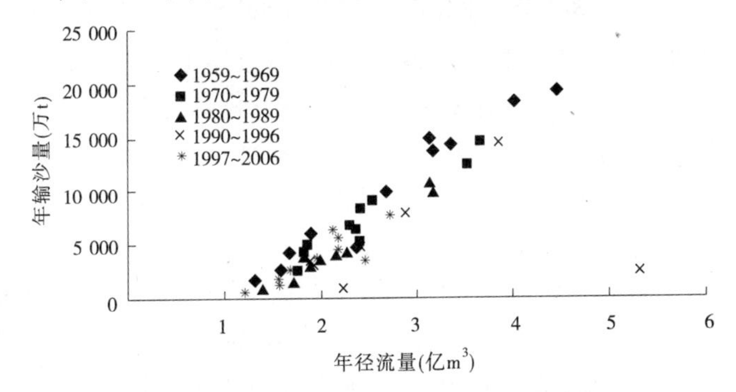

图4-21　北洛河刘家河站年水沙关系

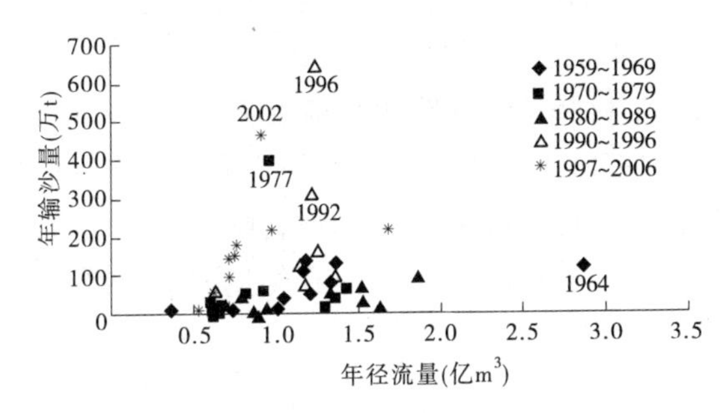

图4-22　葫芦河张村驿站年水沙关系

当水沙运行到洑头站时,水沙关系变得比较复杂,图4-23为北洛河年水沙关系,可以看出,治理后各年代的点据与治理前1950~1969年的点据基本上混在一起,80年代的点据较基准期稍偏低,90年代个别点据稍偏高,说明在相同径流下输沙量较治理前减少不多,1997~2006年的点据也并没有发生特殊的偏离。

2)洪水径流、泥沙关系分析评价

为分析洪水径流、泥沙关系,统计计算了北洛河流域1959~1985年27年的刘家河站137次和张村驿站82次降水、洪水、泥沙资料,据此,对降水产流产沙关系进行了分析评价。

a. 降水产流关系分析评价

依据产汇流基本理论,产流主要分为超渗产流和蓄满产流,但由于下垫面条件及降水特性的影响,有些地区的产流特点介于上述两种类型之间,即所谓混合型。在北洛河流域,张村驿以上大部分地区处于林区,由于森林覆盖度较高,受落叶腐殖质等的影响,土壤孔

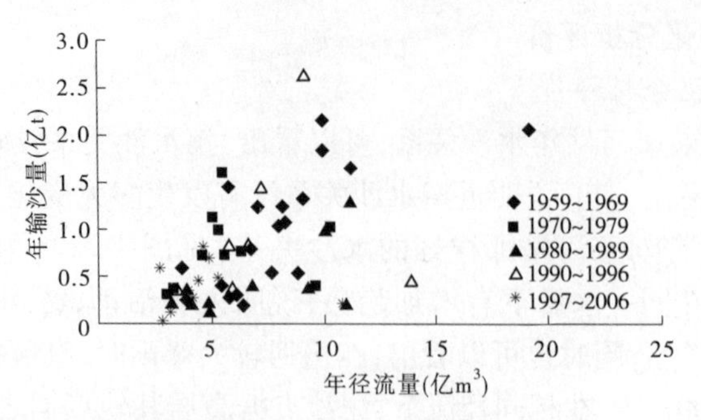

图 4-23　北洛河洑头站年水沙关系

隙度较大,下渗能力较强,或者说森林的调蓄能力较大,故洪水产流受雨强的制约较小,产流方式蓄满与超渗兼而有之,但以前者为主,这种产流方式就决定了次洪降水径流关系分配主要决定于土壤含水量,在年内分配上表现为洪水期径流占年径流量的比例相对较小。据张村驿站资料统计,该站多年平均洪水径流量仅占年径流量的 12. 3% 。

与张村驿站相比,刘家河站则表现出完全不同的降水产流特性。由于刘家河以上地区为黄土丘陵沟壑区,自然植被稀少,夏季太阳辐射强,易形成直升气流,形成热雷雨和地形雨,雨量集中,且多暴雨,次洪水产流量的多寡主要取决于降水强度,也就是说,本区以超渗产流为主,在降水量相同的条件下,由于降水强度及降水笼罩下垫面的差异,其径流量往往也有较大差别,这就使得次洪降水产流关系比较散乱,尽管如此,但从总体来看,降水径流呈正相关,即降水量越大,径流量也越大。

图 4-24 为刘家河站与张村驿站次洪降水产流关系,分析该图可知,无论是刘家河站还是张村驿站,降水产流都成正相关,即随降水量的增大而增大,同时也可以看出,在相同降水条件下,刘家河站产流量远比张村驿站为大,而且降水量越大,这种差异越大。这种情况表明,森林植被有巨大的滞洪作用,它不仅减少了洪水危害,也增加了土壤的蓄水能力。

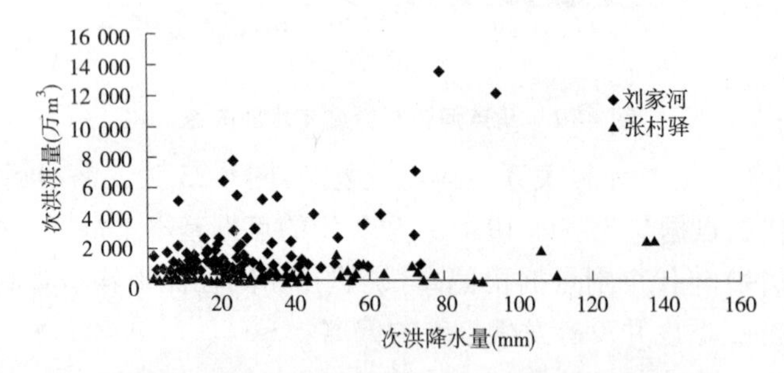

图 4-24　刘家河站与张村驿站次洪降水产流关系

b. 降水产沙关系分析评价

流域向外输送的泥沙,归根结底是流域土壤侵蚀的结果,而土壤侵蚀又是水力、风力、重力等作用所致。显然,林草覆盖率的大小对上述三种侵蚀方式都有一定的影响。覆被的存在,增加了地表糙率,它不仅可以降低地表水流的流速,还可以减缓地表层的风力速度,使输送泥沙的水力或风力动能变小,从而达到减少侵蚀的目的。此外,由于植物根系的作用,增加了土壤的稳定性,因而也遏制了重力侵蚀的发生。就北洛河流域而言,森林植被对产沙的影响是非常显著的。

图 4-25 为刘家河站与张村驿站次洪降水产沙关系,可以看出,在相同降水量下张村驿站次洪产沙远比刘家河站为小。刘家河与张村驿二流域从地理位置来看是相邻的,因此其气象条件不会有很大的差别,但由于张村驿以上森林植被较好,在相同的降水条件下,其侵蚀较刘家河以上要小得多。由此可见,森林对减少侵蚀的作用是非常显著的。但我们也应当看到,森林抵御暴雨的能力也是有一定限度的,如遇暴雨集中的年份,产沙也激增,如 1977 年 7 月 6 日至 7 日,在 17 小时连续降水 30.6 mm(流域平均雨量)的一次暴雨中,次洪产流达 1 155 万 m^3,产沙 393 万 t,最大流量 466 m^3/s,最大含沙量达 537 kg/m^3,该年产沙量达 398 万 t,为有实测资料以来最大值。

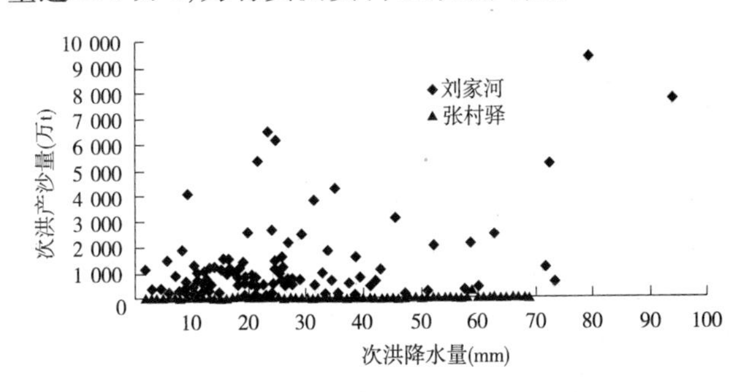

图 4-25　刘家河站与张村驿站次洪降水产沙关系

4.3.2.4　泥沙输移规律分析评价

泥沙输送过程主要经历两个阶段,即坡面侵蚀和沟道输移。对于某一河段而言,当上游来沙量大于本河段的泥沙输送能力时,即发生淤积,反之则冲刷。我们将某一断面的泥沙输送量与该断面以上流域泥沙侵蚀量之比称为泥沙输移比,当输移比小于 1 时,河段发生淤积,大于 1 时河段冲刷。

就北洛河流域而言,通过点绘各水文站断面图并计算出其冲淤量来看(见表 4-31),就平均情况来说,各水文站断面均呈淤积状态,其中淤积比较严重的有金佛坪(含吴起)和黄陵站,淤积量分别占原断面面积的 41% 和 25.8%,其他断面淤积比较轻微。由此可以看出,北洛河流域各断面在分析时段内除金佛坪(含吴起)和黄陵站的泥沙输移比小于 1 外,其余各站接近于 1。需要说明的是,金佛坪站以下原有一滚水坝,可能是造成该断面淤积较多的原因,以后该坝破除,淤积减轻;又由于北洛河流域 20 世纪 90 年代发生了百年不遇的“94·8”大洪水和 1996 年葫芦河千年一遇的大洪水,70、80 年代的淤积到 90 年代有可能转为冲刷。因此,在分析北洛河流域水沙变化时,可以认为河道冲淤对水沙变化影响不大。

此外,张胜利、景可等在 2000 年进行“黄河中游多沙粗沙区产沙输沙规律研究”时曾对北洛河吴起、志丹的泥沙输移比进行了研究,得到的认识是,北洛河的泥沙输移比在 0.9 以上,未进入下一河段的泥沙,约不足 10% 泥沙在洪水漫滩时沉积在河谷两侧的河漫滩上,北洛河流域 1997 ~ 2006 年并未发生较大洪水,河漫滩淤积不会太多,因此在计算 1997 ~ 2006 年水利水保减水减沙作用时可不考虑河道冲淤问题。

表 4-31　北洛河流域各断面冲淤变化统计

站名	原断面面积(m^2)(1965 年)	现断面面积(m^2)(1988 年)	冲淤量(m^2)(2) - (3)	冲淤量占原断面面积(%)
(1)	(2)	(3)	(4)	(5)
金佛坪	361.9	213.6**	+148.3	+41.0
刘家河	425.9	406.9	+19.0	+4.5
交口河	311.0	325.7	-14.7	-4.7
洑头	474.9	445.2**	29.7	+6.3
志丹	253.5	206.1	+47.4	+18.7
张村驿	168.5	136.7	+31.8	+18.9
黄陵	150.8	111.9	+38.9	+25.8

注:"+"为淤,"-"为冲;**为 1979 年资料。

4.3.2.5　小结

(1)北洛河流域年水沙变化情势表明,近期(1990 ~ 1996 年)降水、径流、泥沙出现不同向变化,与 20 世纪 50 年代相较,年均降水减少 20%,径流增加 15%,输沙量增加 8%,这种反向变化主要是遭遇"94 · 8"和 1996 年特大暴雨所致;1997 ~ 2006 年降水量减少近 20%,径流量减少 31%,输沙量减少 57%,水沙锐减。

(2)北洛河流域水沙变化过程评价表明,北洛河流域治理后(1970 年后)降水泥沙变化过程图形与河龙区间及无定河、三川河明显不同,年降水泥沙过程并未发生明显分离,说明北洛河流域并不像治理较好的无定河、三川河那样近期水沙有明显的减少变化。

(3)北洛河流域水沙变化关系分析评价表明,刘家河站、洑头站年水沙关系并未发生明显变化,张村驿站在相同径流量下,点据有增加趋势;洪水径流泥沙关系变化表明,林区有巨大的拦蓄作用,但遭遇稀遇暴雨产流产沙仍较大。

(4)北洛河流域泥沙输移规律分析表明,20 世纪 70、80 年代河道有少量淤积,90 年代以后由于暴雨洪水的冲刷,70、80 年代河道的少量淤积被冲刷,因此在分析近期水沙变化时可忽略河道冲淤。

4.3.3　森林植被与生态修复对水沙变化影响分析

北洛河流域现有保存较完好的大面积天然林区,其中位于子午岭林区的葫芦河沟口设有张村驿水文站,可代表林区;与其地理位置相邻、地形相似、土壤和气候相差不大的黄土丘陵沟壑区设有刘家河水文站,可代表非林区,流域出口站为洑头水文站,这就为分析森林植被对水沙变化影响提供了得天独厚的有利条件。

表 4-32 列出了刘家河站与洑头站各年代输沙量的对比情况。由表 4-32 可以得到,洑头站的沙量和刘家河的沙量各年代基本相近,也就是说,由于刘家河以下北洛河进入黄土丘陵林区和黄土高塬沟壑区,区间加入泥沙甚少,在一定程度上说明了森林植被的蓄水拦

沙作用。现就其对径流泥沙影响分析如下。

表 4-32　刘家河站与洑头站各年代输沙量对比　　（单位：亿 t）

站名	1959～1969 年	1970～1979 年	1980～1989 年	1990～1996 年	1997～2006 年
刘家河	0.992	0.738	0.469	0.835	0.373
洑头	1.037	0.795	0.467	0.875	0.401

4.3.3.1　森林植被对水沙变化影响分析

1）对年径流变化的影响分析

通过统计计算刘家河站和张村驿站及相邻流域（汾川河、延水）资料可知，森林覆盖可减少年径流 35.3%～44.6%（见表 4-33）。

表 4-33　森林对年径流影响分析成果

流域	多年平均径流深(mm)		减少差(mm)	减少(%)
北洛河	刘家河（非林区）	张村驿（林区）	-12.3	-35.3
	34.8	22.5		
相邻流域	延水（甘谷驿）	汾川河（临镇）	-16.9	-44.6
	37.9	21.0		

注：统计系列为 1959～1981 年。

统计刘家河站与张村驿站年径流量变差系数 C_v 和最大年径流量与年最小年径流量比值 α 可知，林区的 C_v 值和 α 值都比非林区小，说明林区年径流变化比非林区均匀，也就是说，林区在一定程度上起到了调丰补欠的作用，这有利于水资源的开发利用（见表 4-34）。

表 4-34　北洛河流域森林对径流年际变化影响分析

站名	植被	统计年数	最大年径流深(mm)	最小年径流深(mm)	均值(mm)	C_v	α
张村驿	林区	21	30.3	7.7	20.8	0.311	3.935
志丹	非林区	20	87.3	17.26	46.1	0.375	5.058

注：统计系列为 1959～1981 年。

2）对径流年内分配的影响分析

选择径流深大致相同或相近的年份统计刘家河站和张村驿站径流年内分配（见表 4-35），可以看出，林区对径流年内分配有显著的调节作用。从 6 月份开始，林区的径流小于非林区的径流，6、7、8 月 3 个月林区将大量径流滞蓄起来，调蓄量约为年径流量的 20%，这就为削减汛期水量，减轻洪水对黄河下游的危害起到一定作用；9 月以后，径流大量释放，且释放的速度较快，主要集中在 9、10、11 月 3 个月，到第二年 3、4、5 月 3 个月，正是农业用水季节，有林与无林径流相差无几，说明这种调蓄不能同人工水库相比，也不能完全适应农业用水的需要。

表 4-35　林区与非林区径流年内分配　　(%)

月份	北洛河			南小河沟		
	刘家河	张村驿	林区调蓄	流域平均	杨家沟	林区调蓄
6～8	48.5	29.7	-18.8	56.0	26	-30
9～11	19.8	35.2	15.4	21.0	41	20
12～2	8.9	13.3	4.4	6	12	6
3～5	22.8	21.8	-1.0	17	21	4

3)森林植被对洪水、径流、泥沙的影响分析

利用统计计算的流域内林区的张村驿站 82 次与非林区的刘家河站 137 次次洪降水产流产沙资料,统计分析了 45 组相似降水(降水量、降水历时基本相同或相近)洪水泥沙对比资料(见表 4-36),可以看出,森林植被有巨大的削峰减沙作用。对比分析表明,林区削峰 82%,削减径流 62.4%,削减侵蚀模数 94.9%。这一成果也可用人工造林的杨家沟和天然状态下的董庄沟暴雨洪水资料对比加以旁证(见表 4-37),尽管洪水、径流的变化因暴雨总量和暴雨强度而异,但就 4 次暴雨洪水的变化对比而言,洪峰削减 85%～96%,而从多次洪水平均来看,则为削减 84%左右,洪水总量减少 65%～88%,而多次平均则减少 63%,这就进一步论证了植树造林的巨大滞洪作用。

表 4-36　非林区(刘家河站)与林区(张村驿站)相似降水水沙变化比较

编号	林别	洪峰时段(年-月-日)	流域平均降水量(mm)	降水历时(h)	洪峰流量模数($m^3/(km^2 \cdot s)$)	洪峰径流深(mm)	洪峰侵蚀模数(万 t/km^2)	洪峰削减		径流削减		泥沙削减	
								绝对值	%	绝对值	%	绝对值	%
1	非林区	1962-08-07	21.0	4.1	0.019	0.414	0.021	0.009	47.4	-0.216	-52.2	0.020 8	99.0
	林区	1959-09-20	21.53	6.67	0.010	0.630	0.000 2						
2	非林区	1968-08-21	14.73	16.0	0.340	7.534	0.838	0.337	99.1	7.419	98.5	0.837 6	99.9
	林区	1960-09-25	14.8	14.87	0.003	0.115	0.000 4						
3	非林区	1969-08-06	15.34	13.5	0.051	1.432	0.096	0.048	94.1	1.317	92.0	0.095 6	99.6
	林区	1960-09-25	14.8	14.87	0.003	0.115	0.000 4						
4	非林区	1980-06-28	15.73	16.34	0.062	2.094	0.130	0.059	95.2	1.979	94.5	0.129 6	99.7
	林区	1960-09-25	14.8	14.87	0.003	0.115	0.000 4						
5	非林区	1967-08-22	11.25	9.58	0.278	4.530	0.334	0.275	98.9	4.308	95.1	0.331	99.1
	林区	1961-09-28	11.1	9.73	0.003	0.222	0.003						
6	非林区	1968-07-10	10.4	9.0	0.042	2.243	0.171	0.039	92.9	2.021	90.1	0.168	98.2
	林区	1961-09-28	11.1	9.73	0.003	0.222	0.003						
7	非林区	1970-07-15	12.29	9.55	0.051	2.015	0.165	0.048	94.1	1.793	89.0	0.162	98.2
	林区	1961-09-28	11.1	9.73	0.003	0.222	0.003						
8	非林区	1980-08-17	11.2	7.22	0.040	1.251	0.073	0.037	92.5	1.029	82.3	0.070	95.9
	林区	1961-09-28	11.1	9.73	0.003	0.222	0.003						
9	非林区	1979-07-29	11.58	7.88	0.108	3.620	0.220	0.105	97.2	3.398	93.9	0.217	98.6
	林区	1961-09-28	11.1	9.73	0.003	0.222	0.003						

续表 4-36

编号	林别	洪峰时段（年-月-日）	流域平均降水量（mm）	降水历时（h）	洪峰流量模数（m^3/（km^2·s））	洪峰径流深（mm）	洪峰侵蚀模数（万t/km^2）	洪峰削减		径流削减		泥沙削减	
								绝对值	%	绝对值	%	绝对值	%
10	非林区	1977-07-01	19.21	10.09	0.024	0.640	0.026	0.015	62.5	-0.515	-80.5	0.025	96.2
	林区	1963-09-11	19.27	12.37	0.009	1.155	0.001						
11	非林区	1968-06-20	5.75	1.85	0.032	0.592	0.034	0.029	90.6	0.422	71.3	0.033 6	98.8
	林区	1966-06-15	4.60	1.40	0.003	0.170	0.000 4						
12	非林区	1970-07-15	12.29	9.55	0.051	2.015	0.165	0.046	90.2	1.012	50.2	0.164 1	99.5
	林区	1967-05-18	13.65	10.5	0.005	1.003	0.001						
13	非林区	1964-08-09	13.65	5.9	0.089	2.703	0.202	0.051	57.3	-0.372	-13.08	0.157	77.7
	林区	1969-07-23	11.1	5.0	0.038	3.075	0.045						
14	非林区	1973-07-11	11.95	4.2	0.065	2.562	0.157	0.027	41.5	-0.513	-20.0	0.112	71.3
	林区	1969-07-23	11.1	5.0	0.038	3.075	0.045						
15	非林区	1979-07-27	10.11	4.99	0.076	1.463	0.115	0.038	50.0	-1.612	-110.2	0.07	60.9
	林区	1969-07-23	11.1	5.0	0.038	3.075	0.045						
16	非林区	1976-07-28	8.61	6.39	0.025	0.657	0.041	0.019	76.0	0.336	55.7	0.040	97.6
	林区	1970-08-28	8.8	6.0	0.006	0.291	0.001						
17	非林区	1972-06-23	8.36	4.77	0.167	1.976	0.168	0.161	96.4	1.685	85.3	0.167	99.4
	林区	1970-08-28	8.8	6.0	0.006	0.291	0.001						
18	非林区	1978-07-25	9.88	6.59	0.036	0.820	0.085	0.030	83.3	-0.075	-9.1	0.083	97.6
	林区	1970-09-16	10.47	6.0	0.006	0.895	0.002						
19	非林区	1967-08-29	13.14	6.64	0.188	3.048	0.224	0.182	96.8	2.153	70.6	0.222	99.1
	林区	1970-09-16	10.47	6.0	0.006	0.895	0.002						
20	非林区	1977-06-23	12.05	5.49	0.013	0.358	0.014	0.007	53.8	-0.537	-150.0	0.012	85.7
	林区	1970-09-16	10.47	6.0	0.006	0.895	0.002						
21	非林区	1967-09-01	7.88	16.33	0.025	0.573	0.033	0.019	76.0	0.176	30.7	0.032	97.0
	林区	1971-09-02	7.73	18.33	0.006	0.397	0.001						
22	非林区	1963-05-23	40.2	18.45	0.042	1.429	0.087	0.038 6	91.9	1.013	70.9	0.086 6	99.5
	林区	1973-06-14	42.4	18.28	0.003 4	0.416	0.000 4						
23	非林区	1976-07-26	13.13	7.1	0.012	0.512	0.015	0.008	66.7	0.303 0	59.2	0.014 6	97.3
	林区	1973-07-15	12.83	6.9	0.004	0.209	0.000 4						
24	非林区	1967-08-29	13.14	6.64	0.188	3.048	0.224	0.184	97.9	2.839	93.1	0.223 6	99.8
	林区	1973-07-15	12.83	6.9	0.004	0.209	0.000 4						
25	非林区	1967-08-29	13.14	6.64	0.188	3.048	0.224	0.182	96.8	2.808	92.1	0.2236	99.8
	林区	1973-07-18	13.68	6.35	0.006	0.240	0.000 4						
26	非林区	1964-08-09	13.65	5.9	0.089	2.703	0.202	0.083	93.3	2.463	91.1	0.201 6	99.8
	林区	1973-07-18	13.68	6.35	0.006	0.240	0.000 4						
27	非林区	1981-07-13	5.64	8.24	0.074	2.067	0.113	0.050	67.6	0.986	47.7	0.106	93.8
	林区	1973-08-25	6.07	7.67.	0.024	1.081	0.007						
28	非林区	1970-08-08	11.95	12.3	0.087	1.838	0.106	-0.014	-16.1	-0.654	-35.6	0.018	17.0
	林区	1977-07-06	12.92	11.56	0.101	2.492	0.085						

续表 4-36

编号	林别	洪峰时段（年-月-日）	流域平均降水量（mm）	降水历时（h）	洪峰流量模数（m^3/（km^2·s））	洪峰径流深（mm）	洪峰侵蚀模数（万 t/km^2）	洪峰削减		径流削减		泥沙削减	
								绝对值	%	绝对值	%	绝对值	%
29	非林区	1980-08-25	1.97	2.36	0.018	0.814	0.044	0.011	61.1	0.583	71.6	0.043	97.7
	林区	1977-08-28	1.25	2.9	0.007	0.231	0.001						
30	非林区	1960-08-07	1.27	3.13	0.162	3.696	0.352	0.155	95.7	3.465	93.8	0.351	99.7
	林区	1977-08-28	1.25	2.9	0.007	0.231	0.001						
31	非林区	1964-08-09	13.65	5.9	0.089	2.703	0.202	0.047	52.8	1.546	57.2	0.196	97.0
	林区	1978-07-13	15.35	5.75	0.042	1.157	0.006						
32	非林区	1965-07-20	14.52	5.06	0.036	0.927	0.063	-0.006	-16.7	-0.230	-24.8	0.057	90.5
	林区	1978-07-13	15.35	5.75	0.042	1.157	0.006						
33	非林区	1977-08-05	16.91	5.63	0.287	7.473	0.058	0.245	85.4	6.316	84.5	0.576	99.3
	林区	1978-07-13	15.35	5.75	0.042	1.157	0.006						
34	非林区	1979-07-28	16.87	5.59	0.014	0.358	0.017	-0.028	-200	-0.799	-223.2	0.011	64.7
	林区	1978-07-13	15.35	5.75	0.042	1.157	0.006						
35	非林区	1964-06-23	6.07	2.67	0.046	1.599	0.121	0.038	82.6	1.189	74.4	0.115	95.0
	林区	1979-07-29	4.8	2.28	0.008	0.410	0.006						
36	非林区	1964-08-12	5.28	3.28	0.103	3.001	0.258	0.095	92.2	2.591	86.4	0.252	97.7
	林区	1979-07-29	4.8	2.28	0.008	0.410	0.006						
37	非林区	1966-06-11	4.24	2.27	0.083	2.399	0.171	0.75	90.4	1.989	82.9	0.165	96.5
	林区	1979-07-29	4.80	2.28	0.008	0.410	0.006						
38	非林区	1966-07-31	4.43	2.5	0.028	0.795	0.044	0.020	71.4	0.385	48.4	0.038	86.4
	林区	1979-07-29	4.8	2.28	0.008	0.410	0.006						
39	非林区	1968-06-20	5.75	1.85	0.032	0.592	0.034	0.024	75.0	0.182	30.7	0.028	82.4
	林区	1979-07-29	4.80	2.28	0.008	0.410	0.006						
40	非林区	1973-07-14	2.33	4.13	0.018	0.422	0.025	0.009	50.0	0.118	28.0	0.022	88.0
	林区	1979-08-03	3.08	4.25	0.009	0.304	0.003						
41	非林区	1973-07-17	3.57	3.83	0.029	0.748	0.051	0.020	69.0	0.444	59.4	0.048	94.1
	林区	1979-08-03	3.08	4.25	0.009	0.304	0.003						
42	非林区	1973-08-17	3.53	4.08	0.043	0.883	0.058	0.034	79.1	0.579	65.6	0.055	94.8
	林区	1979-08-03	3.08	4.25	0.009	0.304	0.003						
43	非林区	1971-08-15	2.71	4.28	0.066	1.246	0.094	0.057	86.4	0.942	75.6	0.091	96.8
	林区	1979-08-03	3.08	4.25	0.009	0.304	0.003						
44	非林区	1963-05-18	10.55	12.05	0.005	0.330	0.002	-0.017	-340	-0.553	-167.6	-0.002	-100
	林区	1981-08-15	10.0	12.96	0.022	0.883	0.004						
45	非林区	1967-07-17	6.69	11.87	0.035	0.777	0.074	0.026	74.3	-0.106	-13.6	0.072	97.3
	林区	1981-08-19	6.76	11.16	0.009	0.883	0.002						
总计	非林区		487.86	321.7	3.556	85.948	6.473	2.917 6	82.0	56.637	62.4	6.142 2	94.9
	林区		480.38	332.1	0.638 4	32.311	0.330 8						

表4-37　南小河沟森林对洪水泥沙影响成果

洪峰时间(年-月-日)	暴雨情况		洪量模数(万 m^3/km^2)			洪峰模数($m^3/(km^2 \cdot s)$)		
	雨量(mm)	雨强(mm/h)	董庄沟	杨家沟	杨/董(%)	董庄沟	杨家沟	杨/董(%)
1958-07-14	29.1	3.8	0.12	0.02	17.0	1.22	0.072	6.0
1960-08-01	99.7	4.8	0.71	0.24	35.0	2.10	0.316	15.0
1962-09-15	70.2	1.0	0.17	0.02	12.0	0.14	0.016	12.0
1965-07-07	55.7	4.2	0.06	0.01	17.0	0.24	0.010	4.0
多年平均	54.0		0.42	0.16	37.0	0.65	0.110	16.0

4.3.3.2　生态修复对水沙变化影响分析

1)黄河中游生态修复情况

据有关资料,1998年以来,为了充分发挥生态自我修复能力,增加植被覆盖度,探索迅速恢复植被、治理水土流失、改善生态环境的新路子,黄河上中游各省(区)按照水利部治水新思路,结合黄土高原实际,将水土保持生态修复工作作为生态环境建设的一项重要内容来抓,积极开展生态修复试点工作。2001年,黄委在黄河上中游地区启动实施了两期水土保持生态修复试点工程,涉及7省(区)、20个县(旗),封育保护面积1 300 km^2;2002年,在总结首批试点经验的基础上,水利部又在黄河上中游7省(区)、22个县6 300 km^2 范围内,启动实施了全国水土保持生态修复试点工程。目前,黄河上中游7省(区)已有54个地市、294个县(市、旗)实施封禁保护面积近30万 km^2,陕西、青海、宁夏3省(区)人民政府发布了实施封山禁牧的决定;山西、内蒙古、甘肃、河南4省(区)的36个地(市)、168个县(旗、区)出台了封山禁牧政策。青海省在黄河源区12万 km^2 范围内实施了水土保持预防保护工程。黄河上中游地区的封山禁牧在规模、范围和成效方面取得了历史性突破。

实施生态修复后,修复区灌草萌生的速度明显加快,裸地自然郁闭,植被覆盖度大幅度提高,生态环境明显改善。根据上中游地区24个试点县的监测结果,修复区林草总盖度在0.6以上的面积由修复前的297 km^2 增加到1 262 km^2,林草覆盖度由实施前的27.5%提高到60.0%,草场每公顷平均产草量由3 000 kg提高到30 000 kg,植被由单一种类向复合型、多种群发展。项目区最明显的变化是山变绿、水变清、动物种类数量明显增多。宁夏盐池县和灵武县修复3年后,基本控制了风沙危害,连片的浮沙地和明沙丘基本消失,冬春两季大风弥漫的现象基本得到控制,水土流失强度明显降低。

据由黄河上中游管理局水土保持监测中心主持、西峰监测分中心具体实施完成的"2007年度子午岭预防保护区及神东矿区水土流失监测"成果显示,在陕西志丹、白水县已发现部分林区,说明北洛河流域生态明显好转(引自黄河生态网:子午岭预防保护区及神东矿区水土流失监测项目通过验收,2008年3月3日)。

通过封山禁牧、疏林补植、退耕种草、人工抚育等措施,地上生物量、枯落物量明显增加,植被截持降水能力和土壤拦蓄径流能力有不同程度的提高,水土流失强度明显减弱。

2) 北洛河流域生态修复对水沙变化影响分析

生态修复主要指是封山禁牧、疏林补植、退耕种草、人工抚育等措施改变植被状况，提高林草覆盖率，通过分析林草覆盖率与产流产沙关系可研究生态修复对水沙变化的影响。据生态修复有关效益监测资料，陕西省吴起县封禁 3 年，年均土壤侵蚀模数由 1.1 万 t/km^2 降低到 0.6 万 t/km^2，保土效益达 45.5%；甘肃省定西市安定区，通过两年的生态修复，年土壤侵蚀模数由 3 600 t/km^2 降为 1 371.7 t/km^2，保土效益达 61.9%；宁夏彭阳县等黄土丘陵沟壑区暴雨径流模数降低约 40%，土壤侵蚀模数降低 40% ~60%。为研究大面积生态修复对水沙变化的影响，我们通过分析林率与产流产沙关系进行了研究。

a. 林率与产流产沙关系

当地面为森林或林灌草覆盖(简称林率)情况下，对产流产沙有一定影响。选择北洛河流域及黄河中游 13 个代表流域或区间，比较现存林率与产流产沙关系，列于表 4-38，点绘林率与产流产沙关系(见图 4-26、图 4-27)，得到林率与径流泥沙的指数关系，相关性显著：

林率与径流关系

$$y = 43.848e^{-0.0069x} \qquad R^2 = 0.8253 \qquad (4\text{-}16)$$

林率与泥沙关系

$$y = 11848e^{-0.0382x} \qquad R^2 = 0.8206 \qquad (4\text{-}17)$$

据此，只要知道林率的变化，便可求得径流泥沙的变化。

表 4-38　北洛河流域与黄河中游地区林率与径流泥沙(1960 ~ 1984 年)平均值

站名	面积 (km^2)	林率 (%)	径流 (mm)	输沙模数 ($t/(km^2 \cdot a)$)
张村驿	4 715	97.0	22.23	126.3
张村驿—交口河	12 456	39.4	30.56	5 869.5
刘家河—交口河	9 855	82.5	25.12	147.5
交口河	17 180	55.5	28.56	2 856.0
湫头	25 154	43.5	36.77	3 320.9
洪德	4 640	0.0	12.89	7 397.7
洪德—庆阳	1 577	0.0	23.46	6 812.5
子长	913	0.0	43.35	10 585.2
悦乐	528	2.1	29.27	7 076.4
甘谷驿	5 891	13.0	37.17	7 844.6
刘家峡	7 325	18.3	33.19	9 976.5
板桥	807	66.0	25.6	2 035.9
临镇	1 121	94.4	21.18	463.9

b. 小流域生态修复减水减沙作用分析

中国水土保持学会和国际泥沙研究培训中心 2006 年 7 月在北洛河流域吴起县召开

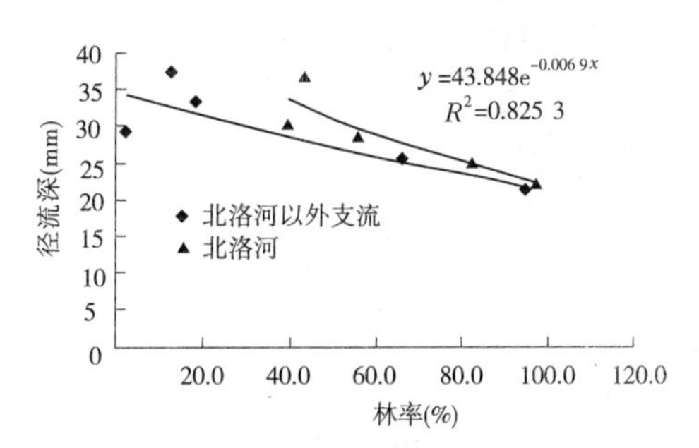

图 4-26 林率与径流的关系

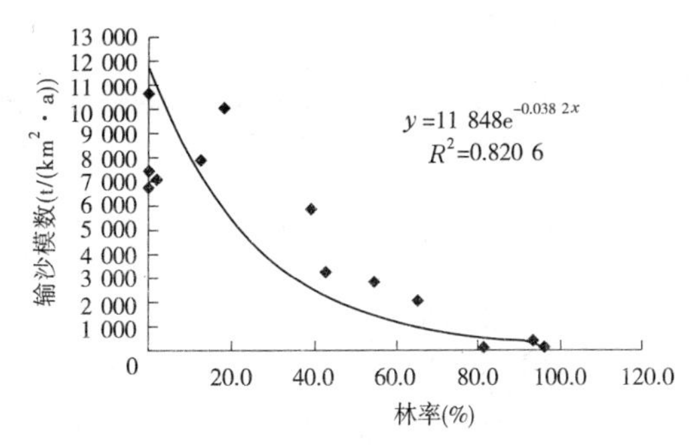

图 4-27 林率与泥沙的关系

的“中国水土保持生态修复研讨会及吴起县生态建设现场观摩会”提供了以下两个小流域生态修复资料。

(1)金佛坪小流域。该流域涉及2个村,946人,总面积25 km^2,1998年前,该流域共有耕地720 hm^2,荒地1 300 hm^2,有林地193.33 hm^2,人工牧草地120 hm^2。1998年,全流域整体封禁,1999年又一次性退耕,经过7年治理,整个流域生态状况发生了根本改变。目前,该流域共有林地1 760 hm^2,人工草地520 hm^2,封育300 hm^2,全流域未保留坡耕地。据测算,该流域的林草覆盖率已由1997年的38%提高到现在的69%。

(2)杨青小流域。该流域涉及8个村,2 725人,总面积80 km^2,1998年以前,流域内共有耕地2 780 hm^2,有林面积1 406.67 hm^2,人工草地646.67 hm^2。由于过垦过牧,整个流域植被稀疏,水土流失严重。1998年以来,对该流域实行整体封育,并于当年进一步退耕到位。经过7年多的治理,现有林地面积4 486.67 hm^2,人工牧草2 026.67 hm^2,农耕地453.33 hm^2,荒山荒坡封育成自然植被500 hm^2,林草覆盖率由1997年的34%提高到现在的66%。

根据林率与径流、泥沙关系(见式(4-16)、式(4-17)),可计算出典型小流域生态修复的减水减沙作用(见表4-39)。两小流域自1997年至2006年林率平均提高了31.5%,径流深平均减少6.7 mm(19.6%);侵蚀模数平均减少2 102.8 t/(km^2 · a)(70.0%)。由此可见,生态修复有一定的减水减沙作用。

4.3.3.3 小结

(1)森林对径流、泥沙有明显的削减作用,从刘家河与张村驿的对比分析来看,可削减径流35.3%,削减泥沙98.8%,同时还调蓄了径流的年内分配;但也应当看到,森林一旦遭受破坏,在暴雨洪水的作用下,洪水泥沙剧增。

表 4-39 吴起县典型小流域生态修复减水减沙作用计算

小流域	林率(%)		径流量				侵蚀模数			
	生态修复前	生态修复后	生态修复前(mm)	生态修复后(mm)	减少		生态修复前(t/(km²·a))	生态修复后(t/(km²·a))	减少	
					mm	%			t/(km²·a)	%
金佛坪	38	69	33.7	27.2	6.5	19.3	2 774	849	1 925	69.0
杨青	34	66	34.7	27.8	6.9	19.9	3 232.8	952.1	2 280.7	70.5
平均	36	67.5	34.2	27.5	6.7	19.6	3 003.4	900.6	2 102.8	70.0

注:治理前后径流量、侵蚀模数按式(4-16)和式(4-17)计算。

(2)从小流域生态修复减水减沙作用来看,生态修复有一定的减水减沙作用,从长远来看,北洛河流域生态修复是流域减水减沙的重要措施之一。

4.3.4 水利水保措施等人类活动对径流泥沙影响的"水保法"分析

水保法,也叫成因分析法,它是根据水土保持试验站对各项水土保持措施减水减沙作用的观测资料,按各项措施分项计算后逐项相加,并考虑流域产沙在河道运行中的冲淤变化以及人类活动新增水土流失数量等,计算水土保持减水减沙效益的一种方法。

4.3.4.1 水土保持措施的调查与评估

水保措施的调查核实历来是一项复杂而困难的工作,它不仅受统计和调查方法的限制,还受人为因素的影响,它不仅是时间变量,而且是空间变量,浩繁的工作量影响着水保措施统计的精度,进而影响水土保持减水减沙效益的计算精度。

黄河上中游管理局于 2008 年 7 月提出了修改后的北洛河流域水土保持措施数量,后经 2008 年 10 月集中办公核实后提出了核实后的水土保持措施量(见表 4-40),据此对北洛河流域水土保持措施减水减沙量进行了计算。

表 4-40 北洛河流域水保措施面积(据黄河上中游局,2008) (单位:hm²)

年份	梯条田	坝地	林地	种草	封禁治理	合计
1997	92 109	2 765	254 347	34 737	9 708	383 958
1998	98 967	2 932	276 915	39 209	12 476	418 024
1999	103 201	3 068	297 296	44 567	14 575	448 132
2000	108 173	3 228	328 166	56 152	17 323	495 720
2001	112 779	3 435	370 703	67 694	27 300	554 611
2002	117 663	3 620	419 414	78 686	37 353	619 383
2003	121 894	3 810	461 122	89 507	54 151	676 333
2004	126 724	4 055	482 105	97 955	61 051	710 839
2005	132 929	4 073	504 257	104 168	72 492	745 427
2006	136 942	4 280	528 476	111 824	87 179	781 523

4.3.4.2 水保措施数量的分区计算

水保措施主要指梯田、坝地、人工造林、人工种草、封禁等。由于各类型区产流产沙条件不同,为分区计算水保措施减水减沙作用,根据流域内各县水保措施资料,分区计算水保措施数量。北洛河流域有5个类型区,考虑到林区水土流失轻微,坡面措施很少,本次计算忽略不计。因此,水保措施只在黄土丘陵沟壑区、黄土高塬沟壑区、其他类型区实施,故将北洛河流域分为黄土丘陵沟壑区、黄土高塬沟壑区、其他类型区。

由于黄河上中游管理局提供的资料为全县数据,需将全县资料划分到流域,在划分时北洛河流域采用以下各县流域内面积占全县面积的比例(见表4-41)。

表4-41 北洛河流域各县流域内面积占全县面积比例

黄土丘陵沟壑区		黄土高塬沟壑区		其他类型区
县名	流域占县(%)	县名	流域占县(%)	
靖边	5	甘泉	100	流域控制站以上除黄土丘陵沟壑区、黄土高塬沟壑区以外的区域
定边	14	富县	100	
吴起	90	洛川	100	
志丹	80	黄龙	46	
		黄陵	100	
		铜川	36.6	
		宜君	78.3	

1)水保措施分区计算方法

(1)黄土丘陵沟壑区。各项措施数量由下式计算:

$$F_i = \sum_{i=1}^{4} n_i f_i \tag{4-18}$$

式中 F_i——流域内各项措施面积;

n_i——流域内各县面积与全县面积比例;

f_i——各县的统计面积;

$i=1\sim4$——定边、靖边、吴起、志丹。

(2)黄土高塬沟壑区。水保措施面积的统计采用以下公式:

$$F_i = \sum_{i=1}^{7} n_i f_i \tag{4-19}$$

式中 F_i——流域内各项措施面积;

n_i——流域内各县面积与全县面积比例;

f_i——各县的统计面积;

$i=1\sim7$——甘泉、富县、洛川、黄龙、黄陵、铜川(印台区)、宜君。

(3)其他类型区。其他类型区是指除黄土丘陵沟壑区、黄土高塬沟壑区外的区域,采用以下公式:

$$f_i = F_i - f_{1i} - f_{2i} \tag{4-20}$$

式中 f_i——其他类型区各项措施面积；

F_i——黄委上中游管理局核实的控制站以上各项措施面积；

f_{1i}——黄土丘陵沟壑区各项措施面积；

f_{2i}——黄土高塬沟壑区各项措施面积。

2)各类型区各项水保措施面积计算结果

根据以上计算方法，计算出北洛河流域各区水土保持措施量(见表4-42)。

表4-42 北洛河流域各区水土保持措施量 (单位：hm^2)

年份	黄土丘陵沟壑区					黄土高塬沟壑区					其他类型区				
	梯田	坝地	林地	草地	封禁	梯田	坝地	林地	草地	封禁	梯田	坝地	林地	草地	封禁
1997	10 014	967	126 852	10 436	715	37 080	1 090	99 917	4 853	5 390	45 014	708	27 578	19 447	3 603
1998	11 686	1 100	136 302	12 458	1 844	40 100	1 107	109 214	5 563	6 818	47 181	725	31 399	21 188	3 814
1999	13 214	1 240	146 638	14 359	2 654	40 803	1 091	114 286	6 409	7 770	49 184	737	36 373	23 799	4 150
2000	14 804	1 369	156 824	20 744	4 144	42 300	1 109	130 369	8 298	8 347	51 069	750	40 973	27 110	4 832
2001	16 454	1 475	170 918	27 048	6 713	43 826	1 163	153 741	11 385	15 186	52 499	796	46 044	29 261	5 401
2002	18 273	1 616	188 119	32 755	8 950	45 364	1 205	179 660	15 262	22 345	54 025	799	51 634	30 669	6 058
2003	19 825	1 702	201 388	37 494	16 294	46 614	1 308	204 513	19 638	29 805	55 455	800	55 221	32 376	8 051
2004	22 037	1 740	207 478	41 101	20 627	47 786	1 320	216 034	23 221	31 206	56 902	996	58 593	33 633	9 219
2005	26 264	1 757	214 629	44 441	23 819	48 136	1 320	227 734	24 784	38 445	58 528	996	61 894	34 943	10 228
2006	28 673	1 965	221 109	48 661	29 148	48 598	1 320	242 245	27 409	46 278	59 671	995	65 122	35 754	11 753

4.3.4.3 水保措施减沙量计算

1)水保措施减沙效益计算基本公式

水保措施减沙量采用以下基本公式：

$$W_s = W_{sc} + \Delta W_s \tag{4-21}$$

式中 W_s——计算年输沙量；

W_{sc}——实测年输沙量；

ΔW_s——各项措施减沙量，由下式求得：

$$\Delta W_s = \Delta W_{s1} + \Delta W_{s2} + \Delta W_{s3} + \Delta W_{s4} + \Delta W_{s5} - \Delta W_{s6} \tag{4-22}$$

式中 ΔW_{s1}——坡面措施减沙量；

ΔW_{s2}——淤地坝减沙量；

ΔW_{s3}——水库减沙量；

ΔW_{s4}——灌溉减沙量；

ΔW_{s5}——河道冲淤量；

ΔW_{s6}——人为增沙量。

2)不同类型区治坡措施减沙计算

a.不同类型区治坡措施计算参数的确定

(1)黄土丘陵沟壑区。

①坡面产沙模数的确定。水土保持的拦沙作用，除与措施的种类和分布有关外，还与流域的地貌和产沙特性有关。在泥沙输移比接近1的情况下，可以忽略计算沟道的冲淤

变化,但不能忽视坡面和沟道的产沙差异。

设 S_b 为坡面产沙模数,S_g 为沟道产沙模数,根据黄土丘陵沟壑区典型小流域观测资料分析,仍取沟间地与沟谷地面积比 0. 6∶0. 4,沟间地与沟谷地侵蚀模数比 1∶1. 76,可求得 $S_b = 0.77\ M$,式中 M 为沟口年均侵蚀模数。治理前刘家河站年均侵蚀模数为 13 338 t/km^2,由此可得 $S_b = 10\ 270$ t/km^2。

②治坡措施减沙系数。根据已有研究成果,各项治坡措施减沙系数采用表 4-43。

表 4-43　各项治坡措施减沙系数

项目	梯田	造林	种草	封禁
小区试验观测系数(%)	94	85	40	40
小区推算大面积折减系数(%)	70	40	60	60

③坡面措施减沙计算。坡面措施减(拦)沙采用下式计算:

$$\Delta W_{si} = \sum_{i=1}^{n} S_b f_i \eta_i \kappa_i y_i \tag{4-23}$$

式中　ΔW_{si}——各项坡面措施拦沙量;

S_b——坡面产沙模数;

f_i——治坡措施面积;

η_i——小区试验减沙系数;

κ_i——小区推大面积折减系数;

y_i——各项措施面积有效减沙率,采用表 4-44。

表 4-44　保存面积有效减沙率

措施	1950 ~ 1959 年	1960 ~ 1969 年	1970 ~ 1979 年	1980 ~ 1989 年	1990 ~ 1999 年	2000 ~ 2006 年
梯、条田	0. 9	0. 9	0. 9	0. 9	0. 85	0. 85
坝地	1	1	1	1	1	1
造林	0. 7	0. 7	0. 7	0. 7	0. 6	0. 6
种草	0. 3	0. 3	0. 3	0. 3	0. 36	0. 36
封禁	0. 3	0. 3	0. 3	0. 3	0. 36	0. 36

之所以提出保存面积有效减沙率,主要是因为第二期黄河水沙变化研究基金对现状林草措施减水减沙作用分析计算结果偏大,第二期黄河水沙变化研究基金分析认为,1970 ~ 1996年林草措施减沙量大约占水保总减沙量的 30% ,1990 ~ 1996 年更是高达 40% ,我们认为这一结果估计偏高,因为近期的林草建设多为幼林和疏林,而且退耕还林后经济林所占比例较生态林比例大,经济林的分布位置多缓坡或平地,如果快速增加的幼林和疏林及经济林仍按生态林的拦沙指标计算,计算结果将会偏大,同时,调查统计资料与实际保存率也存在一定的误差,因此应增加近期各项措施面积有效减沙率,其中,考虑到近期造林的变化和统计面积与保存面积的误差等因素,拦沙系数由 0. 7 变为 0. 6;梯田近期修建的较少,而老梯田由于老化失修,近期拦沙系数略有衰减;近期发展草地和封禁

较多,拦沙系数略有增加。

(2)黄土高塬沟壑区。

①产沙模数的计算。将黄土高塬沟壑区分为塬面与坡沟两部分,则有

$$W_s = f_u M_u + f_p M_p \quad f = f_u + f_p \quad M_s = W_s / f \tag{4-24}$$

式中 W_s——流域平均产沙量;

M_s——流域平均侵蚀模数;

f——流域面积;

f_u——塬面面积;

f_p——坡沟面积;

M_u——塬面产沙模数;

M_p——坡沟产沙模数。

根据南小河沟 1955 ~ 1974 年观测资料得表 4-45。

表 4-45　南小河沟塬面和坡沟面积与侵蚀产沙关系

项目	塬面	坡沟	合计
面积(km^2)	20.2	10.4	30.6
侵蚀模数(t/km^2)	810	11 220	4 350

分析表 4-45,并在计算时简化取塬面与坡沟面积比例为 0.65∶0.35;坡沟侵蚀模数与塬面侵蚀模数的比例为 10∶1.0。据此可得下式:

$$M_s = 0.65M_u + 0.35M_p \qquad M_p = 10M_u \tag{4-25}$$

联立解上述方程,可得 $M_u = 0.241M_s$。

据侵蚀模数图可查得北洛河黄土高塬沟壑区 $M_s = 2\ 500\ t/km^2$。据此,可求得塬面侵蚀模数 $M_u = 0.241 \times 2\ 500 = 603(t/km^2)$,而相应的沟坡侵蚀模数 $M_p = 10M_u = 6\ 030(t/km^2)$。

②水保措施减沙系数。根据有关研究成果,将黄土高塬沟壑区水保措施减沙系数列于表 4-46。

表 4-46　黄土高塬沟壑区水保措施减沙系数

项目	条田、埝地	梯田	造林	种草	封禁
小区观测减沙系数	1.0	0.94	0.85	0.40	0.40
小区推算大面积折减系数	0.80	0.80	0.40	0.60	0.60

③水保措施减沙计算。水保措施减沙量由下式计算:

$$\Delta W_s = \sum M_u f_i \eta_i \kappa_i \tag{4-26}$$

式中 ΔW_s——水保措施减沙量;

M_u——塬面侵蚀模数,因梯田、造林、种草等多分布在沟坡,故 M_u 取沟坡侵蚀模数;

f_i——各项措施面积;

η_i——小区观测减沙系数;

κ_i——小区推算大面积折减系数。

(3)其他类型区。

其他类型区计算方法同黄土高塬沟壑区，只是流域年平均侵蚀模数 M_s 取 1 000 t/km^2，从而得 $M_u = 0.241M_s = 0.241 \times 1\ 000 = 241(\text{t/km}^2)$，$M_p = 10M_u = 2\ 410$ t/km^2。

埝地一般分布在平原区，减沙量计算时采用塬面侵蚀模数 $M_u = 241$ t/km^2；梯田、造林、种草、封禁等多分布在沟坡，计算时采用 $M_p = 2\ 410$ t/km^2。

b. 坡面措施减沙计算结果

按上述方法对北洛河流域坡面措施减沙进行计算，可求得北洛河坡面措施减沙量(见表 4-47)。

表 4-47　1997～2006 年北洛河流域坡面措施减沙量计算成果　(单位：万 t)

类型区	黄土丘陵沟壑区				黄土高塬沟壑区				其他类型区			
措施	梯田	林地	草地	封禁	梯田	林地	草地	封禁	梯田	林地	草地	封禁
总减沙量	1 041	3 709	257	102	1 998	3 440	212	184	960	389	167	39
年均减沙量	104.1	370.9	25.7	10.2	199.8	344.0	21.2	18.4	96.0	38.9	16.7	3.9

3)淤地坝减沙量计算

a. 计算基本公式

淤地坝减沙量包括淤地坝的拦泥量、减轻沟蚀量以及由于坝地滞洪和流速减小对坝下游沟道侵蚀的影响减少量。目前，削峰滞洪对下游的影响减沙量还难以计算，因此仅计算拦泥量和减蚀量，其中拦泥量可由实际测算获得；减蚀量据已有研究成果推算。淤地坝减沙量采用以下公式计算：

$$\Delta W_s = \Delta W_{sg} + \Delta W_{sb} \tag{4-27}$$

$$\Delta W_{sg} = M_s f(1 - \alpha_1)(1 - \alpha_2) \tag{4-28}$$

$$\Delta W_{sb} = k\Delta W_{sg} \tag{4-29}$$

式中　ΔW_s——淤地坝总减沙量；

ΔW_{sg}——坝地拦泥量，坝地拦泥量主要指悬移质泥沙；

ΔW_{sb}——坝地减蚀量；

M_s——单位面积坝地拦泥量；

f——计算期内坝地面积；

α_1——人工填地及坝地两岸坍塌所形成的坝地面积占坝地总面积的比例系数，北洛河流域取 0.2；

α_2——推移质在坝地拦泥量中所占比例系数，北洛河流域取 0.15；

k——淤地坝减蚀系数(减蚀量/拦沙量)。

根据冉大川等计算的北洛河流域淤地坝拦沙量计算成果(见表 4-48)，可以看出，不同类型区是不同的，丘陵沟壑区多年平均 k 值为 7%，高塬沟壑区为 1.5%，其他类型区为 4.3%，多年平均为 4.4%。

表 4-48　北洛河流域淤地坝减沙量计算成果

时段	拦沙量（万 t）				减蚀量（万 t）				减蚀系数（减蚀量/拦沙量）(%)			
	丘陵沟壑区	高塬沟壑区	其他类型区	小计	丘陵沟壑区	高塬沟壑区	其他类型区	小计	丘陵沟壑区	高塬沟壑区	其他类型区	小计
1956 ~ 1969	206. 94	189. 14	54. 47	450. 55	5. 23	0. 35	0. 58	6. 16	2. 5	0. 2	1. 1	1. 4
1970 ~ 1979	297. 74	260. 36	78. 37	636. 48	18. 75	3. 86	4. 18	26. 79	6. 3	1. 6	5. 3	4. 2
1980 ~ 1989	57. 44	52. 50	15. 12	125. 06	16. 43	1. 75	1. 96	20. 14	28. 6	3. 3	13. 0	16. 1
1990 ~ 1996	285. 37	260. 83	75. 12	621. 32	23. 29	7. 63	3. 90	34. 83	8. 2	2. 9	5. 2	5. 6
1970 ~ 1996	205. 53	183. 50	54. 10	443. 13	19. 07	4. 05	3. 29	26. 41	9. 3	2. 2	6. 1	6. 0
1956 ~ 1996	206. 01	185. 43	54. 23	445. 67	14. 34	2. 79	2. 36	19. 50	7. 0	1. 5	4. 3	4. 4

注：据冉大川等研究资料整理。

b. 淤地坝拦沙量计算

(1)坝地拦沙指标。根据《黄河流域水土保持基本资料》(黄河上中游管理局，2001)提供的资料，截至 1999 年底，北洛河流域共建淤地坝 1 326 座，坝地 3 628 hm^2(折合 54 420亩)，已拦泥 12 897 万 m^3，计算得每公顷坝地拦泥 3. 555 万 m^3(折合每亩坝地拦泥 2 370 m^3)。

(2)1997 ~ 2006 年坝地拦沙量计算。北洛河流域 2006 年坝地面积为 4 280 hm^2，按以上坝地拦沙指标可计算出到 2006 年北洛河流域坝地总拦沙量为 15 215. 4 万 m^3，取容重 1. 4 t/m^3，折合 21 301. 6 万 t，然后将总拦沙量分配到各年代，根据冉大川等分析成果，1956 ~ 1969 年拦沙量为 6 307. 7 万 t，占总拦沙量的 29. 6%，1970 ~ 1979 年的拦沙量为 6 364. 8万 t，占 29. 8%，1980 ~ 1989 年拦沙量为 1 250. 6 万 t，占 5. 9%，1990 ~ 1996 年拦沙量为 4 349. 2 万 t，占 20. 4%，则 1997 ~ 2006 年拦沙量为 14. 3%，即 21 301. 6 × 0. 143 = 3 046. 1(万 t)，年均拦沙量为 304. 6 万 t。

有了坝地的拦沙量之后，扣除推移质和人工垫地等可求得坝地减沙量，即 W_{s1} = 3 046. 1万 t × $(1-\alpha_1)(1-\alpha_2)$ = 3 046. 1 万 t × 0. 8 × 0. 85 = 2 071. 3 万 t，年均 207. 1 万 t。

(3)淤地坝减蚀量。淤地坝减蚀量按下式计算：

$$\Delta W_{s2} = k\Delta W_{s1} \tag{4-30}$$

式中　ΔW_{s2}——淤地坝减蚀量；

ΔW_{s1}——淤地坝减沙量；

k——减蚀系数。

根据冉大川等研究，北洛河流域淤地坝减蚀系数为 4. 4%。据此，1997 ~ 2006 年北洛河流域减蚀量 $\Delta W_{s2} = 0.044\Delta W_{s1} = 0.044 \times 2\,071.3 = 91.1$(万 t)。

c. 淤地坝拦沙、减蚀计算结果

1997 ~ 2006 年北洛河流域淤地坝拦沙减蚀总量为：

$\Delta W_s = \Delta W_{s1} + \Delta W_{s2} = 2\,071.3 + 91.1 = 2\,162.4$(万 t)，平均每年拦沙 216. 2 万 t。

4) 水利工程拦沙量计算

a. 水库工程拦沙量计算

水库拦沙量可由淤积量直接计算，也可根据淤积率推算，据对北洛河流域水库调查，100 万 m^3 以上水库 19 座，控制面积 3 080 km^2，总库容 21.6 亿 m^3，至 1991 年淤积 3.7 亿 m^3，占总库容的 17.1%（见表 4-26），小型水库淤积量占总库容的 22.4%（见表 4-27）。计算时，小型水库往往只有库容而无淤积量，因此可根据现有资料的淤积率，推算 1997～2006 年水库淤积量。有了水库淤积量 ΔV，其减沙量按下式计算：

$$\Delta W_{sh} = (1-\alpha)\times\Delta V\times\gamma \tag{4-31}$$

式中　ΔW_{sh}——水库减沙量；

α——水库淤积物中推移质所占比例，取 $\alpha=0.15$；

γ——水库淤积物的干容重，北洛河取 $\gamma=1.4\ t/m^3$。

北洛河流域现有水库 93 座，总库容 30 658 万 m^3，其中库容在 100 万 m^3 以上的水库有 21 座，控制面积 3 080 km^2，总库容 21 586 万 m^3，至 1991 年淤积 3 665.8 万 m^3，占总库容的 17.1%（见表 4-26）；100 万 m^3 以下小型水库 72 座，总库容 9 072.6 万 m^3，至 1983 年淤积 2033.66 万 m^3，淤积率为 22.4%（见表 4-27）。

北洛河水库绝大部分是 1970 年后修建的，根据收集到的 1983 年部分 100 万 m^3 以上水库淤积资料，1971～1983 年 13 年共淤积 1 390.7 万 m^3，淤积率为 10.7%，年均淤积 107 万 m^3（见表 4-49），而到 1991 年 100 万 m^3 以上水库淤积率为 17.1%，年淤积增长率为 1%，年均淤积 193 万 m^3（3 665.8/21 + 3 665.8/21 × 0.1），小型水库年均淤积量 156 万 m^3，两者合计年均淤积量为 349 万 m^3，假定年均淤积速度按线性增加，可推得 1997～2006 年淤积量为 3 490 万 m^3，按容重 1.3 t/m^3 计，折合 4 537 万 t，年均 453.7 万 t。

表 4-49　北洛河流域部分 100 万 m^3 以上水库特征值统计（截至 1983 年）

库名	县名	水系	河流	建库时间（年-月）	控制面积（km^2）	库容（万 m^3）	淤积量（万 m^3）
林皋	白水	洛河	白水	1970-12	330	3 300	320
胜利	澄城	洛河	大洛	1973-08	210	520	32
故县	白水	洛河	白水	1976-01	409.5	686.3	37.1
石沟	志丹	洛河	石沟	1975-12	51	493	170
榆林	富县	洛河	小河	1974-12	103	130	5
拓家河	洛川	洛河	仙姑河	1974-08	295.2	2 765	90
西河	宜君	洛河	前河	1975-08	107.5	785.16	60.3
福地	宜君	洛河	五里镇河	1965-11	120	820	378
郑家河	黄陵	沮河	淤泥河	1973-03	73	1 175	18
川口	富县	葫芦河	党家川	1976-11	114	375	1
大申号	富县	洛河	大申号川	1959-05	198	314	5

续表 4-49

库名	县名	水系	河流	建库时间（年-月）	控制面积（km^2）	库容（万 m^3）	淤积量（万 m^3）
柳稍湾	富县	洛河	牛武川	1970-11	158	230	1.8
党沟	宜君	洛河	徐家河	1973-01	12.1	125	3
李家河	宜君	洛河	雷塬河	1978-05	65	268	61.1
凉台	甘泉	洛河	府村沟	1977-05	61	204	1
四沟门	定边	洛河	新安边河	1980-08	68.5	740	200
尧门河	黄龙	洛河	石堡川	1977-01	65	117.5	2.4
阎庄	黄陵	洛河	南川	1974-01	32	130	5
合计						13 177.96	1 390.7

注：据张胜利调查资料。

b. 灌溉引水引沙计算

北洛河流域有修建于 20 世纪 30 年代初期的洛惠渠，该渠干支渠全长 237 km，灌溉面积 5.173 万 hm^2，是北洛河流域引水引沙最大的灌区，此外，流域内有各种小型渠道 140 余条，灌溉面积 0.14 万 hm^2，其中比较大的有富县的富张渠、跃进渠、双进渠和胜利渠等 4 条，共灌溉面积 600 hm^2。洛惠渠和富张渠观测资料比较完整，统计各年引水引沙资料（见表 4-50）可知，各年代引水引沙虽有一定的差异，但由于这两个灌区都是老灌区，灌溉面积比较稳定，从各年代的引水引沙实测资料来看，各年代年均引水引沙相差不大。由于仅收集到 1997 ~ 2004 年洛惠渠的引水资料，故按 1997 ~ 2004 年引水平均情况推算到 1997 ~ 2006 年，洛惠渠年均引水量为 1.52 亿 m^3；由于没有收集到富张渠的近期资料，故取 20 世纪 80 年代与 1990 ~ 1996 年引沙平均值作为 1997 ~ 2006 年引沙量（见表 4-51），从表 4-51 所列成果可以看出，1997 ~ 2006 年洛惠渠年均引水 1.52 亿 m^3，引沙 490.23 万 t，富张渠年均引水 717.2 万 m^3，引沙 0.625 万 t，两渠合计年均引水 1.59 亿 m^3，年均引沙 490.86 万 t。

5）河道冲淤量计算

从北洛河泥沙输移规律分析来看（见表 4-31），20 世纪 80 年代以前个别断面的淤积经 90 年代两次大洪水的冲刷，已基本冲刷殆尽；作者 2000 年进行“黄河中游产沙输沙规律”研究时曾对北洛河吴起、志丹的泥沙输移比进行了研究，得到的认识是，北洛河的泥沙输移比在 0.9 以上，未进入下一河段的泥沙，约不足 10% 泥沙在洪水漫滩时沉积在河谷两侧的河漫滩上，北洛河流域 1997 ~ 2006 年并未发生较大洪水，因此在计算 1997 ~ 2006 年水利水保减水减沙作用时可暂不考虑河道冲淤问题。

表 4-50　北洛河流域引水引沙统计(1969 ~ 2004 年观测资料)

年份	洛惠渠洑头站		富张渠张村驿	
	径流量(亿 m^3)	沙量(万 t)	径流量(亿 m^3)	沙量(万 t)
1969	1. 22	319	0. 272 4	5. 12
1970	1. 792	957	0. 330 9	2. 57
1971	1. 981	837	0. 258 2	3. 88
1972	2. 04	848	0. 255 3	0. 631
1973	2. 619	1 560	0. 699 3	2. 14
1974	2. 206	809	0. 166 8	0. 284
1975	1. 632	121	0. 162 2	0. 766
1976	2. 814	432	0. 115 8	0. 646
1977	3. 31	1 620	0. 066 3	2. 5
1978	3. 06	1 040	0. 050 7	0. 556
1979	2. 82	1 150	0. 048 2	0. 53
1970 ~ 1979 合计	24. 274	9 374	2. 153 7	14. 503
平均	2. 427 4	937. 4	0. 215 37	1. 450 3
1980	2. 97	902	0. 079	0. 65
1981	2. 13	670	0. 046 3	0. 55
1982	2. 12	65. 3	0. 047	0. 51
1983	1. 77	28. 9	0. 053	0. 6
1984	2. 03	411	0. 048	0. 52
1985	2. 45	495	0. 037 5	0. 5
1986				
1987	1. 84	470	0. 054 1	0. 61
1988	1. 89	470	0. 026 1	0. 563
1989	2. 279	439	0. 067 5	0. 563
1980 ~ 1989 合计	19. 479	3 951. 2	0. 458 5	5. 066
平均	2. 1643	439. 022 2	0. 050 9	0. 562 9
1990	2. 3		0. 067 7	
1996	1. 33			
1997	1. 31			
1998	0. 999			
1999	1. 153			
2000	0. 781			
2001	2. 083			
2002	2. 05			
2003	1. 711			
2004	2. 081			

注:空白处未收集到资料。

表 4-51　北洛河流域洛惠渠及富张渠灌溉引水引沙量统计计算

时段	引水量(万 m^3)			引沙量(万 t)		
	洛惠渠	富张渠	合计	洛惠渠	富张渠	合计
1956 ~ 1969	871.43	194.57	1 066	22.79	0.37	23.16
1970 ~ 1979	24 274	2 153.7	26 427.7	937.4	1.45	938.85
1980 ~ 1989	21 643	509	22 152	439.02	0.56	439.58
1990 ~ 1996	24 308.26	925.38	25 233.64	541.44	0.69	542.13
1997 ~ 2006	15 169.14	717.19	15 886.33	490.23	0.625	490.86

6)人类活动新增水土流失量的计算

a. 北洛河流域人类活动新增水土流失分析

随着流域内社会经济的发展和人口的高速增长,流域内基础设施建设和不合理人类活动造成的新增水土流失也不可忽视。因此,在计算 1997 ~ 2006 年水利水保措施减水减沙作用时,人类活动新增水土流失也是应考虑的重要影响因素。虽然近年来流域内人们对环境保护的加强以及近期大力提倡生态修复,陡坡开荒虽有趋缓之势,但在少数粮食紧缺、燃料紧缺的贫困山区,陡坡开荒、毁林开荒还难以杜绝;修路是新增水土流失的一种主要产沙方式,但铁路(如西延铁路)已基本到运行期,一些人为破坏的地表有的已被建筑物覆盖,有的已进行了环境整治,有的已恢复了植被,新增水土流失可以忽略不计;近期造成新增水土流失的主要项目为陡坡开荒、毁林开荒、修路、开矿等。因此,在计算近期(1997 ~ 2006 年)水利水保措施减水减沙作用时,人类活动新增水土流失主要考虑陡坡开荒、毁林开荒、修路、开矿等。

b. 北洛河流域人类活动新增水土流失的计算

(1)陡坡开荒增洪增沙计算。陡坡开荒增洪增沙采用以下简化公式计算:

$$\Delta W = f_k(M_1 - M_2) \tag{4-32}$$

$$\Delta W_s = f_k(M_{s1} - M_{s2}) \tag{4-33}$$

式中　ΔW——开荒增加的径流量;

f_k——开荒面积;

M_1——坡耕地产流模数;

M_2——荒地产流模数;

ΔW_s——开荒增加的产沙量;

M_{s1}——坡耕地产沙模数;

M_{s2}——荒地产沙模数。

开荒增水增沙模数是根据坡耕地小区与天然荒坡小区对比求得的。本次计算采用黄委绥德水保站 1958 ~ 1963 年径流场的 40 个小区年资料(其中坡耕地和天然荒坡各 20 个小区)以及山西省水土保持研究所 1959 ~ 1966 年的小区资料。将各年内的小区资料进行平均,经对比分析可知,天然荒坡径流量与坡耕地基本相同,因此可以认为荒坡开垦后基本不增水;而坡耕地与天然荒坡年冲刷量相比,绥德水保站观测资料前者比后者大 6 570 t/km^2,山西省水保所观测资料大 6 600 t/km^2,说明陡坡开荒两地增沙量大致相同。本次计算，北洛河流域陡坡开荒增沙模数采用 6 570 t/km²。

开荒面积是根据流域内大于25°的坡耕地面积作为陡坡开荒面积确定的。据资料统计，截至1996年，北洛河流域陡坡开荒面积已达7.3万 hm²，1997～2006年10年的开荒面积按流域内农业人口增长比例8.8%确定，得开荒面积7.94万 hm²，则1997～2006年开荒新增水土流失521.7万 t(6 570 t/km² ×0.079 4 km²)。

(2)毁林开荒增洪增沙计算。

①毁林开荒增洪增沙分析评估。北洛河支流葫芦河位于子午岭林区，林区森林曾遭受多次大规模的严重破坏，森林面积急剧减少。据陕西省水土保持局调查，整个延安地区天然林面积20世纪80年代初比50年代减少46.4%，减少最多的是志丹县，该县1949年前，有天然林面积21.17万 hm²，1958年降为12.22万 hm²，1970年再次降为8.47万 hm²，到1980年仅剩下6.38万 hm²，30多年减少14.79万 hm²，占原有天然林面积的70%。北洛河流域有91%的面积属延安地区，按延安地区天然林减少面积的比例推算，北洛河流域天然林面积20世纪80年代比50年代减少4 812 km²(1954年黄河综合利用规划技术经济报告记载当时北洛河流域的天然林面积为10 370 km²)。毁林开荒破坏植被，扰动表土，从而导致侵蚀产沙的增加，遇大暴雨时产沙剧增。这种情况在葫芦河也多次发生，挑选1970年前后降水量、降水历时基本相同或相近的次洪进行比较(见表4-52)，可以看出，由于毁林开荒使径流泥沙增加数倍至数十倍。位于林区的沮河也有类似情况，表4-53为1970年前后相似降水条件下年径流泥沙变化，可以看出，在年降水量相近情况下，径流量变化不大，但输沙量增加很多。

表4-52　葫芦河张村驿站1970年前后几次相似降水径流泥沙变化比较

时段	降水量(mm)	降水历时(h)	洪量(万 m³)	沙量(万 t)	洪峰流量(m³/s)	增加百分数(%)		
						径流量	沙量	洪峰流量
1965-06-02～03	11.4	11.5	94	1	10	1 128.7	39 400	4 560
1977-07-06～07	12.92	11.56	1 155	395	466			
1967-05-18～22	13.65	10.5	465	4	22	148.3	9 775	2 009
1977-07-06～07	12.92	11.56	1 155	395	466			
1965-06-02～03	11.4	11.5	94	1	10	3 351	1 900	900
1981-08-15～16	10.0	12.96	409	20	100			

表4-53　沮河临镇站1970年前后相似降水径流泥沙变化比较

年份	年降水量(mm)	年径流量(亿 m³)	年输沙量(万 t)	增(+)减(-)百分数(%)	
				径流量	输沙量
1969	608.2	1.359	122	86.2	554
1976	648.2	2.530	798		

续表 4-53

年份	年降水量(mm)	年径流量(亿 m^3)	年输沙量(万 t)	增(+)减(-)百分数(%)	
				径流量	输沙量
1970	529.5	1.05	47.6	-33.3	109.2
1979	502.1	0.700	99.6		
1971	530.1	0.637	44.7	9.9	122.8
1979	502.1	0.700	99.6		
1973	577.2	0.629	20.5	50.6	172.7
1978	599.9	0.947	55.9		

据蔡庆、唐克丽等研究，北洛河支流葫芦河和河龙区间南片的汾川河用航片资料抽样调查的结果，在降水相近的条件下，毁林开荒后，两林区输沙量分别比开荒前（1970 年前）增加了 14.6 万 t 和 8.5 万 t，新垦地年均产沙模数分别达到 2 113 t/km^2 和 2 214 t/km^2（见表 4-54）。

表 4-54　葫芦河和汾川河流域毁林开荒增沙量计算成果

流域	水文站	控制面积(km^2)	1957～1970 年		1971～1978 年			1958～1978 年毁林开荒面积 F(km^2)	增沙量 ΔS(万 t)	开荒年均产沙模数(t/km^2)
			降水量 P_1(mm)	输沙量 S_1(万 t)	降水量 P_2(mm)	输沙量 S_2(万 t)	推算输沙量 S_3(万 t)			
葫芦河	张村驿	4 715	637.4	49.7	603.8	60.9	64.3	69.1	14.6	2 113
汾川河	临镇	1 121	540.3	51.1	568.0	62.7	59.6	38.4	8.5	2 214

注：$S_3 = S_2 P_1 / P_2$，$\Delta S = S_3 - S_1$。

②毁林开荒增洪增沙分析计算。毁林增洪增沙按下式计算：

$$\Delta W = f_p W_z \qquad \Delta W_s = f_p W_{zs} \tag{4-34}$$

式中　ΔW——各年代毁林增洪量；

ΔW_s——各年代毁林增沙量；

f_p——各年代林地破坏面积；

W_z——各年代毁林增洪指标；

W_{zs}——各年代毁林增沙指标。

据于一鸣、冉大川等分析，北洛河流域天然林面积 20 世纪 80 年代比 50 年代减少 4 812 km^2，到 1996 年减少到 5 774 km^2。根据刘家河以上黄土丘陵沟壑区和张村驿以上黄土丘陵林区降水径流资料对比分析，林区 1 km^2 产生的年径流量，20 世纪 70 年代比丘陵区少 1.34 万 m^3，80 年代比丘陵区少 0.89 万 m^3，换句话说，破坏 1 km^2 天然林，20 世纪 70 年代平均每年将会增加 1.34 万 m^3、80 年代平均每年将会增加 0.89 万 m^3 的水量流失，1990～1996 年年均增洪 1.57 万 m^3（见表 4-55）。

表 4-55　北洛河流域林区减水量计算指标

时段	刘家河水文站以上(7 325 km^2)			张村驿水文站以上(4 715 km^2)			林区减水量(万 m^3/km^2)
	年降水量(mm)	年均径流量		年均降水量(mm)	年均径流量		
		亿 m^3	万 m^3/km^2		亿 m^3	万 m^3/km^2	
1959～1969	507.7	2.699	3.19	603.1	1.169	2.08	1.11
1970～1979	437.2	2.466	3.00	520.9	0.927	1.66	1.34
1980～1989	400.8	2.189	2.75	551.1	1.208	1.86	0.89
1990～1996	362.3	2.928	4.00	535.5	1.148	2.43	1.57

另据分析,1 km^2 人工林 20 世纪 70 年代年均减沙 0.28 万 t,80 年代年均减沙 0.21 万 t,1990～1996 年年均减沙 0.37 万 t。假定北洛河流域减少的天然林面积有 1/2(即 4 812 km^2/2 = 2 406 km^2)是 1970 年以后破坏的,并假定有 1/2 是 20 世纪 70 年代破坏的,则按照上述增水增沙指标计算,70 年代全流域年均增水量为 1.34 × 2 406/2 = 1 612(万 m^3),增沙量为 0.28 × 2 406/2 = 337(万 t);80 年代年均增水量为 2 141 万 m^3(0.89 × 2 406),增沙量为 505 万 t(0.21 × 2 406);1990～1996 年年均增水量为 4 532 万 m^3(1.57 × 5 774/2),增沙量为 1 068 万 t(0.37 × 5 774/2)。

对于 1997～2006 年毁林开荒增洪增沙量,因 1999 年较 1990 年林地面积有较大恢复,2003 年较 1999 年林地质量有较大提高,侵蚀也随之减轻,现假定 1990 年前破坏面积有 1/2 得到恢复,即由 1996 年的破坏面积 5 774 km^2 减少 2 887 km^2,那么,1997～2006 年林地破坏总面积为 2 887 km^2,故 1997～2006 年年均增水量为 2 266.3(1.57 × 2 887/2)万 m^3,增沙量为 534.1(0.37 × 2 887/2)万 t。

(3)开矿、修路增洪增沙计算。开矿、修路不仅破坏地表原有植被,扰动表土,造成地表抗蚀力降低,而且弃置大量土石,使其成为径流泥沙的主要源地。

①开矿增沙计算。据调查,北洛河流域开矿主要是石油开发,属延安油田的一部分,油井主要分布于北洛河流域上游的吴起、志丹两县。开矿增沙按下式计算:

$$\Delta W_s = nQ\eta \tag{4-35}$$

式中　ΔW_s——开矿增沙量;

n——油井总数;

Q——单井弃土量;

η——流失系数。

据调查,流域内打井总数为 1 200 口左右,单口井弃土量(包括钻井平台及修路等)约为 2.0 万 m^3,流失率按 15% 计算,其流失总量约为 360 万 t,在总量中 20 世纪 90 年代以前约占 40%,90 年代以后约占 60%,假定 1990～1996 年与 1997～2006 年各占 50%,则 1997～2006 年开矿增沙量约为 360 × 0.6 × 0.5 = 108(万 t),年均 10.8 万 t。

②修路增沙计算。北洛河修路增沙主要指修公路和乡村道路的增沙,修路增沙按下式计算:

$$\Delta W_s = LN\eta \tag{4-36}$$

式中　ΔW_s——修路增沙量;

L——修路里程；

N——单位里程移动土方量；

η——流失系数。

据调查，修每千米公路移动土方 2.0 万～5.0 万 m^3，修每千米乡村道路移动土方 1.0 万 m^3。据冉大川等调查，截至 1996 年，北洛河流域公路占地 2 820 hm^2，村道占地 10 280 hm^2，再将公路按平均宽度 12 m、村道按 8 m 分别计算出道路的长度，然后根据单位千米长度移动土石量，在道路建设过程中，通过挖垫平衡后，约有 30% 的移动土方弃于坡面或沟道，在弃土中，村道弃土流失率为 25%，公路弃土流失率为 38%，弃土干容重按 1.35 t/m^3 计算，经计算，1990～1996 年北洛河流域乡村道路年均增沙量为 74.38 万 t，公路增沙量为 72.48 万 t，1997～2006 年 10 年按人口增长率 8.8% 推估北洛河流域乡村道路弃土流失量为 80.9 万 t(74.38×1.088)，公路为 78.86 万 t(72.48×1.088)。

③开矿、修路增洪量计算。开矿、修路破坏了原地表植被，造成地表抗蚀力降低，使其成为径流的一个主要来源。据陕北等地的一些观测资料，矿区、道路的平均径流模数为 6.118 万 $m^3/(km^2 \cdot a)$，与荒地、农地相比，增水模数为 2.08 万 $m^3/(km^2 \cdot a)$，以此乘以新增水土流失面积计算其增水量。冉大川等计算了 1996 年以前的人类活动增洪量，1997～2006年的增洪量按人口增长率 8.8‰推估，其中村道、公路、开矿按 1990～1996 年增洪量乘以 1997～2006 年 10 年增长率 8.8% 计算，毁林开荒增洪量与 1990～1996 年保持同一水平。

(4)人类活动增水增沙计算结果。

参照冉大川等计算成果，经分析计算，北洛河流域人类活动增水增沙量列于表 4-56。

表 4-56　北洛河流域人类活动增水增沙计算成果

时段	增沙量(万 t)					
	乡村道路	公路	开矿	陡坡开荒	毁林开荒	小计
1956～1969	-18.08	-17.58	-6.75	-289.01	—	-331.42
1970～1979	-26.02	-25.32	-9.72	-379.99	-337.00	-778.05
1980～1989	-32.53	-31.65	-12.15	-421.32	-505.00	-1 002.65
1990～1996	-74.38	-72.48	-27.83	-460.21	-1 068.00	-1 702.9
1997～2006	-80.9	-78.86	-10.8	-521.7	-534.1	-1 226.4

时段	增洪量(万 m^3)				
	乡村道路	公路	开矿	毁林开荒	小计
1956～1969	-51.97	-14.26	-18.00	—	-84.23
1970～1979	-74.84	-20.53	-25.92	-1 612.00	-1 733.29
1980～1989	-93.55	-25.66	-32.40	-2 141.00	-2 292.61
1990～1996	-213.82	-58.66	-74.20	-4 532.00	-4 878.68
1997～2006	-232.6	-63.82	-80.7	-2 266.3	-2 640.4

注："-"表示增加。

7)北洛河流域"水保法"减沙作用计算结果

在充分利用已有研究成果的基础上，补充了 1997～2006 年新资料，并对已有成果进行了校核,如1994年实测输沙量为2.632亿t,而冉大川等《黄河中游典型支流水土保持措施减洪减沙作用研究》(2006)中采用9 057万t,本次计算进行了纠正,经分析计算,"水保法"计算结果列于表4-57。由表4-57所列成果可以看出,1997～2006年年均减沙量为1 184.2万t,减沙作用为22.8%。

表4-57 北洛河流域(洑头以上)"水保法"减沙作用计算成果 (单位:万t)

时段	年降水量(mm)	实测年沙量	计算年沙量	水土保持措施减沙量				
				梯田	造林	种草	坝地	小计
1956～1969	559.8	10 780	11 419.7	63.2	406.1	4.8	456.7	929.9
1970～1979	499.4	9 725	11 726.2	250.8	498.4	18.7	663.3	1 431.2
1980～1989	511.0	5 415	6 743.9	370.6	803.1	44.7	145.3	1 363.7
1990～1996	445.8	10 050	11 363.2	423.0	925.8	58.4	656.2	2 063.4
1997～2006	454.7	4 008	5 192.2	399.9	753.8	96.1	216.2	1 466.0

时段	水利措施减沙量			河道冲淤	人为增沙	减沙作用	
	灌溉	水库	小计			减沙量	%
1956～1969	23.3	18.0	41.3	—	-331.4	639.7	5.6
1970～1979	938.8	263.3	1 202.1	146.0	-778.1	2 001.2	17.1
1980～1989	439.5	338.3	777.8	190.0	-1 002.65	1 328.9	19.7
1990～1996	586.0	366.7	952.7	0.0	-1 702.9	1 313.2	11.6
1997～2006	490.9	453.7	944.6	0.0	-1 226.4	1 184.2	22.8

注:1.1997～2006年草地减沙量为草地和封禁减沙量之和;
2.1996年前为引用冉大川等成果,1997～2006年为本次计算成果。

4.3.4.4 水利水保措施减水作用计算

1)减水量计算基本公式

$$W = W_c + \Delta W \tag{4-37}$$

式中 W——计算年径流量(或称天然径流量);
W_c——实测年径流量;
ΔW——各项措施减少的年径流量,其值由下式计算:

$$\Delta W = \Delta W_1 + \Delta W_2 + \Delta W_3 + \Delta W_4 + \Delta W_5 - \Delta W_6 \tag{4-38}$$

式中 ΔW_1——坡面措施减少的年径流量;
ΔW_2——淤地坝减少的年径流量;
ΔW_3——水库减少的年径流量;
ΔW_4——灌溉减少的年径流量;
ΔW_5——工业及城镇生活耗水量;
ΔW_6——人为增水量。

2)坡面措施减水计算

坡面措施主要计算造林、种草、梯田的减水效益,计算公式为:

$$W_i = (1 - k) \sum M_w \eta_i f_i \tag{4-39}$$

式中　W_i——坡面措施减水量；

M_w——流域天然地表径流模数；

η_i——各项措施减水指标，见表 4-58；

f_i——各项措施面积；

k——地下径流补给系数，取 $k=0.055$。

表 4-58　水土保持措施减水指标　(%)

措施	丰水年	平水年	枯水年
梯田	20	40	60
造林	25	35	45
种草	10	15	20
封禁	10	15	20

1997 ~2006 年北洛河(洑头站)年均径流量为 4.666 2 亿 m^3，该站集水面积为 25 645 km^2，年径流模数为 1.819 5 万 m^3/km^2，根据 1997 ~2006 年降水和径流状况，减水指标采用平水年指标，措施面积采用黄河上中游管理局 2008 年 11 月提供的坡面措施量资料，经计算的坡面措施减水量列于表 4-59。

表 4-59　北洛河流域坡面措施减水量计算　(单位：万 m^3)

年份	梯田	林地	草地	封禁
1997	633	1 531	90	25
1998	681	1 666	101	32
1999	710	1 789	115	38
2000	744	1 975	145	45
2001	776	2 231	175	70
2002	809	2 524	203	96
2003	838	2 775	231	140
2004	872	2 901	253	157
2005	914	3 035	269	187
2006	942	3 180	288	225
合计	7 919	23 607	1 869	1 015
年均	791.9	2 360.7	186.9	101.5

3) 淤地坝减水量计算

淤地坝拦泥和拦洪是同时进行的，但拦洪的目的是拦泥，拦蓄的洪水是要排出去的，洪水排出后剩下的只是淤泥，故计算淤地坝的减水量，不考虑其蓄水量。淤地坝拦洪计算包括两部分:一部分是计算已经淤平后作为农地利用的坝地减水量,另一部分是计算仍在拦洪期的淤地坝的拦洪量。

(1)淤平坝地减洪量按下式计算:

$$\Delta W_1 = \eta \Delta W \tag{4-40}$$

式中 ΔW_1——淤平坝地减洪量;

η——淤平坝地减洪量占总拦洪量的比例;

ΔW——淤地坝总拦洪量。

据冉大川等研究,北洛河流域 $\eta = 5.9\%$。

(2)仍在拦洪期淤地坝减洪量计算。仍在拦洪期淤地坝减洪量,其减洪量可根据淤地坝总拦沙量反推。计算公式为:

$$\Delta W_2 = (1 - k)\alpha \Delta W_s / \gamma \tag{4-41}$$

式中 ΔW_2——淤地坝减少的年径流量,m^3;

ΔW_s——淤地坝总拦泥量,t;

γ——坝地淤泥干容重,取 1.35 t/m^3;

α——淤地坝拦洪时的洪沙比,据冉大川等综合分析,淤地坝拦洪时洪沙体积比为 2.652;

k——地下径流补给系数,取 $k = 0.055$。

由此可以求出淤地坝的拦洪量为:

$$\Delta W = \Delta W_1 + \Delta W_2 \tag{4-42}$$

1997~2006 年北洛河流域淤地坝年均拦泥量为 216.2 万 t,则拦洪期淤地坝拦洪量为:

$$\Delta W_2 = (1 - k)\alpha \Delta W_s / \gamma = (1 - 0.055) \times 2.652 \times 216.2/1.35 = 401.4(\text{万 } m^3)$$

淤地坝减洪总量为:

$$\Delta W = \Delta W_1 + \Delta W_2$$

因 $\Delta W_1 = 0.059\Delta W$,代入上式得 $\Delta W = 0.059\Delta W + \Delta W_2$,移项可得 $(1 - 0.059)\Delta W = \Delta W_2$,即 $\Delta W = \Delta W_2/(1 - 0.059) = 401.4/0.941 = 426.6$(万 m^3)。

4)水库减水量计算

对于大型水库来讲,水库减水量由两部分组成,即蓄水变量和蒸发损失量。

水库蓄水变量按下式计算:

$$\Delta W_{3a} = V_{末} - V_{初} \tag{4-43}$$

式中 ΔW_{3a}——水库蓄变量;

$V_{末}$——水库年末蓄水量;

$V_{初}$——水库年初蓄水量。

水库蒸发量按下式计算:

$$\Delta W_{3b} = 1\,000F[E - (P - R)] \tag{4-44}$$

式中 ΔW_{3b}——水库蒸发量,m^3;

F——水库年平均水面面积,km^2;

E——年水面蒸发量,mm;

P——库区年降水量,mm;

R——库区年径流量,mm。

由于北洛河流域水库多为中小型水库,多半是年调节或季调节水库,其蓄水变量和水库蒸发量忽略不计,仅计算水库用水量,根据收集到的北洛河洛川县石堡川水库 1997 ~ 2006 年用水资料,计算得 1997 ~ 2006 年水库年均用水量为 3 118.7 万 m^3。

5)灌溉减水计算

北洛河流域有观测资料的灌渠有洛惠渠和富张渠。洛惠渠是修建于 20 世纪 30 年代的大型渠道,干支渠全长 237 km,灌溉面积 5.173 万 hm^2;自葫芦河引水的富张渠,观测站设立于 1958 年。经分析计算,1997 ~ 2006 年洛惠渠年均引水 15 169.14 万 m^3,富张渠年均引水 717.19 万 m^3(见表 4-51)。

6)工业及城镇生活用水量分析计算

随着不断增长的城镇人口和越来越多的工业生产活动,北洛河流域近期用水量大幅增加。冉大川等在计算北洛河流域近期工业及生活用水时,首先根据水利年报资料,统计流域内各县工业及生活用水取水总量中河川径流量所占比例及数量,再按各县在流域内的面积比例分配到流域逐年计算出北洛河流域工业及生活用水量,该值应乘以耗散系数((取水量 - 排水量)/取水量),北洛河流域取该值为 0.5 进行折减。据冉大川等研究,北洛河流域 20 世纪 50、60 年代年均工业及生活用水量为 501 万 m^3,70 年代为 750 万 m^3,80 年代末为 835 万 m^3,1990 ~ 1996 年年均为 1 460 万 m^3。工业及城镇生活用水量,与流域内人口增长密切相关,并假定人口增加与工业及城镇生活用水量呈线性增加,据表 4-25 资料,北洛河流域人口增长率约为 8.8‰,1997 ~ 2006 年的 10 年间增加 8.8%,据此推算,北洛河流域在 1990 ~ 1996 年年均工业及城镇生活用水量 1 460 万 m^3 的基础上增加 8.8%,即 $1\,460万\ m^3 \times (1 + 0.088) = 1\,588.5$ 万 m^3。

7)北洛河流域水利水保措施"水保法"减水作用计算结果

北洛河流域水利水保措施的减水作用远大于减沙作用。表 4-60 为北洛河流域水利水保措施"水保法"减水作用计算结果,由表 4-60 所列成果可以看出,1997 ~ 2006 年年均减水 2.182 亿 m^3,减水作用为 31.9%。

4.3.4.5 "水保法"计算的水保措施减水减沙成果分析评价

表 4-61 为"水保法"计算的北洛河流域各年代水利水保措施减沙量及减沙百分数,可以看出,洑头以上 1970 ~ 1996 年年均减沙效益均在 20% 以内,其中减沙最多的 20 世纪 80 年代减沙 19.7%,1990 ~ 1996 年年均减沙仅为 11.6%,1997 ~ 2006 年年均减沙效益为 22.8%,近期治理减沙效益较前有所增加,说明 1997 ~ 2006 年计算的减沙作用是比较合理的。

表 4-62 为"水保法"计算的北洛河流域各年代水利水保措施减水量及减水百分数,可以看出,洑头以上 1970 ~ 1996 年年均减水效益均小于 30%,而 1997 ~ 2006 年年均减水作用为 31.6%,较前减水有所增加。

表4-60 北洛河流域水利水保措施"水保法"减水作用计算结果 (单位:万 m³)

时段	年降水量(mm)	实测年径流量	计算年径流量	水土保持措施减水量				
				梯田	造林	种草	坝地	小计
1956~1969	559.8	94 461	97 684.9	68.0	367.0	5.6	1 173.2	1 613.8
1970~1979	499.4	83 487	112 115.1	415.3	865.9	32.2	1 792.1	3 105.5
1980~1989	511.0	92 150	116 668.4	559.9	1 199.0	68.7	438.4	2 266.0
1990~1996	445.8	76 488	107 815.4	647.9	1 425.8	84.0	2 024.6	4 182.4
1997~2006	454.7	46 662	68 482.7	791.9	2 360.7	288.4	426.6	3 867.6

时段	水利措施减水量			工业及生活用水	人为增洪	减水作用	
	灌溉	水库	小计			减少量	%
1956~1969	1 066.0	73.3	1 139.3	501.3	-84.23	3 223.9	3.3
1970~1979	26 097.7	408.2	26 505.9	750.0	-1 733.29	28 628.1	25.5
1980~1989	22 789.6	920.4	23 710.0	835.0	-2 292.61	24 518.4	21.0
1990~1996	30 075.9	487.8	30 563.7	1 460.0	-4 878.68	31 327.4	29.1
1997~2006	15 886.3	3 118.7	19 005.0	1 588.5	-2 640.4	21 820.7	31.9

注:1.1997~2006年草地减水量为草地与封禁减水量之和;

2.1996年前为引用冉大川等研究成果,1997~2006年为本次计算成果。

表4-61 北洛河流域(洑头以上)"水保法"减沙作用计算成果比较

时段	减沙作用	
	减沙量(万 t)	减沙百分数(%)
1956~1969	639.7	5.6
1970~1979	2 001.2	17.1
1980~1989	1 328.9	19.7
1990~1996	1 313.2	11.6
1997~2006	1 184.2	22.8

表4-62 北洛河流域(洑头以上)"水保法"减水作用计算成果

时段	减水作用	
	减水量(万 m³)	减水百分数(%)
1956~1969	3 223.9	3.3
1970~1979	28 628.1	25.5
1980~1989	24 518.4	21.0
1990~1996	31 327.4	29.1
1997~2006	21 564	31.6

4.3.4.6 结论与讨论

1)水利水保措施的减水减沙作用

在总结前人研究成果的基础上,对黄河上中游管理局提供的水土保持措施资料进行了评估,分区计算了水土保持措施数量,改进了计算方法,对坡面措施和沟道措施减水减沙作用以及人类活动新增水土流失进行了计算,计算表明,1997~2006 年北洛河流域年均减沙 1 184.2 万 t,减沙作用为 22.8%;年均减水 2.156 亿 m^3,减水作用为 31.6%。

2)水利水保措施减水减沙作用分析评价

对比分析北洛河流域现状水利水保措施减水减沙作用后认为,北洛河流域 1997~2006 年年均减水减沙计算结果与前人计算的 1996 年前的计算结果衔接,说明计算结果比较合理。

4.3.5 水利水保措施等人类活动对径流泥沙影响的“水文法”分析

所谓“水文法”,是根据水文站的实测水沙资料及流域内的降水资料,通过理论推导或统计分析,建立统计模型,计算水利水保措施减水减沙作用的一种方法。

4.3.5.1 北洛河流域降水产流统计模型分析计算

1)降水径流统计模型的建立与验证

径流量是流域产汇流的集中表现,在一定下垫面条件下,年径流量的变化不仅与汛期降水量有关,而且还与非汛期降水量及降水的集中程度有关。根据北洛河流域自然环境特征,可建立如下降水径流统计模型:

$$W = K(P_s f^m + P_k^n) + C \qquad (4\text{-}45)$$

式中 W——年径流量;

P_s——汛期降水量;

P_k——非汛期降水量;

f——降水集中系数,$f = P_1/P_s$;

P_1——汛期最大 1 日降水量;

m、n——指数,反映汛期和非汛期降水对径流量的影响程度;

K——反映流域产流特征的综合因子系数;

C——常数。

该模型由于考虑了汛期降水变率因素,同时将汛期和非汛期降水对产流的影响分开处理,概念比较明确,这是因为,在分析长时段的降水产流关系时,长时段内的雨量自然包括了不产生径流的降水,虽然这部分降水对产流不产生直接作用,但它使土壤湿润,植物繁茂,间接影响产流,特别是北洛河流域林地较多,非汛期降水增加林地的水源涵养,对产汇流也有一定影响。

令 $P_x = (P_s f^m + P_k^n)$,简称为降水综合因子,则式(4-45)可改写为:

$$W = KP_x + C \qquad (4\text{-}46)$$

用试算法可求得 $m = 0.25$,$n = 0.75$;利用治理前 1959~1969 年北洛河刘家河站、洑头站降水—径流资料,点绘 $W \sim P_x$ 曲线,二者关系较好,建立了如下统计模型:

刘家河站 $$W = 0.008P_x + 0.615\,7 \qquad (4\text{-}47)$$

洑头站　$$W = 0.076P_x - 12.84 \tag{4-48}$$

根据最小二乘法原理,模型验证时不求过程的模拟,只求总量的相同或相近。验证表明,基准期的计算值 W_j 与实测值 W_c 基本相同,刘家河站的累积相对误差为 2%(见表 4-63),洑头站为 0(见表 4-64)。

将治理后的降水资料代入式(4-47)、式(4-48),即可计算出相当于治理前的产流量,再与实测值比较便可求得水利水保措施减水作用。

表 4-63　刘家河站降水产流经验模型验证

年份	f	P_s	P_k	W_c	$f^{0.25}$	$P_k^{0.75}$	P_x	W_j	$(W_c - W_j)/W_j$
1959	0.096	312.4	58.8	3.138	0.56	21.23	195.1	2.177	0.44
1960	0.249	226.5	133.1	1.897	0.71	39.19	199.2	2.209	-0.14
1961	0.152	473.5	176	2.381	0.62	48.32	344.2	3.369	-0.29
1962	0.175	404.6	151.6	1.592	0.65	43.20	304.8	3.054	-0.48
1963	0.167	313.7	144	1.689	0.64	41.57	242.1	2.553	-0.34
1964	0.101	552.9	181.2	4.461	0.56	49.39	360.7	3.502	0.27
1965	0.191	180.7	129.8	1.325	0.66	38.46	157.9	1.879	-0.29
1966	0.135	411.1	78	4.013	0.61	26.25	275.2	2.817	0.42
1967	0.101	419.2	167.5	3.163	0.56	46.56	282.8	2.878	0.10
1968	0.117	366.7	173.6	3.344	0.58	47.83	262.2	2.713	0.23
1969	0.123	339.2	138	2.686	0.59	40.26	241.0	2.544	0.06
合计				29.689				29.695	-0.02

表 4-64　洑头站降水产流经验模型验证

年份	P_1	P_s	P_k	f	$f^{0.25}$	$P_k^{0.75}$	P_x	W_c	W_j	$(W_c - W_j)/W_j$
1959	44.0	404.1	112.5	0.11	0.57	34.5	266.7	5.771	7.42	-0.22
1960	55.6	298.6	165.4	0.19	0.66	46.1	242.3	3.767	5.57	-0.32
1961	57.6	407.7	247.8	0.14	0.61	62.5	312.4	7.702	10.90	-0.29
1962	61.8	393.8	178.3	0.16	0.63	48.8	296.7	6.088	9.70	-0.37
1963	45.3	361.5	187.2	0.13	0.59	50.6	265.7	8.857	7.35	0.21
1964	61.9	482.4	305.5	0.13	0.60	73.1	361.8	19.17	14.65	0.31
1965	59.5	245.9	160.8	0.24	0.70	45.2	217.6	6.493	3.70	0.76
1966	61.9	471.4	118.5	0.13	0.60	35.9	319.7	9.885	11.45	-0.14
1967	40.6	386.8	169.0	0.10	0.57	46.9	267.0	8.224	7.45	0.10
1968	46.2	359.8	196.2	0.13	0.60	52.4	267.8	9.175	7.51	0.22
1969	47.7	374.1	162.0	0.13	0.60	45.4	269.0	8.211	7.60	0.08
合计								93.343	93.30	0

2）北洛河流域水利水保措施减水效益计算

a. 北洛河刘家河站水利水保措施减水效益计算

根据式（4-46），利用 1997 ~ 2006 年刘家河以上降水资料，首先计算降水综合因子 P_x，然后按式（4-47）计算 1997 ~ 2006 年相应于天然状态下的产流量 W_j，计算结果列于表 4-65。由表 4-65 所列成果可知，1997 ~ 2006 年与治理前 1959 ~ 1969 年比较，总减水量为 0.732 亿 m³，其中人类活动影响占 35.9%，降水影响占 64.1%。

表 4-65　刘家河站人类活动与降水影响减水计算　（单位：亿 m³）

时段	W_j	W_{sh}	总减水量	人类活动影响		降水影响	
				减水量	%	减水量	%
1959 ~ 1969	2.699	2.699					
1997 ~ 2006	2.23	1.967	0.732	0.263	35.9	0.469	64.1

注：总减水量为 1969 年前实测水量减 1997 ~ 2006 年实测水量，人类活动影响量为计算值减实测值，降水影响量为 1969 年前计算值减 1997 ~ 2006 年计算值。

b. 北洛河洑头站水利水保措施减水效益计算

根据式（4-46）的降水产流公式，利用 1997 ~ 2006 年的降水资料，先计算降水综合指标：

$$P_x = (P_s f^m + P_k{}^n) \tag{4-49}$$

再根据式（4-48）计算相当于治理前的产流量（见表 4-66），由表 4-66 所列成果可以看出，1997 ~ 2006 年减水 19.1%。在总减水量中，人类活动影响占 29%，降水影响占 71%（表 4-67）。

表 4-66　北洛河（洑头）人类活动减水效益计算

年份	W_j（亿 m³）	W_{sh}（亿 m³）	$(W_j - W_{sh})/W_j$
1997	5.679	2.822	−0.503
1998	5.112	5.222	0.021
1999	1.365	4.590	2.362
2000	3.339	3.937	0.179
2001	9.535	4.829	−0.494
2002	6.934	4.377	−0.369
2003	12.363	10.760	−0.130
2004	3.525	4.115	0.167
2005	4.176	3.164	−0.242
2006	5.679	2.846	−0.499
合计	57.707	46.662	−0.191

4.3.5.2　北洛河流域降水产沙统计模型分析计算

为确切反映流域降水—产沙之间的内在联系和因果关系，需从降水—产沙规律入手，利用统计分析方法，求得主要产沙区自然状态下的降水—产沙经验关系，用以估算减沙效益。

表4-67 北洛河(洑头)人类活动与降水影响减水计算

时段	W_j（亿m³）	W_{shc}（亿m³）	总减水量（亿m³）	人类活动影响		降水影响	
				减水量（亿m³）	占总减水量（%）	减水量（亿m³）	占总减水量（%）
1959～1969	8.482	8.485					
1997～2006	5.771	4.666	3.819	1.105	28.93	2.711	70.99

注：总减水量为1969年前实测水量减1997～2006年实测水量，人类活动影响量为计算值减实测值，降水影响量为1969年前计算值减1997～2006年计算值。

1）北洛河流域降水产沙统计模型的建立和验证

根据多年的研究，北洛河流域产沙量不仅与降水量有关，而且还与降水分配有关，最大1日和最大30日输沙量占全年产沙量的比例较大，从而提出用"降水指标"表示的流域降水—产沙关系：

$$W_s = AK^b \tag{4-50}$$

式中 W_s——流域产沙量；

A——反映流域产沙水平的综合系数；

b——反映降水指标年际变化对产沙量影响的指数；

K——降水指标，反映降水量及降水强度对年产沙量影响的大小。

令

$$K = n_1 M_{x1} + n_2 M_{x30} + n_3 M_{xf} + n_4 M_{xa} \tag{4-51}$$

式中 n_1、n_2、n_3——最大1日沙量、最大30日（或最大月）沙量、汛期沙量占年沙量的比例，其中 $n_4 = 100\% - (n_1 + n_2 + n_3)$，由实施水保措施前实测资料取得；

M_{x1}、M_{x30}、M_{xf}、M_{xa}——最大1日、最大30日（或最大月）、汛期及年流域平均降水量的模比系数，由下式求得：

$$M_{x1} = \frac{X_{1i}}{\overline{X}_1} \quad M_{x30} = \frac{X_{30i}}{\overline{X}_{30}} \quad M_{xf} = \frac{X_{fi}}{\overline{X}_f} \quad M_{xa} = \frac{X_{ai}}{\overline{X}_a} \tag{4-52}$$

式中 X_{1i}、X_{30i}、X_{fi}、X_{ai}——流域内所有雨量站年内最大1日、最大30日（或最大月）、汛期及全年降水量的算术平均值；

$\overline{X}_1$、$\overline{X}_{30}$、$\overline{X}_f$、$\overline{X}_a$——流域内所有雨量站最大1日、最大30日（或最大月）、汛期及全年降水量的多年平均值。

根据北洛河流域1970年前刘家河、张村驿、洑头各站的资料，经统计回归分析，可求得 $W_s = AK^b$ 的 A、b 值。

根据最小二乘法原理，模型验证时不求过程的模拟，只求总量的相同或相近。验证表明，基准期的累积计算值 W_{sj} 与实测值 W_{sc} 基本相同，累积相对误差均小于1%，其中洑头站为0（见表4-68）。

表 4-68　北洛河流域各站降水产沙关系的建立与验证

站名		刘家河	张村驿	洑头
A		1.065	38.89	0.998
b		2.699	5.75	2.50
验证	Ⅰ　$\sum W_{sj}$	11.005	598.15	17.101
	Ⅱ　$\sum W_{sc}$	10.998	596.09	17.029
	(Ⅰ－Ⅱ)/Ⅱ	0.064	0.035	0.00

将治理后的降水资料代入建立的降水产沙关系式，即可计算出相当于治理前的产沙量，再与实测值比较便可求得水利水保措施减沙作用。

2)1997～2006 年北洛河流域水利水保措施减沙效益计算

a. 北洛河刘家河站水利水保措施减沙效益计算

根据式(4-51)，首先由实施水保措施前实测资料计算沙量模比系数 n_1、n_2、n_3，其中 $n_4=1-(n_1+n_2+n_3)$，根据北洛河刘家河站治理前 1959～1969 年资料求得：n_1、n_2、n_3、n_4 分别为 0.285、0.286、0.405、0.024，然后，再按式(4-52)，根据多年平均实测资料求得降水模比系数，按式(4-51)计算 K 值，再按刘家河站降水产沙关系

$$W_{sj}=1.065K^{2.699} \tag{4-53}$$

由 K 值计算 1997～2006 年产沙量，计算值减去实测值 1997～2006 年减沙量，从而计算减沙效益(见表 4-69)。从表 4-69 所列成果可以看出，1997～2006 年北洛河流域减沙 50.9%。在总减沙量中，人类活动影响约占 60%，降水影响约占 40%(见表 4-70)。

表 4-69　刘家河水文法减沙计算

年份	K	W_{sj}(亿 t)	W_{sc}(亿 t)	$(W_{sc}-W_{sj})/W_{sj}$
1997	0.67	0.36	0.555	0.539
1998	0.80	0.58	0.344	－0.412
1999	0.71	0.43	0.76	0.778
2000	0.73	0.46	0.367	－0.201
2001	1.15	1.56	0.631	－0.596
2002	1.05	1.23	0.448	－0.635
2003	1.00	1.06	0.136	－0.872
2004	0.94	0.91	0.266	－0.708
2005	0.86	0.71	0.166	－0.767
2006	0.78	0.54	0.059	－0.890
合计		7.84	3.732	－0.524

表 4-70　北洛河刘家河站人类活动与降水对减沙影响作用计算　（单位：亿 t）

时段	W_{sj}	W_{sc}	总减沙量	人类活动影响		降水影响	
				减沙量	占总减沙量（%）	减沙量	占总减沙量（%）
1959～1969	1.000	1.000					
1997～2006	0.784	0.373	0.627	0.411	65.50	0.216	34.50

注：总减沙量为1969年前实测沙量减1997～2006年实测沙量，人类活动影响量为计算值减实测值，降水影响量为1969年前计算值减1997～2006年计算值。

b. 北洛河洑头站水利水保措施减沙效益计算

根据式(4-51)，首先由实施水保措施前实测资料计算沙量模比系数 n_1、n_2、n_3，其中 $n_4=1-(n_1+n_2+n_3)$，根据北洛河（洑头）治理前1957～1969年资料（见表4-71），可求得：$n_1=0.196$，$n_2=(0.563-0.196)=0.367$，$n_3=(0.928-0.563)=0.365$，$n_4=0.072$。

表 4-71　北洛河洑头站不同时段沙量　（单位：亿 t）

年份	最大1日	最大30日	汛期(6～9月)	全年
1957	0.108	0.238	0.376	0.404
1958	0.246	0.951	1.82	1.870
1959	0.431	1.15	1.43	1.490
1960	0.112	0.305	0.274	0.620
1961	0.082	0.236	0.504	0.559
1962	0.065	0.157	0.305	0.327
1963	0.061	0.181	0.402	0.540
1964	0.178	0.852	2.01	2.070
1965	0.104	0.154	0.173	0.186
1966	0.673	1.15	2.15	2.200
1967	0.177	1.04	1.24	1.300
1968	0.225	0.686	1.31	1.380
1969	0.284	0.793	1.01	1.070
合计	2.746	7.893	13.004	14.016
平均	0.196	0.563	0.928	1.078

然后，再按式(4-52)，根据多年平均实测资料求得降水模比系数，从而计算 K 值（见表4-72），再按式(4-54)由 K 值计算1997～2006年输沙量，计算值减去实测值得1997～2006年减沙量，从而计算减沙效益（见表4-73）。

$$W_{sj}=0.998K^{2.5} \tag{4-54}$$

从表4-73所列成果可以看出，1997～2006年北洛河流域减沙50.9%。在总减沙量中，人类活动影响约占60%，降水影响约占40%（见表4-74）。

表4-72　北洛河（洑头）降水指标 K 值计算

年份	X_{1i}	X_{30i}	X_{fi}	X_{ai}	X_{1i}/X_1	X_{30i}/X_{30}	X_{fi}/X_f	X_{ai}/X_a	0.196 M_{x1}	0.367 M_{x30}	0.365 M_{xf}	0.072 M_{xa}	K
1997	49.41	148.25	340.37	448.67	0.906	0.811	0.955	0.867	0.178	0.298	0.348	0.062	0.886
1998	52.06	163.15	280.75	474.74	0.955	0.893	0.787	0.917	0.187	0.328	0.287	0.066	0.868
1999	43.35	125.76	225.43	351.54	0.795	0.688	0.632	0.679	0.156	0.253	0.231	0.049	0.688
2000	42.32	124.8	295.24	393.51	0.776	0.683	0.828	0.760	0.152	0.251	0.302	0.055	0.760
2001	72.00	199.74	399.61	509.99	1.320	1.093	1.121	0.985	0.259	0.401	0.409	0.071	1.140
2002	56.28	166.95	333.91	499.86	1.032	0.913	0.937	0.966	0.202	0.335	0.342	0.070	0.949
2003	62.91	197.34	465.96	646.11	1.153	1.080	1.307	1.248	0.226	0.396	0.477	0.090	1.189
2004	54.45	149.85	284.43	366.19	0.998	0.820	0.798	0.708	0.196	0.301	0.291	0.051	0.839
2005	47.44	149.88	305.7	407.38	0.870	0.820	0.857	0.787	0.170	0.301	0.313	0.057	0.841
2006	49.41	148.25	340.37	448.67	0.906	0.811	0.955	0.867	0.178	0.298	0.348	0.062	0.886
多年平均	54.54	182.78	356.54	517.52									

表4-73　北洛河流域水文法减沙作用计算

年份	K	W_{sj}（亿t）	W_{sc}（亿t）	$(W_{sc}-W_{sj})/W_{sj}$
1997	0.886	0.737	0.58	-0.213
1998	0.868	0.701	0.489	-0.302
1999	0.688	0.392	0.82	1.093
2000	0.76	0.503	0.346	-0.311
2001	1.14	1.385	0.7	-0.495
2002	0.949	0.876	0.442	-0.495
2003	1.189	1.538	0.218	-0.858
2004	0.839	0.643	0.275	-0.573
2005	0.841	0.647	0.109	-0.832
2006	0.886	0.737	0.029	-0.961
合计		8.159	4.008	-0.509

表4-74　北洛河（洑头）人类活动与降水影响减沙效益计算　（单位：亿t）

时段	W_j	W_{shc}	总减沙量	人类活动影响		降水影响	
				减沙量	占总减沙量（%）	减沙量	占总减沙量（%）
1969年前	1.069	1.069					
1997～2006年	0.816	0.400 8	0.668 2	0.415 2	62.1	0.253	37.9

注：总减沙量为1969年前实测沙量减1997～2006年实测沙量，人类活动影响量为计算值减实测值，降水影响量为1969年前计算值减1997～2006年计算值。

4.3.6　主要结论及存在问题

4.3.6.1　主要结论

1）近期泥沙变化及成因分析

水保法计算的北洛河流域水利水保措施减沙作用表明，1997～2006 年水土保持措施年均减沙 1 466.0 万 t，水利措施年均减沙 944.6 万 t，人为增沙 1 226.4 万 t，水利水保措施减沙扣除人为增沙，水利水保措施年均减沙 1 184.2 万 t，减沙效益为 22.8%。在水利水保措施总减沙量 2 128.8 万 t(1 184.2 + 944.6)中，水保措施减沙占 55.6%，水利措施占 44.4%。在水保措施减沙量中，坝地减沙占 14.7%，造林占 51.4%，梯田占 27.3%，种草和封禁占 6.6%；在水利措施减沙量中，灌溉减沙占 52.0%，水库占 48%。

水文法计算的降水和人类活动减沙的影响表明，刘家河站 1997～2006 年与基准期相比，输沙量减少 6 270 万 t，其中人类活动影响占 65%，降水影响占 35%；洑头站 1997～2006 年与基准期相比，输沙量减少 6 682 万 t，其中人类活动影响减沙 4 152 万 t，占 62.1%，降水影响减沙 2 530 万 t，占 37.9%。从刘家河站与洑头站分析计算的成果来看，北洛河流域的减沙主要是刘家河以上的减沙，两站人类活动减沙约占 60%，降水影响约占 40%。

2）近期水量变化及成因分析

用水保法计算的水利水保措施减水作用表明，1997～2006 年水土保持措施年均减水 3 867.6 万 m^3，水利措施年均减水 19 005.0 万 m^3，工业及生活用水 1 588.5 万 m^3，人为增洪 2 640.4 万 m^3，前三者相加扣除人为增洪，水利水保措施和工业及生活用水年均减水 21 821 万 m^3，减水效益为 31.8%。在水利水保措施总减水量 22 872.6 万 m^3(3 867.6 + 19 005.0)中，水保措施减水占 16.9%，水利措施占 83.1%；在水保措施减水量中，造林减水占 61.0%，坝地减水占 11.0%，梯田减水占 20.5%，种草及封禁减水占 7.5%；在水利措施减水量中，灌溉减水占 83.6%，水库减水占 16.4%。

用水文法计算的人类活动和降水对减水的影响表明，1997～2006 年与基准期比较，刘家河站总减水量为 7 320 万 m^3，其中人类活动影响占 36%，降水影响占 64%；洑头站 1997～2006 年与基准期比较，径流量减少 3.819 亿 m^3，其中人类活动影响减水 1.105 亿 m^3，占减水总量的 29%，降水影响减水量为 2.711 亿 m^3，占减水总量的 71%。从刘家河与洑头站分析计算来看，径流量的大量减少主要发生在刘家河以下，就人类活动与降水影响来看，降水影响占 60%～70%，人类活动影响占 30%～40%。

4.3.6.2　存在问题

面对北洛河这样一条情况复杂、研究难度很大的河流，虽然研究取得了一定进展，但还存在许多问题，其中最主要的是基本资料和计算方法问题。

1）基本资料问题

北洛河流域水文、泥沙资料观测站多属陕西省所辖，而且近期资料都没有刊印，资料收集难度较大，各单位从不同渠道收集的资料差别较大。现举例说明如下。

表 4-75 为水资源公报与陕西省提供的资料对比情况，可以看出，2000～2006 年两家年输沙量基本相同，而径流量相差较大。水资源公报年径流量较陕西省提供的年径流量

大近 2 亿 m^3,其原因尚待分析,本次计算采用陕西省提供的资料。

表 4-75　北洛河洑头站年径流、泥沙资料

年份	水资源公报的资料		陕西省为本次研究提供的资料		径流量差值(亿 m^3)
	径流量(亿 m^3)	输沙量(亿 t)	径流量(亿 m^3)	输沙量(亿 t)	
2000	5. 88	0. 34	3. 937	0. 345	1. 943
2001	6. 911	0. 70	4. 829	0. 70	2. 082
2002	6. 428	0. 442	4. 377	0. 442	2. 051
2003	12. 47	0. 218	10. 76	0. 218	1. 71
2004	6. 197	0. 275	4. 115	0. 275	2. 082
2005	5. 491	0. 109	3. 164	0. 109	2. 327
2006	4. 451	0. 029	2. 846	0. 029	1. 605

2)计算方法问题

a. 人类活动与水利水保措施减沙计算问题

水文法计算的是人类活动减沙量,水保法计算的是水利水保措施减沙量,人类活动既包括水利水保措施也包括其他人类活动,尤其值得指出的是,随着社会经济的发展,近期其他人类活动影响有增加之势,如已建高垫方铁路、公路对坡面产流产沙的拦蓄或改变水流方向与流路使水沙沿程滞留,或由于桥梁的修建使水流受阻造成河道淤积;河道川地、滩地的大量开发利用,拦阻坡面产流产沙进入河流;农业种植方式的改变(由种植农业变为设施农业)、畜牧方式的改变(由放牧改为禁牧)等改变下垫面条件及农业产量的提高改变覆被条件减少产流产沙,以及集流、集雨工程对径流、泥沙的拦蓄、利用和耗损等,特别是近期退耕还林还草等生态修复工程,对产流产沙也将带来较大影响,这些都是目前未包括在水利水保措施中难以计算的其他人类活动。

根据笔者对河龙区间 20 世纪 80 年代的减沙分析,降水减少与人类活动对减沙的影响大致各占 50%,在人类活动影响泥沙量的 50% 中,约有 30% 是水利水保措施的影响,约有 20% 是由于改变下垫面条件的其他人类活动影响造成的。就北洛河而言,水文法计算人类活动减沙占 62. 1%,水利水土保持措施减沙为 22. 8%,那么,其他人类活动减沙占 39. 3%,可见其他人类活动影响之大,这一问题有待深入研究。

b. 水文法与水保法计算问题

北洛河流域面积较大,自然环境条件复杂,水土流失类型多样,所建立的统计模型,难以全面反映流域产流产沙状况,同时收集到的年径流、泥沙资料也存在不少问题,加之 1997 ~ 2006 年使用的雨量站资料较建立模型时使用的雨量站资料少近一半,使统计的流域平均雨量存在偏小因素,故使 1997 ~ 2006 年计算的产流产沙量偏小,从而使计算的 1997 ~ 2006 年减沙作用偏大。

从水文法分析来看,1997 ~ 2006 年人类活动减沙为 4 152 万 t,而水保法计算结果为

1 184.2 万 t,偏大较多,我们认为除人类活动减水减沙与水利水保措施减水减沙区别外,水文法的理论基础是降水径流关系具有不变性,也就是评价期的降水径流关系与基准期的相同,这样的理论假设,往往会使连续枯水期的径流泥沙量估算偏大,这也是一个重要原因。

从水保法来看,水保法计算减沙作用是按单项措施分别计算的,没有考虑其内在的联系和相互影响,如梯田、林、草等坡面措施,不仅可以减少坡面水土流失,由于水不下沟或少下沟,将大大减少沟道的侵蚀;淤地坝不仅对上游有减沙减蚀作用,由于其蓄水、削峰作用,同样会减少下游河道的侵蚀。此外,水保法系数较多,有些系数难以准确确定,往往带来人为指定性误差;水保法计算减水量涉及降水变化、治理程度、措施结构、土壤水运动、水的回归以及其他人类活动等很多动态因素,相互作用情况十分复杂,目前的计算方法比较粗略,同时,灌溉及城镇生活和工农业用水量等也缺少详细的观测资料。根据"八五"攻关的研究,这几个方面的因素可使水保减水减沙计算带来10%~20%的误差。另外,北洛河流域人为增洪增沙较大,抵消了一部分水利水保措施减水减沙作用,这也是水利水保措施减沙偏小的一个原因。

综上所述,无论水文法还是水保法都存在一定的问题,今后应进一步改进计算方法,提高成果精度。

参考文献

[1] 张胜利,于一鸣,姚文艺.水土保持减水减沙效益计算方法[M].北京:中国环境科学出版社,1994.

[2] 熊运阜,等.梯田、林地、草地减水减沙效益指标初探[J].中国水土保持,1996(8).

[3] 顾文书.黄河水沙变化及其影响的综合分析报告(第一期)[M]//汪岗、范昭.黄河水沙变化研究.第一卷(上册).郑州:黄河水利出版社,2002.

[4] 张胜利,李倬,赵文林,等.黄河中游多沙粗沙区水沙变化原因及发展趋势[M].郑州:黄河水利出版社,1998.

[5] 李勇,等.黄河水沙特性变化研究[M].郑州:黄河水利出版社,2004.

[6] 刘善建.从对比分析看森林对水文河流的影响[J].人民黄河,1984(3).

[7] Liang Qichun, Wei Tao, Liu Hanhu. Developing the ecological self - rehabilitation capability and speeding up the control and harnessing of soil and water loss in the upper and middle reaches of the Yellow River[C]//Proceedings of the 3nd international Yellow River Forum on sustainable water resources management and delta ecosystem maintenance . Volume Ⅲ. The Yellow River Conservancy Publishing House, 2007,10:158-167.

[8] 唐克丽,等.黄河流域的侵蚀与径流泥沙变化[M].北京:中国科学技术出版社,1993.

[9] 冉大川,等.黄河中游典型支流水土保持措施减洪减沙作用研究[M].郑州:黄河水利出版社,2006.

[10] 蔡庆,唐克丽.植被对土壤侵蚀影响的动态分析[J].水土保持学报,1992(2).

第5章 开发建设项目新增水土流失预测及入黄泥沙对黄河影响研究

5.1 概论

5.1.1 开发建设项目新增水土流失预测的必要性与迫切性

5.1.1.1 我国开发建设项目新增水土流失概况

我国是世界上水土流失最严重的国家之一,水土流失面积大,分布广,强度烈,危害重。严重的水土流失已对中国的生态安全、粮食安全、防洪安全和水土资源安全构成重大威胁,已成为制约中国经济社会可持续发展的一个重要因素。调查表明,我国水土流失面积达356万km^2,占国土总面积的37.1%,平均每年流失土壤45亿t。目前水土流失防治面临的形势依然十分严峻,防治任务十分艰巨,特别是一些开矿、修路和建厂等的建设单位法制观念和水土保持意识淡薄,蓄意逃避水土保持法律责任,拒不落实水土保持"三同时"制度,乱砍滥伐,乱采乱弃,造成大量的人为水土流失。"全国水土流失和生态安全科学考察"成果显示,"十五"期间,全国各类建设项目扰动土地面积5.53万km^2,弃土弃渣量92.1亿t,每年因生产建设活动新增的水土流失面积超过1.5万km^2,增加的水土流失量超过3亿t,水土流失不仅使水土资源遭到严重破坏,同时也是造成面源污染的一个重要原因。据估算,每年水土流失给我国带来的经济损失相当于GDP的2.25%左右,带来的生态环境损失难以估算。

据《陕西日报》报道,作为能源大省的陕西省,目前已探明煤炭储量1 663亿t,石油储量11.9亿t,天然气储量5 858亿m^3。天然气、原煤储量分别位于全国第二、第三位,其中神府煤田探明储量1 400多亿t,为世界第七大煤田。2007年煤炭、石油、天然气的产量就分别达到了1.72亿t、1 985万t和110亿m^3。不可否认,近年来,煤炭、石油、天然气资源的大规模开发,确实带动了陕西省的经济发展。但是,资源的开采必然伴随着水土流失和环境破坏,最新数据显示,截至目前,陕西省因煤炭开采直接造成的水土流失面积5万多hm^2;陕北油气田开发累计因开挖、压埋、扰动直接破坏地貌植被面积达数十万公顷,排放弃土弃渣1.5亿多t,年新增水土流失量达1 800万t。据估算,全省每年仅煤炭、石油、天然气资源开采水土流失造成的经济损失至少在25亿元以上。相关专家认为,在目前的这种体制下,作为能源大省的陕西省,在给国家作出巨大贡献的同时,却给本地留下了巨大的环境隐患:能源的开发破坏了植被、加剧了水土流失,污染了土壤、空气和水体,造成了地下水位下降,淤积河道,破坏了水利基础设施,加剧了洪涝灾害,降低了岩土稳定性,改变了土壤理化性质,危害了农田,甚至造成一批"生态灾民"。

据不完全统计,在石油开采中,仅靖边和定边两个县就由于井场整建、入场道路开通以及相关设施建设累计破坏植被约 0.73 万 hm^2，弃土覆盖植被约 0.33 万 hm^2，增设各类输油、气管线破坏植被 0.2 万 hm^2。

榆林的府谷、神木、榆阳等县（区）的煤炭开采区地下水位均明显下降，数十处井泉泄露，淤坝干涸，导致人畜饮水困难。仅神木县境内就已有数十条河流地表径流断流，20 多个泉眼干枯，黄河主要支流窟野河因一年 2/3 以上时间断流变成季节河。

铜川市在长期的煤炭资源开采中，形成约 180 km^2 的采空区和 270 多 km^2 的塌陷区，遗留大小矸石山 150 多处，堆放矸石 4 500 多万 t。

过去我们往往认为丘陵地区是水土流失的集中地，而对平原地区关注比较少，事实上，平原地区的土壤和黄土高原并没有太大差异，如果利用不当也很容易造成严重的水土流失。

过去一般认为农村的山丘区是造成水土流失的主要地区，近年来，随着城市化进程的迅速发展，城市化中开发区建设热潮以及大规模的基础设施和生产设施建设、房地产开发等，人类对自然界的干预程度加剧，开发规模巨大，开发技术参差不齐，造成城市中水土流失呈逐渐增多的趋势。其危害主要有：破坏生态环境；泥沙淤积河床、沟道，影响城市防洪，破坏基础设施；破坏景观，损害城市形象，影响投资环境和城市可持续发展。

大量事实表明，开发建设造成的新增水土流失尤为令人关注，特别是随着西部建设速度的加快，人类对自然的索取会不断增加，产生新的水土流失因素增多，对环境的压力越来越大，使本来脆弱的生态环境更加脆弱，现今开发建设中人为水土流失已成为西部脆弱生态环境的最大环境问题，而且人为水土流失继续呈扩大趋势，需引起高度重视。

5.1.1.2　晋陕蒙接壤地区开发建设项目造成的新增水土流失问题

1）晋陕蒙接壤地区开发建设概况

晋陕蒙接壤地区位于晋西北与鄂尔多斯高原的交接地带，涉及山西、陕西、内蒙古 3 省（区）、5 市、13 个县（区、旗），总面积 5.44 万 km^2，人口 320 万人。区内蕴藏丰富的煤炭、石油、天然气等资源，已开发建设的神府、东胜、准格尔、河东等四大煤田储煤面积达 3.3 万 km^2，已探明储量 2 800 亿 t，远景储量 6 745 亿 t。据调查，截至 2007 年底，已建和在建的大、中、小建设项目 2 349 个，其中煤炭开采项目 607 个，电力项目 110 个；在已建成的项目中，国家级项目 61 个，千万吨以上的大型煤炭开采项目 10 个；正在新建和改建的国家级大型项目 73 个，其中千万吨以上的大型煤炭开采项目 7 个，初步统计 2007 年原煤产量已超过 2.5 亿 t。与煤炭开发利用相配套的铁路、公路、电力、化工等项目陆续兴建，据不完全统计，已建成铁路 700 km，新建、改建公路 1 100 km，已建电力项目总装机容量超过 2 000 万 kW，已建和在建的以煤炭、天然气为原料的化工项目生产能力超过 600 万 t。该区生产建设项目规模大、数量多，而且呈现不断增加趋势，目前，该区域已成为我国正在建设的能源重化工基地。然而，值得指出的是，这里不仅是开发建设项目集中区，也是黄河洪水泥沙集中来源区，生态环境敏感而脆弱，水土流失本来就很严重，在这一地区进行大规模开发建设，极易造成新的人为水土流失。

2）晋陕蒙接壤地区开发建设项目对水土流失的影响调查

黄委晋陕蒙接壤地区水土保持监督局 2008 年 7 月底在乌兰木伦河及活鸡兔沟调查，河道被挖的千疮百孔，弃土弃渣遍布整段调查河谷，在不足 25 km 的调查河谷中，因河道乱采滥挖、向河道弃土弃渣、修建临时储煤场、建设商用混凝土站圈河圈地建楼房等,共堆积了弃土弃渣1 000万m^3之多,挤占了包神铁路桥5孔,河道行洪断面不足50%,存在着严重的防洪安全隐患和重大人为水土流失事件发生的可能。黄河上中游管理局于2007年组织的黄河河口镇至天桥库区段沿岸人为水土流失调查表明,在90 km的河段上,由于1990年前后修建山西省沿黄公路、采矿(石)、倾倒城市垃圾和"五小"企业尾矿废渣等,共向黄河河谷弃土弃渣368.05万m^3,致使黄河天桥库区出现"库心岛";2007年下半年,山西省沿黄公路改扩建工程开工,大量弃渣再次直接弃入黄河。307国道陕西境内吴堡至靖边高速公路建设过程中,向黄河吴堡水文站断面附近河谷弃倒土石11万m^3,向无定河丁家沟水文站断面附近河谷弃土约16万m^3,向支、毛沟的大量弃土,未进行治理,损毁新建水土保持骨干坝1座和淤地坝8座。

黄河水土保持生态环境监测中心、黄委晋陕蒙接壤地区水土保持监督局对晋陕蒙接壤地区典型调查表明,调查的23个建设项目共产生弃土弃渣982.4万m^3,占地面积64.78 hm^2,弃土弃渣的平均堆积厚度15.17 m,在建设期采取水土保持的情况下,弃土弃渣直接入河流失量52.87万m^3,平均流失率为5.38%。

此外,煤炭开采除在矿井建设中大量弃土弃渣、扰动地面和生产过程中因排矸而易产生人为水土流失外,对环境影响最大的是采空区地面塌陷、裂缝引发的问题。据黄委晋陕蒙接壤地区水土保持监督局调查,山西省保德县境内的康家滩矿,是一个设计年产2 000万t的大型现代井矿,从2002年试产到2005年7月,塌陷面积已达2.3 km^2,塌陷区内山体滑坡、地面开裂,加剧重力侵蚀;神东矿区补连塔矿采空塌陷区属于丘陵盖沙区,裂缝最密处每25 m宽的范围内就有11条,地面裂缝最宽达44 cm,裂缝两侧高差最大为42 cm,井田内原有的一座小水库也因地裂而废弃干枯;神东公司榆家梁矿采空区塌陷区地面裂缝密度为5~10 m一条,最大裂缝宽度达100 cm以上,裂缝两侧高差大于200 cm。生态环境的这些变化,将影响矿区所在河流水文条件,使水沙发生变化。

3)晋陕蒙接壤地区开发建设项目对水资源的影响

开发建设项目诱发的地面塌陷、裂缝、滑坡等,不仅加剧了侵蚀,而且使"三水循环系统"遭到一定程度的破坏,加剧了当地水资源的短缺,使矿区所在河流枯水量发生了巨大变化。

晋陕蒙接壤地区煤炭埋深一般在100~300 m,如果采用回采放顶的方式开采,煤层顶板及其上覆物将发生水平位移和垂直位移,进而产生裂缝,同时煤层挖空后形成地下集水廊道,即使顶板全部垮落,也因塌落物松散而形成集水廊道,由于地下集水廊道的形成和裂缝的出现,煤层顶板以上的地下水及廊道四周岩层中的裂隙水将通过裂隙、裂缝向廊道中集中,这种情况首先导致地下水位显著降低,延长了地下潜水与地表水的交换(循环)路径,减少了地下潜水向地表的供给量,进而造成区域地表水与河川径流量的大量减少。据调查,位于神府东胜矿区的大柳塔矿,由于井田范围内地下水位降低,当地居民民用井全部干枯;位于毛乌素沙地南缘、榆溪河流域草滩的陕西省榆林市中能煤矿,该矿在投产初期已经造成采空区地下水位显著下降,当地农民因地下水不能补给已不能再种植小麦,只能种耐旱性较强的玉米等作物,且灌水次数明显增加,同时当地的柳树等乔木也开始枯萎;准格尔露天矿的煤层埋深不足100 m,煤炭开采后周边的民用井全部干枯,目前神木县境内已有数十条河道断流，20多眼泉水干涸。神木境内的窟野河干流已经成为季节性河流。

煤炭开采造成的地下水位下降、水资源短缺必将对当地经济发展带来重大影响，随着该区域煤炭资源的大规模开发，将会进一步加剧地下水位的下降，形成较大的漏斗，不仅减少当地河川径流的补给量，甚至河道中的部分水也会“漏”掉，届时，不仅支撑当地经济的煤、电、化工等产业因缺水而不得不限产或停产，甚至榆林、神木等当地中心城市的发展也受到制约，进而影响到当地经济社会的长远发展。

5.1.2　开发建设项目新增水土流失预测的目的性

国家为防治开发建设项目造成的新的水土流失，规定开发建设项目必须编报水土保持方案，编制开发建设项目水土保持方案的主要目的是使因开发建设造成的新增水土流失得到有效控制，工程设施安全得到保障，泄入下游河道的泥沙显著减少，生态环境得到明显改善。而要防治新增水土流失，必先要能得知新增水土流失的数量、起因及发展趋势，因此必须对开发建设项目进行新增水土流失预测。据此，在开发建设项目水土保持方案编制中，水土流失预测是非常重要和必不可少的环节。其主要目的如下：

（1）为因害设防提供依据。编制水土保持方案的基本出发点，就是为了防治工程建设中造成的水土流失，只有弄清流失的程度、流失的数量、流失的形式和时空分布等，方案编制才能做到有的放矢，各种措施才能做到因害设防、科学布设。

（2）为修正主体工程设计布局提供依据。水土流失预测的结果还可为项目主体工程的选址（线）、布局、工艺设计提供修正依据，凡是预测结果显示将造成难以修复的环境危害，或可能存在重大生态环境安全隐患和造成重大经济损失的项目，主体工程都应进行适当变更。

（3）确定业主水土流失防治责任范围。预测的结果还是界定业主单位水土流失防治责任范围（包括时间范围和空间范围）和水土保持设施补偿费征收的依据。

（4）为水土保持监督执法提供依据。水土流失预测结果是水土保持监督执法的重要依据。

5.1.3　国内外研究的历史和现状

20世纪80年代，随着黄河中游地区开发建设规模的不断增大，特别是煤气田资源开发项目和大批路、电等配套项目的迅猛发展，造成当地水土流失剧增，建设项目所带来的人为水土流失逐步引起了人们的重视。“七五”、“八五”期间，国家有关部门组织中科院等单位对开发建设新增水土流失及其对环境的影响进行了大量研究，国家自然科学基金、水利部水沙变化基金和水利技术开发基金、黄委水土保持基金也相继开展了此项研究，取得了一系列研究成果。早在1984年，北京师范大学环境科学研究所就完成了“安太堡露天煤矿环境影响评价报告书”（生态部分）；1985年黄河水利科学研究院受内蒙古环境科学研究所的委托，进行了“内蒙古准格尔煤田第一期工程地表形态破坏环境影响评价”，对矿区开发新增水土流失和土地沙漠化进行了预测；1987年，陕西省水土保持勘测规划研究所提出了“神府东胜矿区水土流失环境影响评价报告书”；1986～1990年，中国科学院黄土高原综合考察队提出了“黄土高原地区矿产资源评价”等系列研究成果,研究了煤田开发建设中人为新增水土流失及对入黄泥沙的影响;1987 ~ 1993 年,水利部黄河水沙变化研究基金,研究了“神府东胜矿区开发对水土流失和入黄泥沙的影响”;1988 ~ 1992 年,国家自然科学基金重大项目“黄河流域环境演变与水沙运行规律研究”,研究了“黄河中游大型煤田开发对侵蚀和产沙影响”;1996 年,李文银等编著了《工矿水土保持》一书。2005 年,黄委黄河上中游管理局、黄委晋陕蒙接壤地区水土保持监督局完成了“黄河中游地区开发建设项目新增水土流失预测研究”;2006 年,水利部、中国科学院、中国工程院共同组织完成了“全国开发建设项目人为水土流失调查”。自 1991 年国家颁布实施的《水土保持法》规定了开发建设项目水土保持工作的“三同时”制度,开发建设项目水土流失预测作为一项重要内容广泛应用在水土保持方案编制中,并编制了大量水土保持方案。

历史经验告诉我们,辽阔的西北大地并不是未被开垦的处女地,这里残存的城堡废墟、屯田遗址证明,古代的开发者早已涉足于此,只是在生态环境遭受破坏之后才背井离乡投奔他方,而今我们又在这一地区进行大规模开发建设,需要谨慎对待生态环境问题,特别是水土流失和土地沙漠化等严重威胁人类生存和发展的生态环境问题。

国外也不乏开矿新增水土流失增加河流泥沙的实例。矿山排土场或弃土堆,既不平整,又无植被,常常在采矿活动停止多年之后,仍因自然降雨而继续侵蚀。在美国肯塔基州麦克克利里郡研究露天采矿对洪水和水质的影响表明了这种采矿形势对河流输沙量的影响(柯里尔等,1964)。肯塔基州南部坎恩支流流域露天开采矿对水文影响的研究揭示,从未开垦的弃土堆那部分流域来的实测平均年产沙量为 27 000 t/mi^2(柯里尔,1964、1971),相反,该地区一些未采矿流域的年产沙量只有 25 t/mi^2。煤炭的露天开采改变了流域的自然过程,对侵蚀和产沙变化的观测表明,无论是悬移质还是推移质泥沙都显著地增加了。在美国肯塔基州布雷锡特郡里斯乌德河的三个小流域,在开矿期其最大含沙量分别为 46.4 kg/m^3、26.9 kg/m^3 和 9.6 kg/m^3,而相邻的森林地带测到的最大含沙量在露天开矿前仅为 0.15 kg/m^3,其增加倍比达百倍以上。

在美国约有 1 500 个大型露天煤矿。加利福尼亚州北部的锡拉内华达山脉西坡,1849 ~ 1914年的大规模采矿活动,有多于 11.5 亿 m^3 的弃土弃渣倾倒在萨克拉门托河及其支流。在下游河漫滩、萨克拉门托河的通航水道以及离采矿操作地区下游 161 km 的旧金山湾,已经导致严重的泥沙问题,1972 年萨克拉门托河流域的排水和洪水以及通航水道的修建和维护问题,均可归因于一个世纪前的采矿活动。

5.1.4 开发建设项目水土流失的主要方式与特点

5.1.4.1 开发建设项目新增水土流失的主要方式

(1)开发建设过程中因废弃的土、岩石或其混合物未采取水土保持措施而任意堆放所产生的水土流失,其侵蚀方式有重力侵蚀(泻溜、崩塌、泥石流等)、水蚀(渣土堆表面的水蚀、渣土直接入河被水冲走)和风蚀。重力侵蚀和水蚀为主要侵蚀方式。

(2)开发建设或生产过程中因破坏地表土壤结构、破坏地面植被、开挖岩土使土壤基岩裸露而造成新的地表面(土质面或岩质面)抗蚀力下降,比原地表多增了新的水土流失,其侵蚀形态以水蚀、风蚀为主。

(3)开发建设或生产过程中根据设计使移动后的岩土按一定密实度在指定位置有序地堆放,因堆积体表面未采取水保措施或水保措施尚未发挥效能而产生水土流失,侵蚀方式一般有水蚀、风蚀。

(4)开发建设或生产过程中因施行地下挖、采而导致地面裂陷(地表下沉、地面裂缝),使地下水循环系统遭到破坏所产生的地表植被枯萎死亡、土地沙化而加重的风蚀、水蚀或穴陷、穴蚀等,它对生态环境的影响是长远的而且是不可逆转的。

5.1.4.2　开发建设项目新增水土流失主要特点

(1)开发建设项目初期,人类活动强度显著增大,水土流失难以防治和控制,容易造成大量新的水土流失,这是开发建设项目的一个显著特点。

开发建设项目新增水土流失主要指矿山、交通等基本建设及其相应的配套工程直接造成的水土流失。在这里,应特别强调“新增”和“直接”,主要指因开发建设增加的那部分水土流失,而且是开发建设项目本身直接造成的。

任何开发建设项目,都将占用土地,铲除植被,破坏地表,挖掘、移动、弃置大量土石,这些弃置的土石,一般傍沟就坡,松散堆积,有的甚至直接倾倒在河(沟)中,成为降雨和径流直接冲刷的对象,增加侵蚀产沙。根据调查观测,开发建设项目新的水土流失不外有四种表现形式:第一种称之为弃土弃渣的水土流失;第二种称之为裸露地貌的水土流失;第三种称之为堆垫地貌的水土流失;第四种称之为裂陷地貌的水土流失。根据观察,在开发建设项目中,裂陷地貌目前范围不大,其新增水土流失机理复杂,一般不作为重点区域进行研究。一般将裸露地貌和堆垫地貌统称为“人为扰动地面”。所以,开发建设项目新增水土流失(也称人为水土流失)的主要来源地是弃土弃渣和人为扰动地面(以下简称扰动地面)这两种下垫面。只是因建设项目的类型不同、所在的地貌类型区不同,其产生扰动地面、弃土弃渣的数量及其特征不同,进而导致了人为水土流失量的不同。根据实地调查和观察,开发建设水土流失有以下特点:

①开发建设新增流失量包括扰动地面上的水土流失和弃土弃渣产生的水土流失,以弃土弃渣产生的水土流失为主;弃土弃渣水土流失又包括两部分:一是弃土弃渣直接入河被河道洪水冲走而造成的流失,二是弃土弃渣其余部分因降雨径流侵蚀而造成的流失。

②线形(公路、铁路、管线等)项目的水土流失强度大于点片状(厂、矿、城镇建设等)项目。主要表现在,线形项目的弃土弃渣堆放分散、随意、无序,弃土弃渣直接入河量较多,点片状项目的弃土弃渣堆放较集中、有序,而弃土弃渣的流失量在开发建设水土流失总量中的比重往往较大。

③一般而言,建设项目规模越大,水土保持工作相对搞的越好。

④风沙区的项目,建设期水土流失强度比扰动前显著加大,特别是在植被较好的地区更是如此。

(2)开发建设项目使侵蚀方式复杂化,加剧水力侵蚀,诱发重力侵蚀。

开发建设移动的土石,抗蚀抗冲性大为降低,在降雨和径流作用下,加剧水力侵蚀。

根据极限平衡条件,岩土的稳定安全系数 F 可由下式表示:

$$F = 抗剪强度 / 剪切力$$

土壤的抗剪强度系指土壤对土粒移动所产生的最大阻力,可由下式计算:

$$S = C + P \cdot \tan\Phi \tag{5-1}$$

式中 S——抗剪强度；

C——凝聚力；

P——垂直于剪切面的有效压力；

$\tan\Phi$——摩擦角为 Φ 的摩擦系数。

通过试验，可求得不同干密度的 C、Φ 值，这样就可利用上式求得 S 值，从而可对加剧水土流失进行分析。

①页岩风化试验。

野外调查表明，开矿裸露于地表的页岩（包括煤矸石）极易风化成碎屑，从而使抗蚀能力降低，导致产沙粗化（见表5-1），从表5-1所列成果可以看出，强风化带页岩凝聚力可减小10倍以上，同时内摩擦角减小，而含水量和孔隙度增大，这就使抗剪强度减小，继而容易失稳而流失。

表5-1 页岩风化参数试验资料

项目	强风化带	弱风化带	非风化带
凝聚力（kg/cm^2）	1.08	10.48	12.00
内摩擦角	22°10′	30°	32°
天然含水率（%）	15.2	12.48	8.23
孔隙度（%）	32.20	23.46	20.23

②土壤试验。

黄土遭受扰动后，土壤抗侵蚀能力降低，极易发生水土流失。黄河水利科学研究院对内蒙古准格尔煤田黄土土壤试验表明，在自然情况下土壤的干密度为1.52 t/m^3，而挖掘堆积的松散堆积物的干密度为1.3～1.4 t/m^3，由于干密度的减小，使土壤的凝聚力 C 和内摩擦角 Φ 减小，从而使土壤的抗蚀能力降低，土壤的可蚀性增大（见表5-2），由表5-2所列试验资料可知，不同土壤不同干密度情况下，开矿后比开矿前土壤可蚀性增大2.3～12.7倍。

表5-2 不同土壤不同干密度的参数试验资料

项目	开矿前（$\gamma_1 = 1.52\ t/m^3$）		开矿后（$\gamma_2 = 1.40\ t/m^3$）		C_1/C_2
	C_1（t/m^3）	Φ_1（°）	C_2（t/m^3）	Φ_2（°）	
重壤土	1.89	4.0	0.82		2.3
轻粉质壤土	1.27	22.9	0.10	21.5	12.7
混合土	1.31	15.2	0.41	12.5	3.20
重粉质壤土	0.70	19.8	0.15	16.7	4.67

上述侵蚀变化，也可以利用唐存本泥沙起动拖曳力公式加以计算说明：

$$\tau_{\sigma} = 1/77.5[3.2(\gamma_s - \gamma)D + (\gamma_b/\gamma_{b0})^{10}K/D] \tag{5-2}$$

式中　τ_σ——拖曳力，g/m^2；

γ_s——岩土的容重，取2.7 g/cm^3；

γ——水的容重，1 g/cm^3；

γ_b——床面泥沙的容重，g/cm^3；

γ_{b0}——床面泥沙达到密实后的容重，g/cm^3；

K——常数，为2.9×10^{-4} g/cm；

D——中数粒径，mm，假定开矿前后不变。

取原生地面土壤，此时$\gamma_b/\gamma_{b0}=1$；松散堆积物取两组：一组是开矿前$\gamma_{b0}=1.52$ t/m^{3}和开矿后$\gamma_b=1.40$ t/m^3；另一组取土壤击实密度$\gamma_{b0}=1.60$ t/m^{3}和开矿后$\gamma_b=1.30$ t/m^3，作为极限情况计算，用唐存本公式计算的结果列于表5-3，由表5-3所列成果可以看出，因煤田松散堆积物导致泥沙起动拖曳力减少为原生土壤拖曳力的1/2～1/4.5，据此，同样可以论证因煤田堆积的松散堆积物抗侵蚀强度减小2～4.5倍。

表5-3　开矿前后不同干密度泥沙起动拖曳力变化

干密度(t/m^3)	开矿前 $\gamma_b=\gamma_{b0}$	开矿后 $\gamma_b=1.3$ $\gamma_{b0}=1.6$	开矿后 $\gamma_b=1.4$ $\gamma_{b0}=1.52$	拖曳力变化	
	(1)	(2)	(3)	(1)/(2)	(1)/(3)
τ_σ(g/m^2)	16.4	3.63	8.2	4.5	2.0

由于煤田开发建设严重破坏了地表形态，使大量岩石土体移动和堆积，减少了径流系数，依据煤田“可行性报告”提供的资料，径流系数可减小60%～75%（见表5-4）。径流系数的减小，使入渗量增大，这样土体容易达到饱和，在相同干密度情况下，土壤的抗蚀性显著降低。

表5-4　采掘场与内排土场径流系数的变化

项目地段	正常情况下		暴雨期	
	径流系数	减少(%)	径流系数	减少(%)
采掘场	0.40	75	0.50	60
内排土场	0.10		0.20	

不仅如此，开矿后剥离的岩石土体，由于物理化学作用，极易风化成碎屑，导致颗粒组成粗化；同时，由于新移动的岩石土体经风化后，抗蚀能力显著减小，使本来重力侵蚀就很强烈的土壤侵蚀变得更为严重。

此外，弃置的土石一般是自然堆积的高陡坡，是未经压实的土石混合物，其中大块石还存在“架空”现象，雨水容易渗入斜坡，又因斜坡是相对弱透水层，渗水沿斜坡溢出，弃置土石容易失稳，导致滑坡发生，如遇特大暴雨，弃置土石还可能发生泥石流。

综上所述，开发建设项目初期水土流失的特点主要表现在流失量大、类型多样、破坏速度快、防治难度大，如对弃土及废料不及时采取有效处理措施，开矿后比开矿前土壤抗蚀能力可能降低1/2~1/4,需要特别注意加以防护。

5.1.5 开发建设项目水土流失的影响因素

影响矿区水土流失的因素有自然因素和人为因素两个方面,土壤水蚀的自然因素主要是地形、土壤、地质、植被和气候等。评价区内冲沟多、地形起伏、相对高差较大、植被稀疏、土质疏松、降雨集中、暴雨多发等,都有利于水蚀发生和发展。

土壤风蚀沙化主要是在自然及人为因素的综合作用下形成和发展的。气候干燥、降雨稀少、温差变化大、风多风大、植被稀疏、地表土质松散,有利于风蚀的发生和发展。

一般而言,人类的开发建设和生产活动加剧了水土流失,因为它改变了地表形态,使原生地表受到扰动,或形成新的人造地形、地貌,如扰动地表土壤结构、破坏植被、弃土弃渣、排矸场、贮灰场、路基、路堑、塌陷区等,改变了环境的自然要素,导致了环境抗风蚀、水蚀能力的降低,加剧了水土流失。总之,干旱和半干旱地区的自然条件及人类的开发建设与生产活动都有助于水土流失的产生和发展。研究表明,无论山区还是平原,无论乡村还是城市,凡开发建设项目都将占用土地,破坏地表,铲除植被,挖掘、移动或堆积大量岩石、土体,在暴雨洪水作用下,增加河流泥沙,并使产沙粗化,国内国外概莫能外。

5.1.6 开发建设项目水土流失预测中存在的主要问题

一般编制水土保持方案时间紧迫,对开发建设项目侵蚀产沙机理和水土流失预测方法研究不够。主要表现在:

(1)开发建设项目新增水土流失基础性试验研究薄弱,缺乏定位观测和动态监测,难以确定开发建设引起的水土流失的量化指标;理论研究滞后,对开发建设项目新增水土流失机理研究不够,目前尚无合理可行、比较满意的预测方法和预报方程。

(2)预测值与实际情况存在一定差距,预测结果往往不切合实际。差距最大的是弃土弃渣量,按照主体工程设计,土石方经平衡后弃方应很小,但在实际施工中,施工企业为了经济利益,一般就近"弃余"或"挖缺",使实际弃方远远大于设计值,而这些弃方又未进入防治范围,导致人为水土流失量较大,致使预测值与实际情况存在一定差距,预测结果难以切合实际。

5.2 开发建设项目新增水土流失预测

人为新增水土流失预测方法较多,下面介绍几种常用的方法。

5.2.1 流失系数法

流失系数又叫流失比,它是弃土弃渣流失量与弃土弃渣总量的比值。流失系数法是计算分析弃土弃渣水土流失量的一种传统方法。它仅适用于以水蚀为主的弃土弃渣流失量的分析计算。这种方法的关键是如何确定弃土弃渣数量和流失系数,流失量由流失系数与弃土弃渣量相乘而得。以下主要介绍晋陕蒙接壤地区以煤炭开发为主的水土流失的估算。

5.2.1.1 弃土弃渣量的估算

弃土弃渣量的计算,在空间上要分区,在时间上要分期。例如,估算煤田开发排弃土石量时,可将煤田开发排弃土石量在空间上分为煤炭生产、运输、供水、供电、工民建及建材、工业及生活垃圾系统等不同组成部分;在时间上分为基建施工期和生产运行期等不同时段。可采用以下方法估算。

1)煤炭生产系统

煤炭生产系统的弃土弃渣是矿区开发中排弃土石数量的主要部分,包括露天开采和井矿开采弃土弃渣两部分,而每一类中又分为基建期和生产运行期两种情况。煤炭生产系统的弃土弃渣的估算,可视矿山开发具体情况,采用以下方法估算:

(1)排弃土石数量可从矿区可行性研究报告或矿山设计报告中直接提取。如内蒙古准格尔煤田第一期工程主要开采黑岱沟露天矿,在矿山可行性研究报告中直接给出了基建期和生产运行期历年外排量,故可直接计算。

(2)对于可研报告中不能直接提供排弃土石量的矿山,可根据可研报告中提供的生产规模和现有一些煤炭开采参数加以估算。例如神府东胜矿区,可如下估算:

①井矿。设井矿弃土弃渣量为 W_{S1},其计算公式如下:

$$W_{S1} = aG_1 + bG_2 \tag{5-3}$$

式中 G_1、G_2——井矿初期生产能力和采煤期生产能力,万 t,其值可从矿区可行性研究报告中直接确定;

a、b——相应于 G_1、G_2 的废弃土石排弃系数,m^3/t。

不同生产规模的矿井,其 G 值是不同的,对于大型矿井来说,如柠条塔井矿主副井巷道均为2 000 m,井口断面面积为15～17 m^2,从而得出主副井巷道开挖外排土石量6万～6.8万 m^3,矿井初期生产规模 G_1 为150万t,故废弃土石排弃系数 a 为0.04～0.045 m^3/t(6万～6.8万 m^3/150万t)。此外,考虑到井口平整场地,建平台等也会移动一些土石,因此取排弃系数 a =0.05 m^3/t。b 为井矿生产期外排废弃物的矸石含量,据可行性研究报告,井矿区矸石含量为4.1%,故取 b =0.041 m^3/t。

②露天矿。设露天矿弃土弃渣量为 W_{S2},其计算公式如下:

$$W_{S2} = G_a + (b_1 + b_2)G_2 \tag{5-4}$$

式中 G_a——露天矿基建期挖沟外排量,可由可行性研究报告中直接获取;

b_1——覆盖层剥离后不能全部内排而丢弃的废弃物系数,如神府东胜矿区其数量相当于煤炭生产量的40%,故取 b_1 =0.4 m^3/t;

b_2——煤矸石外排系数,其含量较井矿高,平均为11.43%,故取 b_2 =0.114 3 m^3/t;

G_2——露天矿开采规模。

2)运输系统

为开发当地资源,国家和有关部门必须先修路。在晋陕蒙接壤地区,这些道路一般沿河靠沟,而且多次跨越沟川河谷和起伏较大的山区,有大量桥隧工程,修路时就近向河(沟)弃土弃渣;道路修成后,又成了新的集水槽,水流集中之后冲刷严重,由此造成的水土流失可能不亚于修路时所带来的直接破坏。因此,修路弃土弃渣也是排弃土石量的重要组成部分。

修路主要指铁路、公路建设，其弃土弃石量一般由新建铁路、公路长度乘以每修 1 km 铁路、公路长弃土弃石量求得。可由下式表示：

$$W_{S3} = aL \tag{5-5}$$

式中　W_{S3}——铁路、公路弃土弃石数量，万 m^3；

a——新修 1 km 铁路、公路长弃土弃石数量，万 m^3；

L——新修铁路、公路长度，km。

a 值可由已建铁路、公路调查获取，据我们和有关单位调查，黄河中游地区，干线公路每修 1 km 移动土石 4.2 万 m^3，乡级公路每修 1 km 移动土石 2.1 万 m^3；新修 1 km 铁路移动土石约 10 万 m^3。

L 值可从可行性研究报告或生产建设单位获取。

3）供水系统

交通和水源建设是矿山开发的前提。供水需铺设供水管道，铺设管道需开挖沟槽，故有弃土排出。弃土包括两部分：一是管道本身所占体积；二是因开挖破坏了原土体结构，使原来密实的土壤变成疏松土壤而不能全部回填的部分，排弃系数可按下式计算：

$$\alpha = (VC + V_1)/[(1 + C)V] \tag{5-6}$$

式中　α——排弃系数；

V_1——管道所占体积；

V——开挖体积；

C——土壤膨胀系数。

根据对准格尔煤田的土壤试验资料，在自然状态下，土壤的干容重为 1.52 t/m^3，而挖掘堆积的松散土壤干容重为 1.3～1.4 t/m^3，土壤干容重的减小，意味着同重量堆放体积的增大，其增大比例为 8%～15%，故取土壤膨胀系数 C 为 8%～15%。排弃系数求出后，再乘以开挖移动土量即可求出排弃量。

4）供电系统

供电系统建设排弃土石主要指架设线路铁塔和变电站开挖地基的弃土弃石，可根据电力部门的资料求出动土量，然后乘以排弃系数求得。排弃系数可大致取土壤膨胀系数 8%～15%。

5）建材生产系统

随着煤炭生产规模的扩大和矿区人口的不断增加，工业及民用建筑材料需求量也迅速增长，在矿区建筑材料主要指石料和建筑用砖。采石时，取走石料，留下石渣，据在神府东胜矿区调查，每取 1 m^3 石料约废弃石渣 0.33 m^3；砖的出材率约为 85%，建筑每 100 m^2 用砖 2.62 块（约 38 m^3/块），石料 18 m^3，井巷工程每 1 万 t 设计能力用石料约 300 m^3，从而可以计算出工业及民用建筑弃渣量。但需指出的是，建材生产系统的弃渣多为碎石与砖块，而且所处部位较高，对悬移质泥沙贡献不大。

6）工业及生活垃圾系统

工业垃圾主要包括电厂及集体供热系统排渣两部分。电厂排渣量可用下式估算：

$$W_{S4} = DG_4 \tag{5-7}$$

式中　D——煤炭中矸石含量；

G_4——电厂耗煤量。

采暖系统排渣量主要由供暖负荷确定,可由下式估算:

$$W_{S5} = \frac{M_p}{\eta M_t} Td \tag{5-8}$$

式中　W_{S5}——采暖系统排渣量;

M_p——供暖系统总装机容量,kJ/h;

M_t——煤的发热率,kJ/t;

η——锅炉热效率系数;

T——年供热时数,h;

d——矸石含量。

生活垃圾的排弃量主要取决于人口数量,一般按每人每天排弃垃圾1~1.5 kg计算。

综上所述,对于大型矿山来说,生产系统和运输系统的弃土弃渣量为主要部分,供水系统、供电系统、建材生产系统、工业及生活垃圾系统等项目的弃土弃石可以直接估算,但数量相对较小,根据我们对神府东胜矿区一、二期工程的估算,供水系统、供电系统、建材生产系统、工业及生活垃圾系统等排弃土石数量约占总排弃土石数量的1.6%,并考虑到一些不可预见的排弃量,因此通常在估算的生产系统和运输系统弃土弃渣量基础上乘一个扩大系数来估算,扩大系数可采用2%。

5.2.1.2　排弃土石流失系数的确定

1)调查法

调查法就是通过典型调查可获取排弃土石的流失系数的方法。

由于开矿、修路及附属建设等,移动岩石土体,不仅破坏植被,而且破坏地貌和土层,在遭受破坏的地方,新增水土流失十分严重。据有关单位调查分析,某些河流或省区人为新增水土流失占总输沙量的10%以上,在人类活动强度较大的地区,新增水土流失量可达20%(见表5-5)。

表5-5　人为新增水土流失量调查成果

地区或流域	新增水土流失量占总输沙量(%)	完成单位	完成年份
马莲河	14.0	黄委西峰水保站	1980
山西省	13.3	山西省水保局	1984
无定河	14.3	黄河水利学校、黄委绥德水保站	1986
陕西省	18.0	陕西省减灾协会	1993
北洛河、延河上游地区	15.0~20.0	中科院西北水保所	1993
神府东胜矿区(一期工程)	20.0	黄委水科院	1993

特别是晋陕蒙接壤地区煤炭开发弃土弃渣流失系数更大,最大可达0.5(见表5-6)。

表 5-6　矿区不同地点的弃土弃渣流失系数

研究单位	地点	渣源与堆积部位	物料组成	暴雨洪水条件	流失系数
中科院水保所	马家塔	露天矿剥离，堆于河道边	沙、砾石、石块	河道洪水	0.495
	补连塔	铁路弃渣，堆于河岸坡	土、碎石、风化石	坡面径流、沟道洪水	0.266
	李家畔	采石弃渣，坡面堆积	碎石、石块	坡面陡，小沟洪水	0.396
	武家塔	露天矿剥离，塬面沟坡堆积	沙石、废渣、风化物	风蚀、小沟洪水	0.008
黄委水科院	神东矿区	矿区建设弃土弃渣	土石混合物	坡面径流、沟道洪水	0.2～0.3
黄委晋陕蒙接壤地区水土保持监督局	乌兰木伦河流域	208 个建设项目的弃土弃渣主要堆积于岸边、沟坡、沟谷	土、土与碎石混合物	坡面径流、沟道洪水	0.324

黄委晋陕蒙接壤地区水土保持监督局近期对典型项目弃土弃渣实地调查成果列于表 5-7，整理表 5-7 近期晋陕蒙接壤地区造成水土流失的公路、铁路、煤炭、电力、建材等 18 个项目表明，水土流失较多项目为修路（普通路和铁路），其次为建材，18 个项目平均为 16.2%（见表 5-8）。

表 5-7　晋陕蒙接壤地区典型项目弃土弃渣实地调查成果

项目			调查区段		弃土弃渣				
分类	类型	名称	地貌类型	调查范围（规模）	体积（万 m^3）	占地面积（hm^2）	直接入河数量（万 m^3）	体积与占地面积之比	直接入河量比率（%）
线形项目	高速路	榆靖高速	黄丘	0.69 km	44.00	16.56	0.90	2.66	2.05
		陕蒙高速	风沙	0.5 km	0	0	0		
		307 国道（子吴高速）	丘陵	0.655 km	78.40	3.90	6.92	20.10	8.83
	普通路	大石二级油路	丘陵	1 km	2.50	1.60	0.88	1.56	35.20
		榆乌路	风沙	0.37 km	0	0	0		
		大中三级油路	黄丘	1 km	0.80	0.40	0.21	2.00	26.25
		大中三级油路	盖沙	1 km	0	0	0		
	乡村路	三不拉村土路	盖沙	10 km	3.20	0.10	0.16	32.00	5.00
		准旗乡村土路	丘陵	1 km	0	0	0		

续表 5-7

项目			调查区段		弃土弃渣				
分类	类型	名称	地貌类型	调查范围（规模）	体积（万 m^3）	占地面积（hm^2）	直接入河数量（万 m^3）	体积与占地面积之比	直接入河量比率（%）
线形项目	铁路	包神路 k157－158	丘陵	1 km	3.70	0.20	1.11	18.50	30.00
		包神路 k169－170＋250	丘陵	1.25 km	8.00	0.70	2.40	11.43	30.00
		神朔复线	山区	0.56 km	6.50	2.02	0.98	3.22	15.08
		神延铁路复线	风沙	1 km	0	0	0		
		瓷窑湾火车站	丘陵	1 座	0	0	0		
点片状项目	煤矿	后补连露天矿	盖沙	30 万 t/a	598.00	18.30	25.98	32.68	4.34
		上湾井矿	盖沙	300 万 t/a	75.30	6.50	1.50	1 158	1.99
		瓷窑湾井矿	丘陵	15 万 t/a	60.00	3.50	2.00	17.14	3.33
		武家塔井矿	盖沙	6 万 t/a	0.20	0.90	0.04	0.22	20.00
		榆家梁煤矿	丘陵	1 200 万 t/a	57.20	1.40	1.14	40.86	1.99
	建材	王哲平采石场	丘陵	0.51 万 m^3/a	0.50	0.30	0.10	1.67	20.00
		油坊梁采石场	山区	2.1 万 m^3/a	6.50	3.30	1.30	1.97	20.00
		王渠砖场	黄丘	200 万块/a	20.00	1.20	6.00	16.67	30.00
	电力	清水川电厂	黄丘	2×300 MW	17.60	3.90	1.25	4.51	7.10
合计					982.4	64.78	52.87	15.17	5.38

表 5-8　近期开发建设项目水土流失系数

项目		平均流失系数（%）
线形项目	高速路（2 条）	5.44
	普通路（2 条）	30.1
	铁路（3 条）	25.0
点片状项目	煤矿（6 个）	6.33
	建材（3 个）	23.3
	电厂（1 个）	7.1
合计	18	16.2

将表 5-8 成果与前人研究成果比较可知，开发建设项目新增水土流失有减小趋势。黄河水利科学研究院张胜利等对神府东胜煤田开发对侵蚀和产沙影响研究表明，基建期

(1986~1989年)新增水土流失达20%~30%;黄委晋陕蒙接壤地区水土保持监督局对神府东胜矿区乌兰木伦河流域1986~1998年期间开工建设的208个项目分析调查表明,因开发建设造成的新增水土流失系数为24.9%;表5-8的成果主要是2000年以后的开发建设项目,其新增水土流失系数为16.2%,较前人研究成果有所减少。这是因为,近期开发建设项目水土保持工作逐渐步入正常轨道,水土保持监督、监测工作逐渐加强,人们的环境保护意识不断提高,一些人为破坏的地表有的已被建筑物覆盖,有的已进行了环境整治,有的已恢复了植被,新增水土流失有所减少是可以理解的。

但是,也应当看到,由于这一地区开发建设项目量大面宽,控制人为新增水土流失的难度很大,一些开发建设项目水土保持工作还有待加强。从目前来看,开发建设造成的新增水土流失仍是巨大的,特别是山区和丘陵区,新增水土流失主要来源于弃土弃渣直接入河部分,这部分新增水土流失量占新增总量的比重平均值在山区达到99%,丘陵区达到87%。此外,除少数国家大型项目外,大部分地方建设项目,特别是人迹罕至的偏远地区,也是水土流失的策源地,乱采、乱挖造成的人为新增水土流失还难以杜绝,这就有可能抵消部分水土保持减沙效益。

2)类比法

将开发建设项目排弃堆置物的流失与黄河中游地区几次暴雨洪水垮坝冲失泥沙作类比分析(见表5-9),可以看出,垮坝冲失泥沙占原坝地的23.3%~36.5%,平均为26.1%。

表5-9 黄河中游地区垮坝冲失泥沙调查

项目	延川	延长	安塞		准格尔旗白家渠
			真武洞	沿河湾	
时间(年-月)	1973-08	1975-08	1977-07	1977-07	1988-08
一次降水量(mm)	112.5	50.7+108.5	161.8	143.5	127.3
冲失泥沙(%)	23.3	26.1	27.3	36.5	27.1

3)颗分比较法

将开发建设项目排弃物与流域出口断面悬移质泥沙取样作颗粒分析,然后作级配曲线(见图5-1),对比分析级配曲线可以看出,在晋陕蒙接壤地区,进入黄河的悬移质泥沙中,最大粒径为2 mm,也就是说,粒径大于2 mm的泥沙不能进入黄河,而在开矿剥离物中粒径小于2 mm的泥沙仅占20%~35%,即在一般情况下,剥离堆积物中仅有20%~35%的泥沙进入黄河。

综上分析,排弃堆放物中仅有20%~30%可能流失,这只是就平均情况而言,在大暴雨作用下,流失可能多一些,在降雨少、强度小的情况下,流失可能少一些。因此,对人类活动强度较大的开发建设项目,人为新增水土流失可达20%~30%,在一般情况下,根据有关单位的调查成果(见表5-5),新增水土流失系数为10%~20%。

当估算得到开发建设项目排弃土石数量和流失系数后,两者相乘即可得到人为新增水土流失量。

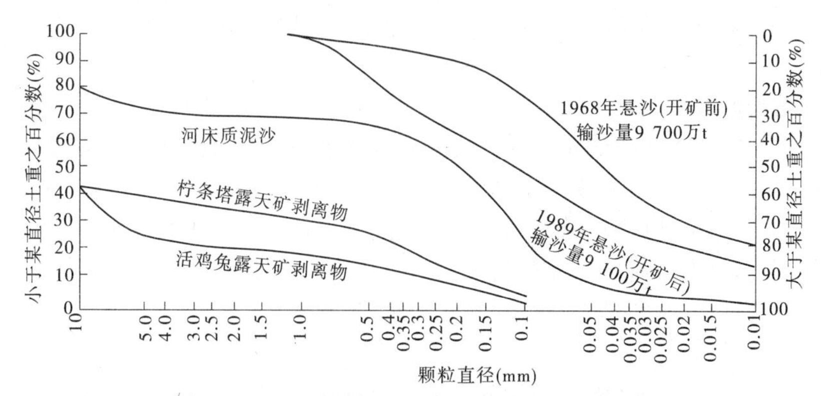

图5-1　窟野河流域弃土弃渣与悬沙颗粒级配曲线

5.2.2　利用降雨、径流、泥沙关系估算新增水土流失量

要估算开发建设项目新增水土流失量，需要计算三个量：①扰动或堆积地面产沙量；②原生地面产沙量；③开发建设项目增沙量。

5.2.2.1　扰动或堆积地面产沙量的计算

开发建设项目新增水土流失主要在暴雨径流作用下产沙，因此应首先计算不同频率降雨量，然后根据径流系数求出清水量，由含沙量计算出清水量所能挟带的泥沙量，清水量加泥沙量为洪水量，洪水量乘含沙量为产沙量。

现以内蒙古某露天煤矿开发新增水土流失估算为例说明如下。

1）分区面积及其流失含沙量的确定

根据不同开矿活动所造成的不同地表形态破坏对水土流失的影响程度，分成不同水土流失类型区。

a. 排土场

排土场是土石集中堆放的地方，在暴雨洪水作用下，水土流失最严重，甚至发生滑坡或泥石流，流失含沙量最大。根据窟野河曾实测到1 700 kg/m^3 含沙量的情况，确定排土场含沙量1 767 kg/m^3，恰好相当于1 m^3 水带2 m^3 泥沙（泥沙容重按2.65 t/m^3 计），这是因为，1 767 kg/m^3 的含沙量的泥沙体积为：1 767/2 650 = 0.667；水的体积为：1 − 0.667 = 0.333。据此，水∶沙 = 0.333∶0.667 = 1∶2，即1 m^3 水带2 m^3 泥沙，便于计算。

b. 铁路、公路及除排土场以外矿区

据量测，这一地区面积70 km^2，其流失程度仅次于排土场，故取平均含沙量1 400 kg/m^3，其值相当于受开矿影响严重地区含沙量的2倍。

c. 受开矿影响严重地区

除去以上两地区外，这部分地区受开矿活动影响也比较严重，但相对于排土场、铁路、公路等流失又轻一些，取其含沙量700 kg/m^3，相当于原生地面含沙量的1.75倍。

d. 其他地区

除以上水土流失严重矿区外，均列为其他地区。根据已有研究成果，因人类活动加剧增加的产沙量比原产沙量增大30%。经对相邻水文站水文泥沙资料分析，该地区多年平均含沙量为 310 kg/m³，在洪水期取原生地面含沙量 400 kg/m³，再增大 30%，即按 520 kg/m³ 估算。

2）设计暴雨的推求

设计流域为矿区所在地的龙王沟、黑岱沟，属无水文资料地区，无法直接求其设计面暴雨，但与其相邻的皇甫川流域，其暴雨洪水资料却比较齐全。由于两流域相距很近，下垫面条件、水文气象条件比较一致，因此皇甫川流域的暴雨洪水可以移置于设计流域。基于上述理由，根据皇甫川流域暴雨资料采用由设计点暴雨通过点面关系转换为设计面暴雨的方法，推求设计流域的不同频率的面暴雨量。

a. 设计点暴雨

由于皇甫川流域的纳林雨量站附近经常为该地区的暴雨中心所在，因此可以纳林雨量站的暴雨资料为设计点雨量的依据。该地区的暴雨特性是：历时短、强度大，降雨历时绝大部分在 24 h 之内，故选择暴雨设计时段为 24 h，它基本上能包括一次完整的降雨过程，选样方法采用年最大值法，选用 P－Ⅲ 曲线进行适线，得到设计点暴雨成果（见表 5-10）。

表 5-10　纳林站设计点暴雨成果

设计参数			设计值（mm）					
均值（mm）	C_v	C_s/C_v	0.01%	0.1%	1%	5%	20%	50%
62.4	0.73	3.5	490.9	363.5	238.5	154.1	85.6	45.8

b. 设计面暴雨

由《黄河中游水土保持治沟骨干工程技术规范》所提供的点面关系可得，相应于 24 h 降雨量面积为 1 351 km²（沙圪堵以上流域面积）和 260.51 km²（龙王沟面积）的点面折减系数分别为 0.750 和 0.900。以点面折减系数乘以纳林站设计点雨量，便可得到沙圪堵以上流域和龙王沟的设计暴雨量（见表 5-11）。

表 5-11　设计面暴雨成果

流域	折减系数	设计值（mm）					
		0.01%	0.1%	1%	5%	20%	50%
沙圪堵以上	0.750	368.2	272.6	178.9	112.2	64.2	34.3
龙王沟	0.900	441.8	327.2	214.7	138.7	77.0	41.2

3）径流系数的选定

开发建设项目水土流失多为暴雨产沙，根据“可行性研究报告”，排土场暴雨径流系数取 0.2，铁路、公路等矿区和受开矿严重影响地区取 0.4，其他地区取 0.3。

4）产沙量的估算

以暴雨频率 50% 的排土场产沙量计算为例，计算如下：

(1)清水量 = 降雨量 × 径流系数 × 排土场面积。

(2)净泥沙量计算可根据确定的含沙量求得清水量挟带的泥沙量,如前分析排土场含沙量为 1 767 kg/m^3,即在这样的含沙量下 1 m^3 水带 2 m^3 泥沙,因此净泥沙量 = 清水量 × 2 = 8.24 × 2 = 16.5(万 m^3)。

(3)洪水量 = 清水量 + 泥沙量 = 8.24 + 16.5 = 24.7(万 m^3)。

(4)产沙量 = 洪水量 × 含沙量 = 24.7 × 1 767 = 43.7(万 t)。

利用降雨—径流—泥沙关系估算的不同降雨频率的产沙量列于表 5-12。

表 5-12　利用降雨—径流—泥沙关系估算成果

分区		降雨频率(%)	面积(km^2)	降雨量(mm)	径流系数	清水量(万 m^3)	净泥沙量(万 m^3)	洪水量(万 m^3)	含沙量(kg/m^3)	产沙量(万 t)
排土场		50	10	41.2	0.2	8.24	16.5	24.7	1 767	43.7
		20	10	77.0	0.2	15.4	30.8	46.2	1 767	81.6
		1	10	214.7	0.2	42.9	85.9	128.7	1 767	227
铁路、公路及除排土场以外矿区		50	70	41.2	0.4	115	129	244	1 400	342
		20	70	77.0	0.4	215	243	459	1 400	643
		1	70	214.7	0.4	601	673	1 274	1 400	1 784
受开矿影响地区		50	138	41.2	0.4	227	81.5	309	700	216
		20	138	77.0	0.4	425	153	578	700	405
		1	138	214.7	0.4	1 185	425	1 610	700	1 127
其他地区		50	313	41.2	0.3	387	94.5	482	520	251
		20	313	77.0	0.3	723	177	900	520	468
		1	313	214.7	0.3	2 016	492	2 508	520	1 304
全矿区	开矿后产沙量	50	531	41.2						853
		20	531	77.0						1 598
		1	531	214.7						4 442
	原生地面产沙量	50	531	41.2	0.3	656	117	773	400	309
		20	531	77.0	0.3	227	218	1 445	400	578
		1	531	214.7	0.3	3 420	608	4 028	400	1 611
	开矿增产沙量	50	531	41.2						544
		20	531	77.0						1 020
		1	531	214.7						2 831

将上述计算进行数学归纳,可得以下降雨产沙计算模型:

$$W_s = P \cdot R \cdot F \cdot S \cdot \gamma_s / (\gamma_s - S) \tag{5-9}$$

式中　W_s——开矿后产沙量,t;

P——不同频率降雨量,mm;

R——径流系数(%);

F——矿区不同产沙方式的分区计算面积,m^2;

S——相应分区含沙量,t/m^3;

γ_s——泥沙容重,取 2.65 t/m^3。

例如,表 5-12 中,排土场降雨频率为 50% 的产沙量为:

$W_s = 0.0412 \times 0.2 \times 10 \times 10^6 \times 1.767 \times 2.65/(2.65 - 1.767) = 43.7$(万 t)

在应用本模型时,要注意化成同一单位。

需要说明的是,不同含沙量的确定是关键,因为各分区弃土弃石数量不同,其流失含沙量是不同的,要具体问题具体分析;在高产沙区,煤田开发后,暴雨洪水常以高含沙水流(或称泥石流)形式出现,为使含沙量计算更具有操作性,可根据各分区煤田开发弃土弃石松散堆积物数量与含沙量的关系加以推求。

根据调查统计,浑水容重与地表弃土弃石松散堆积物有如下关系:

$$\gamma_c = 1.1A^{0.11} \tag{5-10}$$

式中　γ_c——浑水容重,t/m^3;

A——单位面积地表弃土弃石松散堆积物数量,万 m^3/km^2。

浑水容重 γ_c 与含沙量 S(kg/m^3)有如下关系:

$$S = (\gamma_c - 1)/0.623 \tag{5-11}$$

式(5-11)是如下推导而来,由重量定义:

$$\gamma_c \cdot \Delta = \gamma_s \cdot \Delta_s + \gamma \cdot \Delta' \tag{5-12}$$

$$\Delta = \Delta_s + \Delta' \tag{5-13}$$

式中　γ_c——浑水容重;

Δ——浑水体积;

γ_s——泥沙容重;

Δ_s——泥沙体积;

γ——水的容重;

Δ'——水的体积。

将式(5-13)代入式(5-12)得:

$$\gamma_c \cdot \Delta = \gamma_s \cdot \Delta_s + \gamma(\Delta - \Delta_s) = \gamma \cdot \Delta + \Delta_s(\gamma_s - \gamma)$$

$$\gamma_c = \gamma + \Delta_s(\gamma_s - \gamma)/\Delta \tag{5-14}$$

取单位面积,即令 $\Delta = 1$,因 $\Delta_s = S/\gamma_s$,即 $S = \gamma_s \cdot \Delta_s$

式中,S 为含沙量,代入式(5-14)得:

$$\gamma_c = \gamma + S(\gamma_s - \gamma)/\gamma_s \tag{5-15}$$

取 $\gamma_s = 2\,650\ kg/m^3$,$\gamma = 1\,000\ kg/m^3$,便得

$$\gamma_c = 1 + 0.623S \quad 即\ S = (\gamma_c - 1)/0.623 \tag{5-16}$$

式(5-16)即为由堆积土石量推求含沙量的公式。

举例如下：某矿区面积11.445 km²，移动堆积土石量1 451.10万m³，则单位面积堆积土石量$A=126.79$万m³/km²，由$\gamma_c=1.1A^{0.11}=1.1\times1.703=1.87(t/km^2)$，得$S=(\gamma_c-1)/0.623=(1.87-1)/0.623=1\ 400(kg/m^3)$。

5.2.2.2　原生地面产沙量的估算

开发建设项目原生地面产沙量是权衡开矿前后泥沙变化的重要依据。开发建设项目区如有水文观测资料，可利用观测资料直接推求，但是开发建设项目一般位于无水文资料地区，因此需用多种方法估算。

1）利用相邻流域水土保持试验站径流小区观测资料分析

某开发建设项目位于皇甫川相邻流域，因此可利用皇甫川水土保持科学试验站的径流小区观测成果进行分析。

从1980年起，皇甫川水土保持科学试验站径流小区不同坡度土壤下的坡面产沙公式为：

黄土坡面　$$M_s=352.4\times J^{1.493} \tag{5-17}$$

砒砂岩土坡面　$$M_s=124.4\times J^{2.218} \tag{5-18}$$

式中　M_s——侵蚀量，kg/hm²；

J——坡度（°）。

众所周知，影响水土流失的主要因子为降雨特征、坡度、坡长、土壤、植被等，上述公式只考虑了土壤和坡度，所以将相邻流域水文资料移用到无实测资料地区时，需对无实测资料地区降雨特征、坡度、坡长、土壤、植被等因素进行一致性分析论证，并按无资料地区实际情况加以修正。

a.坡面产沙的一致性分析

（1）降雨特征的一致性分析。统计试验区与开发建设项目区多年平均各时段降雨特征（见表5-13），可以看出，试验区与开发建设项目区多年平均各时段降雨特征差别不大，故认为两区的降雨特征具有一致性。

表5-13　试验区与开发建设项目区多年平均各时段降雨特征　（单位：mm）

项目	最大1日	最大30日	6～9月	全年	备注
试验区	52.1	175.6	320.8	405.8	以皇甫、海子塔、长滩三站多年平均雨量为代表（统计系列1954～1984年）
项目区	50.3	176.0	329.0	422.0	以皇甫、偏关、放牛沟、河曲、沙圪堵五站多年平均雨量为代表（统计系列1954～1981年）

（2）植被的一致性分析。统计试验区与项目区林地、草地占总土地面积百分比，试验区植被覆盖率为30%～50%，项目区植被覆盖率为44%，故认为试验区的植被条件对估算项目区的植被影响有代表性。

（3）坡长的一致性分析。皇甫川水土保持科学试验站径流小区坡长为12.5～15 m，而项目区的地形以“深沟大梁”为其特征，坡长一般30～40 m或更长，在将径流小区试验资料移用到项目区时，需对坡长对水土流失的影响进行修正。

黄委天水水保站关于坡长与水土流失关系的试验资料表明，当坡长由 20 m 增加到 40 m 时，其冲刷量增加 35%（见表 5-14）；但据黄委子洲径流站试验资料，团山沟 40 m 和 60 m 坡长的产沙量分别为 16 909.3 t/km² 和 16 766.3 t/km²（见表 5-15），即大于 40 m 坡长后，随坡长的增加，产沙量并不增加，因此当径流小区试验资料移用到无资料区时，因坡长增加而增加的产沙量按增加 35% 估算。

表 5-14　天水水保站不同坡长与水土流失的关系（1954 ~ 1957 年）

坡长（m）	径流量		冲刷量	
	m^3/hm^2	%	t/hm^2	%
10	222.07	100	0.48	100
20	192.85	86.8	0.51	106.3
40	163.27	73.5	0.68	141.7

表 5-15　子洲团山沟坡长与侵蚀量的关系（1963 ~ 1967 年）

坡长（m）	坡度（°）	降雨量（mm）	径流深（mm）	侵蚀量（t/km^2）
20	22	117.4	28.94	9 815.4
40	22	124.3	35.84	16 909.3
60	22	124.7	32.34	16 766.3

b. 沟道产沙的一致性分析

沟道产沙比坡面产沙的影响因素更为复杂，除受坡面产沙主要因子影响外，还与流域特性（如沟道长度、比降、沟壑密度、流域形状等）有关。根据皇甫川水保站在布设的观测断面上定桩、定位、定期（汛前、汛后）观测断面变化估算的沟蚀量变化分析，沟蚀量约占流域总产沙量的 60%，这是因为流域的沟谷切割较深，岩土处于稳定的临界状态，为重力侵蚀与股流冲刷提供了发生条件和高势能。此外，由于沟壑切割密度大，沟壁的临空面积大，又无植被保护，岩体的风化强烈，侵蚀补给量高，在沟壁陡坡地重力作用下发生强烈侵蚀。

从地质构造上讲，试验区与无资料项目区属同一类型，其沟道形态及沟壑形状基本一致（见表 5-16），因此沟蚀量可按 1.5 倍坡蚀量估算。

表 5-16　试验区与无资料区几何特征对比

流域	形状	面积（km^2）	主沟道长（km）	河道平均比降（%）	沟壑密度（m/km^2）	25°以上沟壑面积	
						面积（km^2）	占总面积（%）
试验区（五分地沟）	羽毛状	4.0	3.6	1.3	3 675	1.10	27.5
无资料区（黑岱沟）	羽毛状	261.02	32.3	1.2	3 500	66.42	25.5

c. 无资料区产沙量的估算

在上述一致性分析论证的基础上，今以无资料区内黑岱沟流域为计算单元，从该流域坡度图上量算出不同土地各级坡度所占面积，然后，根据式(5-17)和式(5-18)，用以下积分计算不同土壤、不同坡度级的平均侵蚀模数：

黄土坡面
$$M_s = (352.4/n)\int_{\alpha_1}^{\alpha_2} J^{1.493}\mathrm{d}J \tag{5-19}$$

砒砂岩土坡面
$$M_s = (124.4/n)\int_{\alpha_1}^{\alpha_2} J^{2.218}\mathrm{d}J \tag{5-20}$$

式中　α_1、α_2——坡度，$\alpha_1 = 0° \sim 15°$，$\alpha_2 = 6° \sim 25°$；

n——坡度级数。

平均侵蚀模数求出后，再乘以此坡度不同土壤所占面积，然后将各级坡度的侵蚀量相加，即得到坡面产沙量 113.14 万 t(见表 5-17)；根据沟蚀量约占总侵蚀量的 60% 的调查试验成果，即沟蚀量等于 1.5 倍坡蚀量，从而得到沟蚀量为 169.71 万 t，故流域总侵蚀量为 282.8 万 t，以黑岱沟流域面积 262.1 km^2 计，则得由小区推算的黑岱沟流域侵蚀模数近似取 1 万 t/km^2(282.8/262.1 = 1.079(万 t/km^2))，当移用到无资料区时，再按因坡长增加而增加的流失量按 35% 计，则无资料区侵蚀模数为 1.35 万 t/km^2。

表 5-17　黑岱沟流域坡面、沟道侵蚀量计算

分级坡度	面积(km^2)	其中				产沙量				产沙量合计(t)
		黄土		砒砂岩土		黄土		砒砂岩土		
		面积占比(%)	面积(km^2)	面积占比(%)	面积(km^2)	产沙水平($t/(km^2 \cdot a)$)	产沙量(t)	产沙水平($t/(km^2 \cdot a)$)	产沙量(t)	
(1)	(2)	(3)	(4)	(5)	(6)	(7)	(8)	(9)	(10)	(11)
6°以下	1.38	81.0	1.12	19.0	0.26	205.16	229.78	205.67	53.47	283.25
6°～15°	6.55	64.7	4.23	35.3	2.32	1 206.2	5 102.2	2 478.98	5 751.23	10 853.43
15°～25°	187.75	71.04	133.38	28.96	54.37	4 391.93	585 795.6	9 829.95	534 454.4	1 120 250.0
小计	195.68		138.73		56.95		591 127.58		540 259.1	1 131 386.68
25°以上(沟道)	66.42					1 697 080.02				1 697 080.02
总计	262.10									2 828 466.7

2) 利用降雨产沙模型估算

原生地面产沙量也可以用以下降雨产沙模型计算：

$$W_s = P \cdot R \cdot F \cdot S \cdot \gamma_s/(\gamma_s - S)$$

式中　W_s——原生地面产沙量，t；

P——不同频率降雨量，m；

R——径流系数(%)；

F——矿区原生地面计算面积，m^2；

S——原生地面含沙量，t/m^3；

γ_s——泥沙容重,取2.65 t/m³。

原生地面产沙量的计算,所不同的是计算参数不同,诸如计算面积、径流系数、含沙量等,特别是含沙量的确定,应视具体矿区水土流失特点而定(见表5-12)。

3)其他确定方法

a.水文手册法

根据地区水文手册和淤地坝工程技术规范可查得侵蚀模数基本值M,考虑到水文手册大多为20世纪70年代初制定的,故应根据坡面治理情况加以修正。坡面措施减沙后的现状侵蚀模数可用下式表示:

$$M_x = kM \tag{5-21}$$

式中 M_x——坡面措施现状侵蚀模数;

k——坡面措施减沙后的修正系数,可参考表5-18。

b.现状骨干坝淤积调查法

根据骨干坝控制面积和运用情况以及实测现状骨干坝淤积量,推算出各坝控制范围内的侵蚀模数,再以控制面积为权数计算流域内现状侵蚀模数平均值。

c.侵蚀强度分级法

依据水利部《土壤侵蚀强度分类分级标准》(SL 90—96),对流域内各小斑地块按其土地类型、植被度、地面坡度逐块进行对照,确定其侵蚀强度级数,并进行计算、汇总、分析,计算出流域侵蚀模数。

表5-18 悬移质输沙模数修正系数

植被覆盖度或治理程度(%)	修正系数k	备注
>30	0.7~0.8	视具体情况而定
15~30	0.9~1.1	
<15	1.1~1.2	

d.有推移质流域应考虑增加推移质输沙量

有推移质流域年平均输沙模数一般按下式计算:

$$M_s = M_{sb} + M_{st} = (1+\beta)M_{sb} \tag{5-22}$$

式中 M_s——年均输沙模数;

M_{sb}——年均悬移质输沙模数;

M_{st}——年均推移质输沙模数;

β——推悬比,黄土高原地区一般取0.15~0.2。

5.2.2.3 开矿后增沙量计算

开矿后增沙量由开矿后产沙量减去原生地面产沙量求得。表5-12计算的是不同频率降雨洪水开矿后增沙量,即一次洪水增沙量,欲计算多年平均增沙量,就需设计一个洪水组合系列,这个系列应从当地实际出发,从设计安全考虑。例如,黄河中游地区一般设计5年系列,分析认为5年中发生1次1%、1次20%、3次50%洪水,由表5-12可知,其年平均洪水增沙量为:

$$(544 \times 3 + 1\,020 + 2\,831) \div 5 = 1\,096.6(\text{万 t})$$

欲求多年平均增沙量,可根据洪水产沙量占年沙量的比例推求,据分析,黄河中游地区洪水产沙量约占年沙量的80%,故年沙量再增加20%的其他产沙量。即设年均增沙量为 $W_s \times 80\% = 1\,096.6$,则 $W_s = 1\,096.6/0.8 = 1\,370.8$(万 t)。

5.3 开发建设项目水土流失对入黄泥沙的影响

5.3.1 神府东胜煤田一期工程开发建设对乌兰木伦河年输沙量影响分析

神府东胜煤田第一期工程主要集中于窟野河支流乌兰木伦河流域,煤田的开发建设造成的水土流失,在暴雨径流作用下必然在流域水文断面反映出来,因此分析乌兰木伦河控制水文站王道恒塔站的输沙量变化,便可得知开发建设项目水土流失对入黄泥沙的影响。

5.3.1.1 水沙关系变化分析

根据乌兰木伦河控制水文站王道恒塔站历年实测资料,点绘王道恒塔站开矿前后水沙关系(见图5-2),可以看出,在径流量较小时,水沙关系比较一致,随着径流量的增加,两曲线明显偏离,开矿后的点据偏于上方,说明在相同径流量下,因矿区开发建设使输沙量增加。

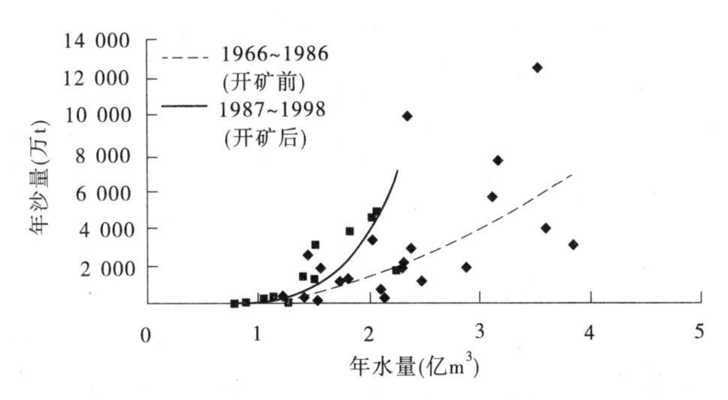

图5-2 开矿前后王道恒塔站年水沙关系

5.3.1.2 最大含沙量变化分析

出现高含沙水流是开发建设项目对河流水沙影响的一个重要特征,以最大含沙量表征开矿对输沙量的影响,点绘开矿前后王道恒塔站最大含沙量过程线(见图5-3)可以看出,开矿前(1986年前)曲线呈现高低交错变化,而开矿后1988~1992年连续5年出现含沙量大于1 000 kg/m³ 的高含沙水流,1988年最大含沙量达1 630 kg/m³,是建站以来的最大值,在开矿前个别年份也曾出现过含沙量大于1 000 kg/m³ 的情况,但连续5年出现含沙量大于1 000 kg/m³ 的高含沙水流的情况是没有的,这种情况在黄土高原乃至世界河流及其支流中是罕见的,这显然是矿区开发建设造成的。1993年后,含沙量曲线与开矿前曲线变化特征相似。这一变化过程说明了处于基建期新增水土流失是非常严重的,随着开发建设项目进入运行期,在人们环境保护不断增强的情况下,矿区水土保持、河道整治以及复垦绿化等环境治理的加强,对水土流失有一定的防护作用,同时,前期受破坏严重的地区有些已被建筑物覆盖,被扰动的裸露地面逐渐趋于稳定,新的人为水土流失有所减轻,最大含沙量表现出减小趋势,特别是1995年、1997年、1998年最大含沙量出现了水文站建站以来最低值,说明只要采取有力措施,开发建设造成的水土流失将会有所减少,但矿区开发增加水土流失和入黄泥沙这一趋势是肯定的。

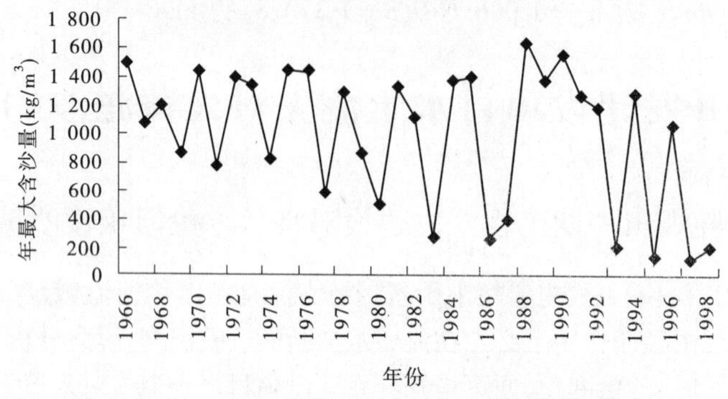

图5-3　王道恒塔站年最大含沙量变化过程线

5.3.1.3　泥沙组成变化分析

1979年前的泥沙颗粒级配需进行改正,为使分析建立在数据准确可靠的基础上,选取1980～1998年资料(颗分资料不需改正)进行开矿前(1980～1986年)与开矿后(1987～1998年)对比分析(见表5-19),从表5-19所列成果可以看出,开矿后王道恒塔站泥沙平均粒径d_{cp}和中数粒径d_{50}均变粗,分别增大25.5%和33.7%。

表5-19　开矿前后王道恒塔站泥沙组成变化情况

统计系列	d_{50}	增加(%)	d_{cp}	增加(%)
1980～1986年	0.061 7	33.71	0.110	25.45
1987～1998年	0.082 5		0.138	

5.3.2　暴雨洪水对神府东胜矿区水土流失和乌兰木伦河输沙量影响分析

1989年7月21日凌晨,由于内蒙古自治区伊克昭盟一带骤降暴雨,致使窟野河发生了自20世纪80年代以来少有的暴雨洪水(简称"89·7"洪水),位于流域内正在建设的神府东胜矿区遭受了一场严重的洪水灾害,同时对矿区水土流失和入黄泥沙也带来了严重影响。

5.3.2.1　"89·7"暴雨洪水情况

1989年7月中旬末,太平洋暖湿气流越过黄河沿晋陕高原北上,至内蒙古乌拉山受阻,在鄂尔多斯高原上空与翻越阴山南下的蒙古冷气团遭遇,引发暴雨。雨区的中心轴线从东胜至准格尔旗笼罩鄂尔多斯全境,在这个雨区中东西各有一个强暴雨中心,西部以东胜西北的青达门为中心,雨量为186 mm,大于150 mm的雨区面积约为380 km^2;东部以准格尔旗西北的田圪坦、乌兰沟一带为中心,大于200 mm的雨区面积约为165 km^2,尤其值得指出的是,田圪坦历时15 min的雨量达106 mm,创中国北部同历时最高雨量纪录。

受此次暴雨影响,窟野河支流牸牛川、乌兰木伦河先后出现大洪水。牸牛川新庙水文站洪峰流量 8 750 m^3/s,为该站 1966 年建站以来的首位;乌兰木伦河王道恒塔水文站洪峰流量 4 600 m^3/s,两支流汇合后传递到窟野河神木站相应洪峰流量 110 000 m^3/s,为该站 1951 年建站以来第三位洪水;窟野河出口站温家川水文站洪峰流量 9 430 m^3/s,为该站 1953 年建站以来第五位洪水。

5.3.2.2 暴雨洪水对径流、泥沙的影响

表 5-20 为窟野河"89·7"洪水径流泥沙与实测最大值统计表,由表 5-20 所列成果可以看出,窟野河两支流牸牛川与乌兰木伦河本次洪水产沙情况大不相同,乌兰木伦河王道恒塔站最大含沙量达 1 360 kg/m^3,洪水平均含沙量达 1 160 kg/m^3;而牸牛川新庙站最大含沙量为 458 kg/m^3,洪水平均含沙量仅 197 kg/m^3。造成这种现象的主要原因是地处乌兰木伦河流域内的神府东胜矿区正值基建期,因开矿、修路,尤其是乡镇煤矿乱采、乱挖,造成大量新的水土流失而使水流含沙量激增。洪水传递到温家川站最大含沙量仍达 1 290 kg/m^3,入黄沙量达 0.56 亿 t,造成入黄泥沙增加。

为进一步分析开矿对输沙量的影响,挑选降雨中心相似、径流量基本相同的洪水进行对比分析(见表 5-21),可以看出,在洪水径流量基本相同或相近的情况下,开矿后的"89·7"洪水较开矿前的两次洪水平均输沙量增加 31.2%,含沙量增加 26.5%,因径流量基本相同,故认为这种增沙不是因洪水径流量增大造成的,而是因矿区开发建设所致。

表 5-20 窟野河"89·7"洪水径流泥沙与实测最大值统计

站名	面积(km^2)	"89·7"洪水								实测最大			
		洪水特征				洪水过程				洪峰流量(m^3/s)	时间	含沙量(kg/m^3)	时间
		最大流量(m^3/s)	峰现时间	最大含沙量(kg/m^3)	沙现时间	起止时间	径流量(亿 m^3)	输沙量(亿 t)	平均含沙量(kg/m^3)				
新庙	1 527	8 750	07-21 09:30	458	07-21 09:18	07-21 08:54~16:45	0.76	0.15	197	4 850	1978-08-30	1 410	1976-07-17
王道恒塔	3 839	4 600	07-21 12:36	1 360	07-21 12:36	07-21 12:12~16:00	0.25	0.29	1 160	9 760	1976-08-02	1 630	1988-07-13
新庙+王道恒塔	5 366	13 350					1.01	0.44	436				
神木	7 293	11 000	07-21 13:00	1 290	07-21 12:48	07-21 12:30~20:00	0.95	0.56	589	13 800	1976-08-02	1 530	1982-06-25
温家川	8 645	9 430	07-21 16:12	1 350	07-21 15:42	07-21 15:30~07-22 04:00	0.95	0.66	659	14 000	1976-08-02	1 700	1958-07-10

表 5-21　神府东胜矿区开发前后乌兰木伦河几次洪水泥沙的对比

洪水时间（年-月-日）	最大洪峰流量（m^3/s）	径流量（亿 m^3）	输沙量（亿 t）	含沙量（kg/m^3）	开矿情况
1970-08-08	2 530	0.224	0.195	871	开矿前
1972-07-19	3 580	0.257	0.246	957	
两次洪水平均		0.241	0.221	917	
1989-07-21	4 600	0.250	0.290	1 160	开矿后

5.4　开发建设项目入黄泥沙对黄河的影响

5.4.1　黄河下游河道主要冲淤规律及煤田开发对黄河下游影响

黄河下游防洪的根本问题，主要是来沙太多，造成河道严重淤积，导致排洪能力降低，增加防洪负担。根据多年研究，黄河下游河道主要冲淤规律为：

（1）黄河下游冲淤与上中游来水来沙密切相关。黄河下游多年平均淤积泥沙 3 亿 t，但它并不是单向的淤积，而是当来水多来沙少时，河道淤积不多或发生冲刷，当来水少来沙多时，则发生严重淤积。黄河下游河道是复式断面，由滩和槽组成，一般槽的淤积量占全断面淤积量的 30%，滩地淤积量占 70%。

（2）河道的排洪排沙主要是主槽，主槽的排洪能力一般要占全断面的 80% 以上，因此保持河道主槽的不淤或少淤是防洪的关键。

（3）河床淤积的泥沙，主要是粗颗粒泥沙。从床沙的取样分析得出，深层比表层粗，河槽比滩地粗，大于 0.025 mm 的泥沙约占河床组成的 85% 以上。

（4）黄河下游淤积在时间上很不均匀，主要集中在几场暴雨造成的高含沙洪水。经分析 1952～1983 年的 35 年的 130 多次洪水，其中 11 次三门峡含沙量超过 400 kg/m^3 的高含沙量洪水，这些高含沙量洪水主要来自粗泥沙来源区。来水量仅占 35 年总来水量的 1.8%，而来沙量却占总来沙量的 13.1%，造成的淤积量占总淤积量的 55.1%，大于 0.025 mm的泥沙占淤积量的 80% 以上，这些高含沙量洪水主要是由中游暴雨洪水形成的，洪峰尖瘦，汇入干流后，经河道槽蓄及三门峡水库的削峰作用，下游花园口流量一般为 4 000～8 000 m^3/s，洪水不漫滩，所以绝大部分泥沙淤积在主槽内，泥沙粒径粗，且淤积强度大，对防洪有很大影响，主要表现在：

①洪峰变形。如 1973 年黄河下游出现含沙量 477 kg/m^3 的洪水，当小浪底站出现洪峰时，相应下游花园口站没有出现洪峰，反而降落；此后当小浪底站未来洪峰时，花园口站却出现了 5 000 m^3/s 洪水；又如，1977 年 8 月洪水，相应含沙量 911 kg/m^3，在小浪底开始涨水时，相应花园口站实测流量不仅不上涨，反而减少，6 h 后实测峰谷流量仅 4 600 m^3/s，

而随后流量发生猛涨，又经3.7 h以后，流量涨到10 800 m^3/s，大于小浪底站的洪峰流量10 100 m^3/s，打乱了测报工作，给防洪造成被动。

②出现水位陡涨陡落的异常现象。如1977年7月20日，在驾部控导工程前6 h内，水位降落了0.85 m；7月22日后1.5 h，水位猛涨2.84 m。

③使河势突然改变，产生险情，增加防洪困难。高含沙洪水由于泥沙迅速淤积，使河势突然改变而出险。如1977年7月高含沙洪水时，孟县化工控导工程前河势突然改变，一个小时主流自南向北摆动500 m，使大溜顶冲9# ~ 17#坝，新修的9# ~ 11#坝被迅速冲毁。又如中牟县赵口险工的43#坝，是1914年修的老工程，多年抢护根石深度达13 m，在1977年高含沙洪水时，大溜顶冲20 min后，18 m长的浆砌石坝全部坍塌，7 m长范围内根石下陷，险情严重。

综上所述，下游河道的淤积与上中游来水来沙有密切关系，造成下游河道严重淤积的主要是来自中游多沙粗沙区的高含沙暴雨洪水，从防洪上讲，既要减少河道的普遍淤积，又要防止局部河段的水位异常现象。

研究表明，开发建设项目，尤其是晋陕蒙接壤地区能源开发建设的基建期，在暴雨洪水作用下，输沙量增加，泥沙颗粒变粗，高含沙水流频出，开发建设项目造成的新增水土流失必将对黄河下游淤积带来一定影响。鉴于目前黄河下游防洪问题的重要性，一切治黄措施都应有利于下游防洪、减淤，因此煤田开发建设等项目应积极采取有效措施防治新增水土流失，不能再增加入黄泥沙。

5.4.2 黄河中游粗泥沙集中来源区来沙对三门峡库区及下游河道淤积影响

黄河中游粗泥沙集中来源区面积1.88万 km^2，既是洪水及粗泥沙集中来源区，也是能源集中开发区，研究粗泥沙集中来源区来沙对三门峡库区及下游河道淤积影响，对研究能源开发建设新增水土流失对黄河下游影响有借鉴作用。

表5-22为粗泥沙集中来源区拦沙对三门峡库区及下游河道减淤作用分析，可以看出，按1950 ~ 1997年系列，黄河中游粗泥沙集中来源区拦1 t泥沙，库区及下游河道减淤的全沙、粒径大于等于0.025 mm、0.05 mm和0.1 mm的泥沙分别是0.329 t、0.281 t、0.221 t和0.134 t。

5.4.3 开发建设项目新增水土流失对黄河下游淤积影响分析

据有关单位分析测算，“十五”期间，黄河流域的开发建设项目扰动地表面积为1.4万多 km^2，弃土弃渣总量为24亿多t，近几年每年因人为因素新增的水土流失面积超过了5 600 km^2，增加的水土流失量约1.2亿t。

利用黄河中游粗泥沙集中来源区拦沙1 t库区及下游河道减淤的关系，可以反推黄河中游粗泥沙集中来源区增沙1 t库区及下游河道增淤的关系，因开发建设增加的1.2亿t入黄泥沙可增加库区及下游河道淤积的全沙和粒径大于等于0.025 mm、0.05 mm、0.1 mm的泥沙分别是0.395亿t、0.337亿t、0.265亿t、0.161亿t。不难看出，由开发建设造成的水土流失，已成为当前入黄泥沙的重要来源，对黄河健康生命构成了严重威胁。

表 5-22　粗泥沙集中来源区拦沙对三门峡库区及下游河道减淤作用分析

时段	项目	单位	部位	大于等于某粒径(mm)级沙量			
				全沙	0.025	0.05	0.1
1950 ~ 1960	来沙量	亿 t		3.856	2.388	1.438	0.544
	粗泥区来沙淤积量	亿 t	主槽	0.318	0.302	0.281	0.223
			滩地	0.719	0.580	0.413	0.189
			全断面	1.036	0.882	0.694	0.412
	淤积比	%	主槽	8.2	12.6	19.5	41.0
			滩地	18.6	24.3	28.7	34.6
			全断面	26.9	36.9	48.3	75.6
	减淤作用	t/t	主槽	0.082	0.078	0.073	0.058
			滩地	0.186	0.150	0.107	0.049
			全断面	0.269	0.229	0.180	0.107
1961 ~ 1997	来沙量	亿 t		1.994	1.175	0.695	0.284
	粗泥区来沙淤积量	亿 t	主槽	0.304	0.278	0.244	0.164
			滩地	0.425	0.343	0.244	0.135
			全断面	0.729	0.621	0.489	0.299
	淤积比	%	主槽	15.2	23.6	35.1	57.8
			滩地	21.3	29.2	35.2	47.6
			全断面	36.5	52.9	70.3	105.4
	减淤作用	t/t	主槽	0.152	0.139	0.123	0.082
			滩地	0.213	0.172	0.123	0.068
			全断面	0.365	0.312	0.245	0.150
1950 ~ 1997	来沙量	亿 t		2.878	1.722	1.025	0.408
	粗泥区来沙淤积量	亿 t	主槽	0.372	0.342	0.304	0.211
			滩地	0.576	0.465	0.331	0.174
			全断面	0.947	0.808	0.635	0.385
	淤积比	%	主槽	12.9	19.9	29.7	51.6
			滩地	20.0	27.0	32.3	42.7
			全断面	32.9	46.9	62.0	94.3
	减淤作用	t/t	主槽	0.129	0.119	0.106	0.073
			滩地	0.200	0.162	0.115	0.061
			全断面	0.329	0.281	0.221	0.134

续表 5-22

时段	项目	单位	部位	大于等于某粒径(mm)级沙量			
				全沙	0.025	0.05	0.1
1954～1969	来沙量	亿 t		0.408	2.520	1.520	0.610
	粗泥区来沙淤积量	亿 t	主槽	0.688	0.647	0.584	0.440
			滩地	0.472	0.383	0.265	0.160
			全断面	1.160	1.030	0.849	0.600
	淤积比	%	主槽	16.9	25.7	38.4	72.1
			滩地	11.6	15.2	17.4	26.2
			全断面	28.4	40.9	55.8	98.3
	减淤作用	t/t	主槽	0.169	0.158	0.143	0.108
			滩地	0.116	0.094	0.065	0.039
			全断面	0.284	0.252	0.208	0.147

注:1. 本表引自"粗泥沙集中来源区拦沙工程一期项目可行性研究(初稿)"(黄河勘测规划设计有限公司、黄河上中游管理局西安规划设计研究院,2009 年 6 月)。

2. 粗泥区是指粗泥沙集中来源区。

3. 减淤作用是指粗泥沙集中来源区拦 1 t 泥沙库区及下游河道减淤量。

5.5　结论与讨论

(1)开发建设项目新增水土流失的加剧趋势,已成为当前生态环境建设中的重大难题,欲控制或减少开发建设项目造成的新增水土流失,必须首先了解开发建设项目造成的新增水土流失发生发展规律,因此加强对开发建设项目新增水土流失的研究是非常必要和迫切的。

(2)根据调查研究及实例分析提出的开发建设项目预测方法,特别是从降雨、径流、泥沙关系出发提出的降雨产沙模型,对预测开发建设项目新增水土流失具有重要指导意义。

(3)在分析开发建设项目新增水土流失对入黄泥沙影响的基础上,研究了入黄泥沙对黄河的影响。研究表明,开发建设项目,尤其是晋陕蒙接壤地区能源开发建设的基建期,在暴雨洪水作用下,输沙量增加,泥沙颗粒变粗,高含沙水流频出,开发建设项目造成的新增水土流失必将对黄河下游淤积带来一定影响。鉴于目前黄河下游防洪问题的重要性,一切治黄措施都应有利于下游防洪、减淤,因此开发建设项目应千方百计采取有效措施防治新增水土流失,不能再增加入黄泥沙。

参考文献

[1] 中国每年因水土流失损失耕地 100 万亩[OL]. 中新网,2009-03-19.

[2] 康传义,苏嵘.谁为能源输出大省的生态损失埋单[N].陕西日报,2009-07-14.
[3] 唐旭,陈珊珊,任松筠.水土流失离我们并不遥远　专家深入探讨防治之策[N].新华日报,2009-04-29.
[4] 中国科学院黄土高原综合科学考察队.黄土高原地区北部风沙区土地沙漠化综合治理[M].北京:科学出版社,1991.
[5] 张胜利,张利铭,等.神府东胜煤田开发对水土流失及入黄泥沙影响研究[M]//黄河水沙变化研究.郑州:黄河水利出版社,2002.
[6] 张胜利.黄河中游大型煤田开发对侵蚀和产沙影响的研究[J].泥沙研究,1993(3).
[7] 李文银,王治国,蔡继清.工矿区水土保持[M].北京:科学出版社,1996.
[8] [美]W·R柯蒂斯.露天采矿对土壤侵蚀和产沙的影响[J].张胜利译.水土保持科技情报,1984(3).
[9] V·A范诺尼.泥沙工程学[M].黄河水利委员会水利科学研究所、长江水利水电科学研究院等译.北京:水利出版社,1981.
[10] 钱宁,万兆惠.泥沙运动力学[M].北京:科学出版社,1983.
[11] 张胜利.黄河中游大型煤田开发对侵蚀和产沙影响的初步研究[M]//黄河流域环境演变与水沙运行规律研究论文集(第一集).北京:地质出版社,1990.
[12] 张胜利,于一鸣,姚文艺.水土保持减水减沙效益计算方法[M].北京:中国环境科学出版社,1994.
[13] 景可,陈永宗.黄土高原侵蚀环境与侵蚀速率的初步研究[J].地理研究,1983(6).
[14] Zhang Shengli. Estimation of sediment yield of the region lacking ovserved hydrologic dade between Hekouzhen Yimen in Yellow River, Proceedings of the Fourth International Symposium on River Sedimentation, June5-9, 1989.
[15] 张胜利,左仲国,等.从窟野河"89·7"洪水看神府东胜煤田开发对水土流失和入黄泥沙的影响[J].中国水土保持,1990(1).
[16] 王静琳,杜亚娟.依法遏制水土流失　努力维护黄河健康——纪念《水土保持法》颁布十八周年[N].黄河报,2009-06-30.

第6章　黄河中游水土保持措施最大减水、减沙量预测分析

6.1　黄土高原地区水土保持最大减水(利用径流)量预测分析

6.1.1　水土保持措施利用径流作用与最大径流利用率分析

6.1.1.1　水土保持措施利用径流作用分析

黄河流域黄土高原地区水土保持措施,主要指梯田、人工林、人工草和淤地坝等,本次研究所论的水土保持措施利用径流量,既不包括维持区域生态平衡的生态用水,也不包括工农业用水和城镇用水等水资源利用范畴的用水,而专指梯田、人工林、人工草和淤地坝等措施实施后的保水、用水作用。

水土保持措施利用径流的作用可概括为:一是使原先裸露地的土壤水分无效蒸发部分转化为植物的有效蒸腾,减少无效蒸发量,增加降雨入渗并拦截部分原来流失掉的径流,提高降雨的有效利用率和土地生产能力,从而减少降雨造成的坡面侵蚀和养分的流失,改善生态环境;二是调蓄地表径流,坡面措施可调节、吸收和分散径流,减少径流侵蚀力,从而减少坡面侵蚀产沙;淤地坝等沟道工程,拦蓄地表径流,减少径流集中冲刷力,从而减少沟道侵蚀产沙和输入黄河的泥沙,淤地坝抬高侵蚀基准面,变荒沟为优质农田,为发展灌溉农业和退耕还林(草)提供水资源。同时,由于入黄泥沙的减少,可有效减缓下游河道的淤积,配合其他治黄措施,可缓解黄河下游的洪水威胁,并可使黄河下游河道所需输沙用水得以减少,对开发利用黄河水资源具有重要意义。

6.1.1.2　水土保持措施的最大径流利用率分析

如前所述,水土保持措施实施后,大大提高了降雨和径流利用率。据水保站观测资料,在较高标准及一般降雨情况下,基本农田可拦蓄90%的径流,造林、种草可拦蓄50%~60%的径流。沟道坝系可拦蓄坡面拦蓄不到和拦蓄不了的大部分径流。关于各种水土保持措施利用地表径流的最大数量,是指到2050年达到水土保持治理较高水平的有效面积占水土流失面积的90%计,在有效面积中,按水土保持规划的措施结构比例及利用径流率加权计算径流利用率为70%(基本农田和经济林占总措施面积的30%和15%,利用径流率90%,林、草占总措施面积分别为45%和10%,利用径流率为54%)。二者综合的最大径流利用率为63%(90%×70%)。

6.1.2　黄土高原地区水土保持措施最大利用径流量宏观分析

6.1.2.1　本次研究的区域范围

根据1990年全国遥感普查，黄土高原地区水土流失面积为45.4万 km^2，以此作为本次分析研究的范围。分析时根据水土保持对黄河水资源影响强弱，将45.4万 km^2 分为两部分，即河口镇以上和河口镇至花园口区间，其中河口镇以上水土流失面积为21万 km^2，该区大部分属半沙漠地带，年降水量及年径流深都比较小，青藏高原来的清水，通过黄河的过境水量很大，但受龙羊峡、刘家峡等水库和宁蒙大灌区的影响很大，规划的水土保持措施上去后，对黄河非水土流失区及过境径流影响甚微，因此本次分析作为一般水土流失区；河口镇至花园口区间水土流失面积为24.4万 km^2，这一地区是水土保持措施主要实施地区和主要用水地区，作为本次分析的重点区域。

6.1.2.2　水土保持措施利用径流量宏观分析

1）重点区域产水、用水分析

在重点区域24.4万 km^2 水土流失面积中，可分为水土流失严重的多沙区和一般水土流失区，两区分别计算，相加求和得全区域。

a. 多沙区

黄委水文局熊贵枢将黄河多沙区分为4个河段：①河口镇至龙门；②泾河亭口站以上；③北洛河交口河以上；④渭河南河川以上。4个河段的流域面积共18.69万 km^2。据1949年7月至1961年6月（12年）水文观测资料，该地区实测年均输沙量为15.01亿t，占黄河年均输沙量的90%以上，实测年径流量为103.3亿 m^3，经分割，其中地下径流（实际是基流）为53.4亿 m^3，地表径流为49.9亿 m^3（见表6-1）。此观测系列基本无水保措施，可代表天然情况。为了代表规划治理的多沙区19.1万 km^2，汛期地表径流（水土保持措施对非汛期径流基本无影响）则为51亿 m^3（49.9/18.69×19.1）。水土保持措施实施后，在较高治理水平下，最大用水率按63%计，其用水量为32.13亿 m^3（51×0.63）。

表6-1　1949年7月至1961年6月黄河中游多沙区径流量、输沙量

河段或区间	流域面积（万 km^2）	严重流失面积（万 km^2）	天然径流量（亿 m^3）	实测径流量（亿 m^3）	地表径流量（亿 m^3）	地下径流量（亿 m^3）	年输沙量（亿t）
河口镇—龙门	11.16	7.57	78.2	77.5	35.8	41.7	9.73
北洛河交口河	1.72	0.66	3.99	3.99	2.03	1.96	1.0
泾河亭口	3.47	2.95	10.3	10.3	5.44	4.86	2.64
渭河南河川	2.34	1.75	11.5	11.5	6.62	4.88	1.64
合计	18.69	12.93	104.0	103.3	49.9	53.4	15.01

b. 一般水土流失区

河口镇至花园口区间，除上述多沙区外，还有5.71万 km^2（24.4－18.69）的一般流失

区，主要分布在泾、洛、渭、汾河下游，由于受渭汾平原及干支流大中型水库与灌区影响很大，地表径流和地下径流难以分割。因此，依据上述多沙区实测汛期地表径流模数2.67万m^3/km^2（49.9/18.69）推算，考虑到一般流失区处于多沙区南面，降水量偏大，故取汛期地表径流模数3万m^3/km^2。5.71万km^2流失面积的汛期地表径流量为17.13亿m^3（5.71×3），水土保持措施实施后，在较高治理水平下，最大用水率仍按63%计，其用水量为10.79亿m^3（17.13×0.63）。

c. 河口镇至花园口全区间

河口镇至花园口区间流域面积34.4万km^2，水土流失面积24.4万km^2，占区间流域面积的71%，地表径流量为68.13亿m^3（51.0+17.13），在较高治理水平下，最大用水量为42.92亿m^3（32.13+10.79）。

2）河口镇以上水土流失区汛期产水、用水分析

水土保持措施主要是利用河口镇以上主要支流汛期径流量，而河口镇以上主要支流有湟水、大通河、大夏河、洮河、祖厉河、清水河、苦水河等，区间的径流、泥沙主要来自这几条支流。据1969年前实测资料统计，各支流的年均水沙量列于表6-2，由表6-2所列成果可知，泥沙主要来自湟水、洮河、祖厉河、清水河等流域，这4条支流年均径流量约为75.2亿m^3，占上述支流总径流量的61.8%，年均输沙量为15 673万t，占支流总输沙量的93.8%。由于水土保持措施主要是利用汛期径流量，因此根据水利部第一期水沙变化研究基金成果，对洮河、祖厉河、湟水、清水河水土流失区汛期径流量进行了初步分析。

表6-2 河口镇以上主要支流水沙量

河名	汇流面积（km^2）	把口站	年径流量（亿m^3）	年输沙量（万t）	6~9月径流量（亿m^3）
湟水	15 342	民和	18.39	2 527	9.88
大通河	15 126	享堂	29.20	383	
大夏河	7 154	折桥	17.09	389	9.85
洮河	25 527	红旗	53.79	2 877	28.52
祖厉河	10 663	靖远	1.55	7 223	1.26
清水河	14 481	泉眼山	1.51	3 046	1.11
苦水河	5 218	郭家桥	0.22	263	0.16
小计	93 501		121.76	16 709	

据戴明英分析，洮河、祖厉河、湟水、清水河水土流失区汛期径流量约为10亿m^3（见表6-3）。

表6-3 洮河、祖厉河、湟水、清水河水土流失区汛期径流量

河名	洮河	祖厉河	湟水	清水河	合计
汛期径流量（亿m^3）	4.47	0.82	3.94	1.00	10.23

依据重点区域产水、用水分析，在 24.4 万 km^2 的水土流失面积中，最大用水量为 42.92 亿 m^3，单位面积用水量为 1.76 万 m^3/km^2，河口镇以上水土流失面积为 21 万 km^2，按重点区域单位面积用水量为 1.76 万 m^3/km^2 估算，最大可能用水量为 36.96 亿 m^3，如前分析，河口镇以上水土流失区实际汛期径流量仅为 10 亿 m^3 左右，即令汛期径流量全部用完，也不能满足最大可能用水量，因此需采用其他水利措施解决用水问题。

3）黄土高原地区水土保持利用径流总量分析

黄土高原地区水土流失面积 45.4 万 km^2，其中河口镇至花园口 24.4 万 km^2 重点水土流失区产水量为 67.03 亿 m^3，最大用水量为 42.92 亿 m^3；河口镇以上 21 万 km^2 水土流失面积最大可能用水量为 36.96 亿 m^3，两者合计最大可能用水量为 79.88 亿 m^3，但河口镇以上水土流失区实际产水量仅为 10 亿 m^3 左右，即令全部用光，最大可能用水量也只有 52.92 亿 m^3（42.92 + 10）。

由于水土保持措施利用了地表径流，必将有一部分通过地下径流返回河中，其中最主要的参数是地下径流补给系数。黄委水文处 1959 ~ 1963 年对黄河流域 54 条支流 71 个水文站，从设站之年至 1962 年的径流过程进行了地下径流与地表径流的分割，分割采用水文预报习用的方法，采用以下公式计算了地下径流补给系数：

$$\beta = H/(P - R) \tag{6-1}$$

式中 β——地下径流补给系数；

H——地下径流深，mm；

P——年总降水量，mm；

R——年地表径流深，mm。

其结果列于表 6-4，地下径流补给系数的平均值为 0.06。

表 6-4　黄河头道拐至龙门及泾洛渭河地表径流深地下径流补给系数

河名	站名	面积（km^2）	年降水量（mm）	地下径流深（mm）	地下水补给系数	地表径流深（mm）	地表径流系数	总径流深（mm）	地面状况	
红河	放牛沟	5 461	412.6	35.1	0.090	21.2	0.051	56.3	黄土区	
杨家川	杨湾子	364	498.7	1.6	0.003	16.7	0.033	18.3	黄土区	
偏关河	偏关	1 915	498.7	17.5	0.036	15.2	0.030	32.7	黄土区	石山林区
朱家川	后会村	2 914	494.8	1.8	0.004	12.5	0.025	14.3	黄土区	石山林区
岚漪河	裴家川	2 159	505.6	25.1	0.052	24.9	0.049	50.0	黄土区	石山林区
清凉寺	杨家坡	285	502.3	21.8	0.047	42.5	0.085	64.2	黄土区	
湫水河	林家坪	1 873	502.3	20.3	0.043	34.7	0.069	55.0	黄土区	石山林区
北川河	峪口	1 133	554.3	48.3	0.097	54.1	0.098	102.4		
北川河	圪洞	749	538.0	72.5	0.140	19.4	0.036	91.9	石山林区	
小南川	陈家湾	284	588.9	51.5	0.088	4.6	0.008	56.1		

续表 6-4

河名	站名	面积 (km²)	年降水量 (mm)	地下径流深 (mm)	地下水补给系数	地表径流深 (mm)	地表径流系数	总径流深 (mm)	地面状况	
三川河	后大成	4 102	543.7	37.5	0.073	29.0	0.053	66.6	黄土区	石山林区
屈产河	裴沟	2 914	630.5	5.2	0.008	4.3	0.007	9.5	黄土区	石山林区
昕水河	大宁	3 992	572.3	18.0	0.033	31.9	0.056	50.0	黄土区	石山林区
州川河	吉县	436	609.7	17.0	0.029	33.5	0.055	50.5	黄土区	石山林区
鄂水	乡宁	318	642.2	11.2	0.019	52.4	0.082	63.5	黄土区	石山林区
皇甫川	皇甫	3 199	459.1	20.5	0.051	56.9	0.124	77.4	黄土区	沙地丘陵
孤山川	高石崖	1 241	425.7	30.7	0.084	59.6	0.140	90.3	黄土区	
石马川	折家河	196	504.7	39.2	0.085	44.6	0.089	84.0	黄土区	
窟野河	王道恒塔	3 804	489	60.0	0.129	23.1	0.047	83.1	黄土区	沙地丘陵
	王一神	3 358	462.3	20.2	0.05	58.1	0.126	78.3	黄土区	沙地丘陵
	神木	7 162	470.4	41.3	0.096	39.5	0.084	80.8	黄土区	沙地丘陵
	神一温	1 483	462.3	56.0	0.156	103.2	0.223	159.1	黄土区	
	温家川	8 645	465.2	43.8	0.106	50.4	0.108	94.3	黄土区	沙地丘陵
秃尾河	高家川	3 254	465.0	103.0	0.237	29.0	0.062	132.2	黄土区	沙漠区
佳芦河	申家湾	1 121	469.1	43.8	0.103	42.4	0.090	86.2	黄土区	
乌龙河	董家坪	199	450.8	28.7	0.069	37.7	0.084	66.4	黄土区	
榆溪河	红石峡	4 032	527.1	51.5	0.099	6.7	0.013	58.2	沙漠区	
榆溪河	榆林	4 938	365.8	66.4	0.186	9.8	0.027	76.1	沙漠区	
海流兔	韩家峁	2 452	390.4	39.7	0.103	3.5	0.009	43.2	沙漠区	沙漠区
无定河	赵石窑	15 282	409.2	32.6	0.082	10.3	0.025	42.9	黄土区	沙漠区
芦河	横山	2 415	416	39.0	0.095	7.1	0.017	46.2	黄土区	沙漠区
大理河	青阳岔	662	474.3	23.9	0.052	19.0	0.040	42.8	黄土区	
小理河	李家河	807	440.4	21.5	0.051	19.1	0.043	40.6	黄土区	
岔巴沟	曹坪	187	480.0	38.3	0.085	30.4	0.063	68.7	黄土区	
大理河	子洲	3 377	464.3	20.2	0.046	28.2	0.061	48.4	黄土区	
无定河	丁家沟	23 422	464.3	38.8	0.086	12.2	0.026	51.0	黄土区	
无定河	绥德	28 719	409.1	36.5	0.093	15.1	0.037	51.7	黄土区	
无定河	川口	30 209	444.6	32.8	0.077	16.7	0.038	49.5	黄土区	沙漠区

续表 6-4

河名	站名	面积 (km^2)	年降水量 (mm)	地下径流深 (mm)	地下水补给系数	地表径流深 (mm)	地表径流系数	总径流深 (mm)	地面状况	
清涧河	子长	913	562.5	16.9	0.031	23.8	0.042	40.7	黄土区	
永坪川	贾家坪	640	530.0	23.9	0.047	24.3	0.046	48.3	黄土区	
清涧河	延川	3 468	487.2	15.2	0.033	26.7	0.055	42.0	黄土区	
延水	城峁	707	520.2	21.6	0.044	25.3	0.049	46.9	黄土区	
延水	招安	1 275	520.2	21.5	0.043	24.6	0.047	46.1	黄土区	
延水	杨家湾	3 209	520.2	19.1	0.038	23.2	0.045	42.3	黄土区	
延水	甘谷驿	5 891	520.2	11.6	0.023	24.2	0.047	35.9	黄土区	
汾川河	临镇	1 121	572.7	12.0	0.021	7.3	0.013	19.2	黄丘林	
仕望川	大村	2 141	582.2	23.2	0.041	13.5	0.023	36.8	黄土区	黄丘林区
北洛河	刘家河	7 325	474.1	12.8	0.028	17.9	0.038	30.7	黄土区	黄丘林区
北洛河	刘交间	9 855	557.6	17.3	0.031	7.5	0.013	24.8	黄土区	黄丘林区
北洛河	交口河	17 180	519.6	15.4	0.030	11.9	0.023	27.3	黄土区	
环江	洪德	4 640	374.7	3.0	0.008	11.3	0.030	14.3	黄土区	
东川	庆阳	3 063	565.7	12.1	0.022	11.8	0.021	23.9	黄土区	黄丘林区
西川	庆阳	10 603	427.8	6.3	0.015	13.3	0.031	19.6	黄土区	
蒲河	毛家河	7 198	532.7	14.3	0.028	14.6	0.027	28.9	黄土区	
洪川河	杨闾	1.37	541.9	18.0	0.034	18.6	0.034	36.6	黄土区	石山林区
芮河	泾川	1 671	556.6	53.3	0.104	42.2	0.076	95.5	黄土区	石山林区
泾河	泾川	3 160	589.1	51.4	0.094	43.8	0.074	95.2	黄土区	石山林区
黑河	亭口	34 710	603.2	4.1	0.007	4.5	0.008	8.6	黄土区	
三水河	刘家河	1 310	527.7	48.0	0.094	15.9	0.030	63.9	黄土区	黄丘林区
泾河	亭口	35 200	509.7	14.0	0.028	15.4	0.030	29.4	黄土区	
泾河	张家山	43 216	479.5	21.1	0.046	17.8	0.037	38.9	黄土区	
渭河	首阳	833	479.5	3.4	0.007	19.5	0.041	22.9	黄土区	
散渡河	甘谷	2 484	584.2	7.0	0.012	24.5	0.042	31.4	黄土区	
牛头河	石岭寺	1 836	496.5	74.4	0.168	52.3	0.105	126.8	黄土区	石山林区
葫芦河	秦安	9 805	496.5	13.6	0.029	21.7	0.044	35.4	黄土区	石山林区

注：本表引自熊贵枢等，水土保持控制黄河泥沙的可能性及前景分析，黄河水文水资源研究所，2002 年 1 月。

表 6-4 所列地下径流补给系数为天然状况下的地下径流补给系数，由于实施了水土保持措施，地下径流补给系数将有所增加，根据张胜利对岔巴沟的研究，实施水土保持措施后地下径流补给系数为 15%，综合分析地下径流补给系数，本次计算采用 10%。

归纳以上分析，黄土高原地区水土保持最大减水量可按下式计算：

$$W = W_b \eta (1 - k) \tag{6-2}$$

式中　W——水土保持最大减水量；

W_b——实施措施区内地表径流量；

η——水土保持措施最大利用率；

k——地下径流补给系数。

根据前面的分析，河口镇至花园口全区间地表径流量为 68.10 亿 m^3，河口镇以上为 10.23 亿 m^3，两者合计为 78.33 亿 m^3，水土保持措施最大利用率按 0.63 计算，地下径流补给系数，取 10%。代入式(6-2)计算，黄土高原地区水土保持措施最大用水量为 44.41 亿 m^3。

6.1.3　淤地坝和植被建设减水量分析

6.1.3.1　淤地坝建设减水量分析

黄土高原淤地坝建设作为水利部三大亮点之一，已编制了"黄河流域黄土高原地区水土保持淤地坝建设规划"，黄河流域黄土高原地区淤地坝建成后，在减少入黄泥沙的同时，也拦蓄利用了径流量。因此，根据规划对淤地坝建设不同水平年利用径流量进行了估算。

淤地坝利用径流量可按下式计算：

$$\Delta W = MF \tag{6-3}$$

式中　ΔW——淤地坝利用径流量；

M——单位面积坝地面积年利用径流量，其值采用"黄河水沙变化研究基金"所采用的定额，即每亩坝地年均利用径流量 300 m^3；

F——不同水平年新增坝地面积。

根据"黄河流域黄土高原地区水土保持淤地坝建设规划"(黄委黄河上中游管理局，2003)建设进度，到 2010 年可淤成坝地 104 万亩，到 2020 年可淤成坝地 358 万亩，到 2040 年可淤成坝地 750 万亩。据此可计算出不同规划水平年淤地坝利用径流量(见表 6-5)，由表 6-5 所列成果可以看出，到 2040 年工程发挥效益后，淤地坝利用径流量 22.5 亿 m^3。

淤地坝拦蓄流域水资源包括两方面：一是基本用水，即淤地坝淤成后种植坝地的用水，这部分用水是长期的，另一部分是骨干坝未淤满前的水面蒸发用水，主要在 2040 年前，当骨干坝淤满后就变成了坝地用水；二是可能增加的用水，即骨干坝蓄水后可能增加的农田灌溉、农村人畜用水和发展植树造林等的生态用水，这部分用水是有时间性的，当骨干坝失去蓄水能力时用水即不存在。经计算，其结果列于表 6-5。由表 6-5 所列成果可以看出，到 2040 年淤地坝减水 25 亿 m^3 左右。

6.1.3.2　林草植被建设减水量分析

目前，黄土高原地区林草植被建设有一个较大发展，可以设想，在今后较长时间内，黄土高原地区的某些地方可能出现类似黄土丘陵林区情况。根据黄土丘陵林区的水文观测资料(见表6-6),可以看出,黄土丘陵林区的地表径流量占总径流量的比例约为30%,即林区调蓄地表径流量的作用约为30%。据此,可推算当水土保持最大减水量(主要是地表径流量)为44.41亿m^3时(前节分析结果),林地的减水量为13.3亿m^3(44.41×0.3)。

表6-5　黄土高原淤地坝建设不同水平年用水量估算　　(单位:亿m^3)

水平年	中小淤地坝减水	骨干坝新增水面蒸发	灌溉、人畜、生态新增用水量	合计
2010	2.43	0.83	1.05	4.31
2020	10.62	2.84	3.28	16.74
2030	14.76	4.91	3.46	23.13
2040	14.76	7.11	3.56	25.43

表6-6　黄土丘陵林区径流量特征统计

河名	站名	流域面积(km^2)	观测年限	降水量(mm)	输沙模数(t/km^2)	径流深(mm)	径流系数	地表径流/总径流
葫芦河	张村驿	4 715	1957~1990	576	452	25.9	0.045	0.30
汾川河	临镇	1 121	1959~1993	562	462	19.9	0.035	0.38
仕望川	大村	2 141	1959~1993	583	1 203	39.2	0.067	0.36
沮河	黄陵	2 229	1966~1990	576	330	54.8	0.077	0.30
三水河	刘家河	1 310	1959~1993	620	1 733	65.3	0.105	0.25

6.1.4　较大暴雨对水土保持利用径流影响分析

为分析暴雨对径流的影响,可用径流系数(洪水径流量/面平均降雨量)表示暴雨产流关系,其大小除反映暴雨产流状况外,在一定程度上也反映了水利水保措施的有效拦蓄能力。

近年来,黄河中游地区发生的较大暴雨当属2002年7月4日发生在清涧河流域的一次面平均雨量为105.4 mm的较大暴雨,造成子长站最大洪峰流量4 670 m^3/s,水土流失十分严重。为分析其对径流的影响,统计了子长站洪峰流量大于1 000 m^3/s的较大暴雨产流系数(见表6-7)。

由表6-7所列成果可以看出,2002年7月的暴雨产流系数明显增大,特别是2002年7月4日暴雨径流系数高达0.63,为子长站历次暴雨产流系数最大值,这一情况,一方面说明随时间的推移,水土保持措施拦蓄作用正在衰减,另一方面也说明了当遭遇较大暴雨时使径流增加。因此,在估计水土保持措施减水作用时,应考虑暴雨对产流的影响。根据我们的分析,类似清涧河子长站的暴雨,在河龙区间14条主要支流平均出现的几率为6年出现1次(见表6-8)。当这种“破坏性暴雨”出现时,水土保持措施拦蓄径流作用将降低,抵消一部分水土保持利用径流效益。

表 6-7　清涧河子长站洪峰流量大于 1 000 m^3/s 的较大暴雨产流统计

序号	洪水时间（年-月-日）	洪峰流量（m^3/s）	前 2 日面平均雨量（mm）	本次面平均雨量（mm）	径流量（亿 m^3）	径流深（mm）	径流系数
1	1959-08-24	1 660	19.6	16.8	0.066 3	4.8	0.29
2	1966-08-15	1 460	49.5	72.6	0.124 1	13.5	0.19
3	1969-07-26	1 180	23.8	21.0	0.066 5	7.3	0.35
4	1969-08-09	3 150	33.4	37.7	0.168 0	18.3	0.49
5	1971-07-06	1 130	13.0	58.0	0.089 0	9.7	0.17
6	1971-07-26	1 440	30.9	51.7	0.072 6	8.0	0.15
7	1977-07-06	1 440	90.7	140.4	0.132 1	14.5	0.10
8	1990-08-24	1 320	16.2	33.0	0.091 7	10.0	0.30
9	1994-08-31	1 920	25.5	53.5	0.174 3	19.1	0.36
10	1995-09-01	1 250	35.1	45.8	0.056 5	6.2	0.14
11	1996-08-01	1 250	23.7	46.7	0.084 6	9.3	0.20
12	2000-08-29	1 190	8.9	17.5	0.042 9	4.7	0.27
13	2002-07-04	4 670	21.0	105.4	0.602 3	66.0	0.63
14	2002-07-05	1 690	105.4	57.9	0.154 4	16.9	0.29

表 6-8　河龙区间主要支流日点雨量大于 100 mm 的重现期

河名	偏关河	皇甫川	孤山川	朱家川	岚漪河	窟野河	秃尾河	佳芦河	湫水河	三川河	屈产河	清涧河	昕水河	延河
出现次数	2	4	4	4	5	10	7	2	4	8	3	5	11	4
重现期（年/次）	11.50	6.75	6.580	7.00	5.00	2.70	3.57	12.00	6.75	3.00	6.00	5.40	2.36	7.00
统计年份	1958～1980	1954～1980	1955～1980	1953～1980	1956～1980	1954～1980	1956～1980	1955～1980	1954～1980	1957～1980	1963～1980	1954～1980	1955～1980	1953～1980

6.2　黄河中游多沙粗沙区水土保持措施最大减沙量预测分析

6.2.1　多沙粗沙区最大治理程度分析

6.2.1.1　不同类型区坡面措施适宜治理面积分析

黄河中游多沙粗沙区主要分布于黄河河口镇至龙门区，泾河与北洛河上游等地区，涉及陕西、山西、甘肃、内蒙古、宁夏5省(区)的44个县(旗、市),总面积7.86万 km^2。从水土保持区划来看,属于黄土丘陵沟壑区第一副区(简称丘一区)的面积52 960 km^2,黄土丘陵沟壑区第二副区(简称丘二区)的面积12 577 km^2,黄土丘陵沟壑区第五副区(简称丘五区)的面积11 334 km^2,黄土高塬沟壑区面积1 729 km^2,合计多沙粗沙区面积78 600 km^2(见表6-9)。

表6-9 多沙粗沙区按水土保持区划面积统计

水土保持类型区	丘一区	丘二区	丘五区	高塬沟壑区	合计
面积(km^2)	52 960	12 577	11 334	1 729	78 600
占比(%)	67.4	16.0	14.4	2.2	100

从土地分类、土地评价及农业土地利用的角度出发,限制多沙粗沙区土地资源利用的主要地类包括:①因地面坡度过陡(>45°)和地表被岩石或石砾覆盖(覆盖面积>50%)的难利用地;②因用于居住、工矿企业及交通建设等的非生产用地以及水域。根据有关研究成果,对多沙粗沙区而言,这四类面积组合起来的面积一般占区域总面积的25%~30%(见表6-10)。根据表6-10的分析成果,确定多沙粗沙区各不同类型区坡面粗沙适宜治理面积分别为丘一区37 072 km^2、丘二区8 804 km^2(以上均按70%计),丘五区8 501 km^2、高塬沟壑区1 297 km^2(按75%计)。总适宜治理面积55 674 km^2,占多沙粗沙区总面积的70.8%(见表6-11)。

表6-10 多沙粗沙区不同类型区不宜治理面积组成分析 (单位:km^2)

类型区	总面积	不宜治理面积				宜治理面积
		极陡坡地	裸岩石砾地	非生产用地	水域	
丘一区	52 960	8 103	5 349	1 377	1 218	36 913
	100	15.3	10.1	2.6	2.3	69.7
丘二区	12 577	1 546	1 333	579	289	8 830
	100	12.3	10.6	4.6	2.3	70.2
丘五区	11 334	1 156	1 167	295	261	8 455
	100	10.2	10.3	2.6	2.3	74.6
高塬沟壑区	1 729	194	155	45	40	1 209
	100	11.2	9.0	2.6	2.3	74.9
多沙粗沙区	78 600	11 000	8 003	2 290	1 808	55 493
	100	14.0	10.2	2.9	2.3	70.6

注:参考宋桂琴《黄土高原土地资源研究的理论与实践》(中国水利水电出版社,1996)等有关资料整理。

6.2.1.2 不同类型区沟道工程最大控制面积分析

参考常茂德、刘立斌等有关研究成果,考虑到多沙粗沙区各水土保持类型区的建坝沟道条件、水沙条件等影响因素,并根据《水土保持治沟骨干工程暂行技术规范》(SD 175—

表 6-11　多沙粗沙区不同类型区坡面适宜治理面积预测

水土保持类型区	总面积(km^2)	适宜治理面积(km^2)	适宜治理面积比例(%)
丘一区	52 960	37 072	70
丘二区	12 577	8 804	70
丘五区	11 334	8 501	75
高塬沟壑区	1 729	1 297	75
多沙粗沙区	78 600	55 674	70.8

86)和《水土保持综合治理技术规范》(GB/T 16453.1～16453.6—1996)等有关要求，沟道坝库工程配置上丘一区与丘二区基本一致，丘五区与高塬沟壑区基本一致，其中，治沟骨干工程(含大型坝)单坝控制面积平均按 4 km^2/座计算，多沙粗沙区总坝控面积 57 200 km^2，占多沙粗沙区总面积的 72.8%，坝库工程淤积面积 5 075 km^2。

6.2.1.3　不同类型区水土保持最大治理程度分析

水土保持最大治理程度是指各水土保持类型区扣除城镇村庄、工矿企业、铁路交通、河流水域等非生产用地和极陡坡、裸露基岩等难利用地外适宜布设防治水土流失各项措施的最大面积占类型区水土流失面积的比例。沟道坝库工程作为控制沟道侵蚀、蓄水拦沙、抬高侵蚀基准的关键措施，工程拦沙形成的坝地，改变了侵蚀环境，防止了水土流失，因此分析计算最大治理程度时坝地设计淤积面积也应参与计算。

根据上述关于多沙粗沙区水土保持类型区适宜治理面积分析结果，参考"黄河中游多沙粗沙区快速治理模式的实践与理论"等成果，当坝地面积与流域面积之比在 1/25～1/18 时，沟道坝系工程就可基本达到相对稳定。考虑到作为水土保持生态工程系统应尽可能减少入黄泥沙的需要，沟道坝库工程作为最关键措施之一，从有利于坝系相对稳定的角度出发，将坝地设计淤积面积比例(坝系相对稳定系数)提高到 1/12～1/15。由此可求得多沙粗沙区不同类型区最大可能治理程度(见表 6-12)。

表 6-12　多沙粗沙区不同类型区最大治理程度分析成果

类型区	总面积(km^2)	流失面积(km^2)	坡面措施适宜治理面积(km^2)	坡面治理程度(%)	坝库工程淤积面积(km^2)	坝库工程淤积面积比(%)	最大治理程度(%)
丘一区	52 960	52 960	37 072	70	3 552	6.7	76.7
丘二区	12 577	12 577	8 804	70	851	6.7	76.7
丘五区	11 334	11 334	8 501	75	588	5.2	80.2
高塬沟壑区	1 729	1 729	1 297	75	84	4.8	79.8
多沙粗沙区	78 600	78 600	55 674	70.8	5 075	6.5	77.3

6.2.2 多沙粗沙区水土保持措施最大减沙量计算

6.2.2.1 坡面措施减沙量计算方法

1）梁峁坡坡面措施减沙量计算方法

设梁峁坡某一单项坡面措施的减沙效率为 η_{pi}，其实施面积为 f_{pi}，无措施情况下坡面产沙模数为 M_p，流域总体产沙模数为 M，流域面积为 F，则流域坡面措施总减沙量 W_{sp} 和总减沙效率 η_p 分别为：

$$W_{sp} = \sum M_p \eta_{pi} f_{pi} \tag{6-4}$$

$$\eta_p = W_{sp}/(MF) \tag{6-5}$$

2）沟谷坡坡面措施减沙量计算方法

设沟谷坡某一单项坡面措施的减沙效率为 η_{gi}，其实施面积为 f_{gi}，无措施情况下沟谷坡面产沙模数为 M_g，流域总体产沙模数为 M，流域面积为 F，则流域坡面措施总减沙量 W_{sg} 和总减沙效率 η_{gi} 分别为：

$$W_{sg} = \sum M_g \eta_{gi} f_{gi} \tag{6-6}$$

$$\eta_{gi} = W_{sg}/(MF) \tag{6-7}$$

6.2.2.2 沟谷底沟道措施总减沙量计算方法

设沟谷底某一单项沟道措施的减沙效率为 η_{di}，其设计淤积面积为 f_{di}，无措施情况下该淤积面上的天然产沙模数为 M_d，经坡面措施拦蓄之后进入该淤积面上的坡面（包括梁峁坡和沟谷坡）输沙模数为 M_d'，W_p、W_g 分别为梁峁坡和沟谷坡的天然产沙量，W_{sp}、W_{sg} 分别为梁峁坡和沟谷坡坡面措施减沙量，A_k、A_d 分别为沟道坝库工程控制面积和沟谷底面积，流域总体产沙模数为 M，流域面积为 F，则流域沟谷底沟道措施总减沙量 W_{sd} 和总减沙效率 η_d 分别为：

$$W_{sd} = \sum (M_d + M_d') \eta_{di} f_{di} \tag{6-8}$$

式中 $M_d' = (A_k - A_d)[(W_p + W_g) - (W_{sp} + W_{sg})]/F_d$

$$\eta_d = W_{sd}/(MF) \tag{6-9}$$

6.2.3 水土保持综合措施最大减沙量计算

6.2.3.1 流域总减沙量计算方法

在计算坡面及沟道措施减沙的基础上，可得流域总减沙量 W_s：

$$W_s = (W_{sp} + W_{sg} + W_{sd}) = \eta MF \tag{6-10}$$

$$\eta = (\eta_p + \eta_g + \eta_d) = (W_{sp} + W_{sg} + W_{sd})/(MF) \tag{6-11}$$

若将梁峁坡（塬面）、沟谷坡（塬嘴坡）、沟谷底（沟谷）作为多沙粗沙区不同类型区某流域土地类型分类的基本单元，则该流域在无措施情况下的产（输）沙量平衡方程为：

$$W = MF = W_p + W_g + W_d = M_p F_p + M_g F_g + M_d F_d \tag{6-12}$$

式中 W——无措施情况下流域多年平均产（输）沙量，t/a；

M——流域年产（输）沙模数，t/km²；

F——流域面积，km^2；

W_p、W_g、W_d——梁峁坡、沟谷坡、沟谷底的多年平均产(输)沙量，t/a；

M_p、M_g、M_d——梁峁坡、沟谷坡、沟谷底的年侵蚀(输沙)模数，t/km^2；

F_p、F_g、F_d——梁峁坡、沟谷坡、沟谷底的占地面积，km^2。

因 $F = F_p + F_g + F_d$，故式(6-12)也可表达为：

$$M = M_pA_p + M_gA_g + M_dA_d$$

式中　A_p、A_g、A_d——梁峁坡、沟谷坡、沟谷底面积与流域面积之比(%)。

显然，对于任何小流域而言，由于地形、地貌特点的不同，其 A_p、A_g、A_d 是不一致的，再加上气候变化、人类活动等其他因子的影响，M_p、M_g、M_d 也是不同的。但借助于长期观测资料与分析研究，总可以得到 M_p、M_g、M_d 比较确切的数值。

6.2.3.2　计算参数的确定

1)不同类型区产(输)沙特征值的确定

刘立斌等根据陈浩等《流域坡面与沟道侵蚀产沙研究》和常茂德等《黄土高原地区不同类型区综合治理模式研究与评价》的有关研究成果，综合分析求得多沙粗沙区不同类型区的 M、M_p、M_g、M_d 和 W、W_p、W_g、W_d 等参数(见表6-13)。

表6-13　多沙粗沙区 M、M_p、M_g、M_d 和 W、W_p、W_g、W_d 值分析成果

类型区	M	W	M_p	W_p	M_g	W_g	M_d	W_d
丘一区	17 850	94 534	10 000	29 128	19 000	35 219	57 000	30 187
丘二区	11 850	14 904	7 000	4 842	12 000	5 282	38 000	4 780
丘五区	6 000	6 800	5 000	3 400	6 000	2 176	13 500	1 224
高塬沟壑区	11 600	2 006	5 000	432	13 000	674	26 000	900
多沙粗沙区	15 044	118 244	8 649	37 802	16 006	43 351	47 510	37 091

2)不同类型区最大治理程度下治理面积的确定

刘立斌等参考常茂德、陈彰岑、曾茂林等关于黄土高原、多沙粗沙区治理模式和坝系相对稳定研究成果，探讨了达到最大治理程度情况下多沙粗沙区不同类型区相对优化治理模式，认为坡面适宜治理面积丘一区、丘二区、丘五区、高塬沟壑区分别按总面积的70%、70%、75%、75%计算；丘一区、丘二区坝系相对稳定条件按设计面积占类型区面积1/15左右；丘五区、高塬沟壑区按1/20左右计算。治沟骨干工程、中小型淤地坝设计面积分别按15.0 hm^2/座、10.0 hm^2/座、1.0 hm^2/座计算；治沟骨干工程单坝控制面积按4.0 km^2/座进行设计，经计算分析得出多沙粗沙区各类型区相对优化治理模式下不同措施分布及其面积组成(见表6-14)。

3)减沙系数的确定

水土保持坡面措施主要指梯田、造林、种草，黄委绥德水保站熊运阜等根据径流小区观测资料分析得到不同质量、不同径流泥沙水平年梯田、造林、种草的减沙指标(见第4章表4-5)。在进行大面积计算时，梯田宜采用质量为3、4类的平均值，林草地宜采用盖度为20%～30%的平均值。根据张胜利整理的大面积坡面措施减沙指标(见表6-15)，其中丰、平、枯水年分别按 20%、50% 和 30% 的发生频率进行概化，而且各类型区采用丘一区的指标。

表 6-14　优化治理模式下不同类型区不同措施分布地类及面积组成（单位：km²、%）

类型区	总面积	梁峁坡(塬面)			沟谷坡(塬嘴坡)			沟谷底(沟谷)			最大治理面积
		梯田	林地	草地	梯田	林地	草地	骨干	中型	小型	
丘一区	52 960	8 638	12 027	3 166	0	11 884	1 357	1 440	1 440	672	40 624
	100	16.3	22.7	6.0	0	22.4	2.6	2.7	2.7	1.3	76.7
丘二区	12 577	2 051	2 856	752	0	2 822	322	345	345	161	9 654
	100	16.3	22.7	6.0	0	22.4	2.6	2.7	2.7	1.3	76.7
丘五区	11 334	1 981	3 301	726	0	2 182	311	315	210	63	9 089
	100	17.5	29.1	6.4	0	19.3	2.7	2.8	1.8	0.6	80.2
高塬沟壑区	1 729	278	342	158	185	228	105	45	30	9	1 380
	100	16.1	19.8	9.1	10.7	13.2	6.1	2.6	1.7	0.5	79.8
多沙粗沙区	78 600	12 948	18 526	4 802	185	17 116	2 095	2 145	2 025	905	60 747
	100	16.5	23.5	6.1	0.2	21.8	2.7	2.7	2.6	1.2	77.3

表 6-15　大面积坡面措施减沙指标　　(%)

措施	枯水年	平水年	丰水年	多年平均
梯田	94.0	70.0	36.0	64.6
林地	81.0	34.0	13.0	37.1
草地	77.0	30.0	11.0	33.7

注：引自张胜利等，黄河中游水土保持减水减沙作用分析，1999 年 6 月。

沟道坝库工程设计洪水频率大多在 5% ~ 10%，而多沙粗沙区出现丰、平、枯水年产洪、产沙量的频率分别按 20%、50% 和 30% 的发生频率进行计算，因此无论哪种类型的沟道坝库工程，其设计的淤积面积上的多年平均产(输)沙量的拦蓄效率均按 100% 计算。

6.2.3.3　多沙粗沙区水土保持措施最大减沙量计算

利用以上计算方法和计算参数，经计算得多沙粗沙区在优化治理模式下水土保持最大减沙量(见表 6-16)。分析表 6-16 所列成果，可以得到以下认识：

(1) 多沙粗沙区经过优化综合治理，其最大减沙目标可达 7.36 亿 t(14 509 万 t + 11 471 万 t + 47 572 万 t)，综合治理总减沙效率为 62.20%，其中坡面措施总减沙效率为 21.97%，沟道坝库工程总减沙效率为 40.23%。

(2) 黄土丘陵沟壑区第一副区最大减沙目标可达 5.91 亿 t，治理措施总减沙效率为 62.55%，其中坡面措施总减沙效率为 21.53%，沟道坝库工程总减沙效率为 41.02%。

表6-16　优化治理模式下单项水保措施最大减沙量计算成果

类型区		梁峁坡(塬面)			沟谷坡(塬嘴坡)			沟谷底(沟谷)		
		梯田	林地	草地	梯田	林地	草地	骨干	中型	小型
丘一区	f_i(km^2)	8 638	12 027	3 166	0	11 884	1 357	1 440	1 440	672
	η_i(%)	64.6	37.1	33.7	64.6	37.1	33.7	100	100	100
	M(t/(km^2·a))	10 000			19 000			57 000		
	W_{si}(万t/a)	5 580	4 462	1 067	0	8 377	869	15 720	15 720	7 336
	$\sum W_{si}$(万t/a)	11 109			9 246			38 776		
	η(%)	11.75			9.78			41.02		
丘二区	f_i(km^2)	2 051	2 856	752	0	2 822	322	345	345	161
	η_i(%)	64.6	37.1	33.7	64.6	37.1	33.7	100	100	100
	M(t/(km^2·a))	7 000			12 000			38 000		
	W_{si}(万t/a)	927	742	177	0	1 256	109	2 502	2 502	1 167
	$\sum W_{si}$(万t/a)	1 846			1 365			6 171		
	η(%)	12.38			9.16			41.40		
丘五区	f_i(km^2)	1 981	3 301	726	0	2 182	311	315	210	63
	η_i(%)	64.6	37.1	33.7	64.6	37.1	33.7	100	100	100
	M(t/(km^2·a))	5 000			6 000			13 500		
	W_{si}(万t/a)	640	612	122	0	486	63	1 247	832	249
	$\sum W_{si}$(万t/a)	1 374			549			2 328		
	η(%)	20.20			8.07			34.24		
高塬沟壑区	f_i(km^2)	278	342	158	185	228	105	45	30	9
	η_i(%)	64.6	37.1	33.7	64.6	37.1	33.7	100	100	100
	M(t/(km^2·a))	5 000			13 000			26 000		
	W_{si}(万t/a)	90	63	27	155	110	46	150	106	32
	$\sum W_{si}$(万t/a)	180			311			297		
	η(%)	8.97			15.50			14.81		
多沙粗沙区	f_i(km^2)	12 948	18 526	4 802	185	17 116	2 095	2 145	2 025	905
	η_i(%)	64.6	37.1	33.7	64.6	37.1	33.7	100	100	100
	M(t/(km^2·a))									
	W_{si}(万t/a)									
	$\sum W_{si}$(万t/a)	14 509			11 471			47 572		
	η(%)	12.27			9.70			40.23		

(3)黄土丘陵沟壑区第二副区最大减沙目标可达 0.94 亿 t,治理措施总减沙效率为 62.94%,其中坡面措施总减沙效率为 21.54%,沟道坝库工程总减沙效率为 41.40%。

(4)黄土丘陵沟壑区第五副区最大减沙目标可达 0.43 亿 t,治理措施总减沙效率为 62.51%,其中坡面措施总减沙效率为 28.27%,沟道坝库工程总减沙效率为 34.24%。

(5)高塬沟壑区(残塬区)最大减沙目标可达 0.08 亿 t,治理措施总减沙效率为 39.28%,其中坡面措施总减沙效率为 24.47%,沟道坝库工程总减沙效率为 14.81%。

需要指出的是,本次分析的水土保持最大减沙量仅是初步探讨,多沙粗沙区未来水土保持减沙作用受多种因素的影响,如气候(特别是暴雨)波动、治理措施减沙作用的衰减以及人为增沙等,都可能使目前分析的最大减沙量为小,因此多沙粗沙区水土保持减沙目标仍是一个需作长期深入研究的复杂问题。

6.2.4　结论与讨论

6.2.4.1　主要结论

(1)黄河流域黄土高原地区水土保持措施利用径流分析表明,河口镇至花园口区间 24.4 万 km^2 的水土流失面积产生的地表径流量为 68.10 亿 m^3,按水土保持措施最大利用径流率 63% 计算,水土保持措施最大利用径流量为 42.9 亿 m^3。按此推算,河口镇以上水土流失面积为 21 万 km^2,最大可能用水量为 36.96 亿 m^3,但河口镇以上水土流失区实际汛期径流量仅为 10 亿 m^3 左右,即令汛期径流量全部用完,最大可能利用径流量也只有 52.9 亿 m^3,再考虑水的回归,水土保持最大利用径流量约为 44.41 亿 m^3。

(2)淤地坝和林草植被建设减水分析表明,到 2040 年这两项合计最大减水量为 38.9 亿 m^3,再加其他水土保持措施用水,估计水土保持措施最大减水量为 40 亿 ~45 亿 m^3。两者分析结论殊途同归。

(3)多沙粗沙区经过优化综合治理,其最大减沙量可达 7.36 亿 t,综合治理总减沙效率为 62.20%,其中坡面措施总减沙效率为 21.97%,沟道坝库工程总减沙效率为 40.23%。

6.2.4.2　问题讨论

(1)水土保持措施利用径流量问题,涉及降水、下垫面、治理程度、措施构成、土壤水运动、水的回归等许多动态因素,相互作用情况十分复杂,如遇暴雨水土保持利用径流量将会减小。

(2)多沙粗沙区水土保持最大减沙量仅是初步探讨,未来水土保持减沙作用受多种因素的影响,如气候(特别是暴雨)波动、治理措施减沙作用的衰减以及人为增沙等,都可能使目前分析的最大减沙量为小。

(3)水土保持减水减沙目标涉及因素较多,是一个需作长期深入研究的复杂问题,建议对这一问题进行长期持续的研究。

参考文献

[1] 张胜利. 岔巴沟年径流泥沙变化初步分析[J]. 水土保持通报,1983(2).

[2] 陈江南,张胜利,赵业安. 清涧河流域水利水保措施控制洪水条件分析[J]. 泥沙研究,2005(1).

[3] 宋桂琴. 黄土高原土地资源研究的理论与实践[M]. 北京:中国水利水电出版社,1996.

[4] 陈彰岑,等. 黄河中游多沙粗沙区快速治理模式的实践与理论[M]. 郑州:黄河水利出版社,1998.

[5] 陈浩. 流域坡面与沟道侵蚀产沙研究[M]. 北京:气象出版社,1993.

[6] 常茂德,赵诚信,王正杲. 黄土高原地区不同类型区综合治理模式与评价[M]. 西安:陕西科学技术出版社,1995.

第 7 章　黄河中游水沙变化模式及未来趋势展望

7.1　黄河中游水沙变化模式

黄河是一条径流量较少而输沙量较多的河流，其水量主要来自上游，沙量主要来自中游，在水沙输送过程中具有一个突出的特点，即水沙输送很不平衡，数量变化很大，时程分配非常集中。

黄河水沙变化模式不外有丰水枯沙变化模式、丰水丰沙变化模式和枯水枯沙变化模式，在水多沙少的黄河上游河段可能出现丰水枯沙变化模式，但就黄河治理来讲，更多关注的则是主要产沙区的水沙变化模式，尤其是黄河中游多沙粗沙区，特别是黄河粗泥沙集中来源区，暴雨多，洪水大，泥沙多，颗粒粗，产流产沙的地区集中性和时间集中性非常突出，该地区侵蚀模数极高的特性是大量产沙的物质基础，而暴雨多、强度大的特点是其大量产沙的强大动力，暴雨在短时间内高度集中所形成的高含沙量洪水挟带的巨量泥沙是造成黄河下游河道淤积的根本。因此，黄河中游水沙变化模式多为丰水丰沙变化模式和枯水枯沙变化模式。现分析论证如下。

7.1.1　历史上黄河中游水沙丰枯变化规律

根据水电部水电建设总局、北京勘测设计院、西北勘测设计院、中国水利水电科学研究院、黄河水利委员会、中国科学院地理科学与资源研究所、中国科学院兰州冰川冻土研究所等单位研究提出的“黄河中上游 1922～1932 年连续枯水段调查分析报告”和黄河中游陕县站 1736 年以来水量变化统计结果(见表 7-1)，黄河中上游水沙波动存在着丰、平、枯相间的周期规律。在 200 多年的长时段内，大致可分为 4 个周期。从表 7-1 所列成果可以看出，历史上黄河水沙连枯时段最长为 12 年，枯水段之后便出现丰水段，水沙由枯转丰由少转多，再由丰转枯由多转少，这种波动特性在历史上是客观规律；水沙的这种波动性主要取决于气候的波动，对于人类活动影响较小时期，是一个自然过程。

据黄河水利科学研究院王涌泉的研究，1922～1932 年黄河中游处于干旱枯水少沙阶段，陕县站平均年径流量为 313.7 亿 m^3，平均输沙量为 11.2 亿 t。此后的 1933 年 8 月 10 日出现 22 000 m^3/s 大洪水，年径流量为 498.9 亿 m^3，年输沙量为 39.1 亿 t。1933 年尚且不是黄河中游最异常的大洪水，有历史记载并调查证实，1841 年、1842 年、1843 年曾连续 3 年出现特大洪水。1941 年主要暴雨中心在泾河支流马莲河，雨落坪站洪峰流量 19 500 m^3/s，张家山站 18 800 m^3/s；1842 年主要暴雨中心在晋陕区间，吴堡站洪峰流量 32 000 m^3/s；1843 年暴雨带呈西南东北向分布，几乎笼罩了主要产沙区，这一年陕县站最大洪峰流量 36 000 m^3/s，年输沙量竟达 70 亿 t 之巨。

表 7-1　黄河中上游(陕县站)历年径流量变化定性

周期	年限	年数	连续枯水段	
			年限	年数
第一周期	1736 ~ 1806	71	1758 ~ 1765 1784 ~ 1796	8 12
第二周期	1807 ~ 1882	76	1836 ~ 1840 1857 ~ 1866 1872 ~ 1882	5 10 11
第三周期	1883 ~ 1932	50	1904 ~ 1909 1922 ~ 1932	5 11
第四周期	1933 年至今		1968 ~ 2005	38

统计黄河中游陕县站(后来以三门峡水库入库站代替)1919 ~ 1984 年实测输沙量记录后,求得以下丰、枯序列变化数据:

(1)66 年平均年输沙量(1919 ~ 1984 年)15.16 亿 t。

(2)丰水期平均输沙量(1932 ~ 1959 年)17.96 亿 t。

(3)枯水期平均输沙量(1919 ~ 1931 年,1960 ~ 1984 年)13.10 亿 t。

(4)大沙年输沙量(1933 年)39.10 亿 t。

(5)5 年多沙序列平均年输沙量(1933 ~ 1937 年)22.17 亿 t。

(6)小沙年输沙量(1928 年,1965 年)4.85 亿 t。

(7)5 年小沙序列平均输沙量(1980 ~ 1984 年)7.65 亿 t。

同时,根据对这一地区历史特大洪水可能输沙量的研究和估算,对特大沙年和特多沙序列的年输沙量有如下初步结果:

(1)特大沙年输沙量(1843 年)70 亿 t。

(2)4 年特多沙序列平均年输沙量(1841 ~ 1844 年)50 亿 t。

7.1.2　近数十年黄河中游来水沙丰枯变化规律

表 7-2 为黄河干流龙门水文站洪峰流量大于 10 000 m^3/s 洪水来源及河龙区间年输沙量。可以看出,在 1958 ~ 1996 年间共发生 18 次大于 10 000 m^3/s 洪水;河龙区间有 5 年年输沙量超过 15 亿 t,其中 1967 年输沙量达 21.43 亿 t。

河龙区间产沙与暴雨洪水密切相关,即使在水土保持综合治理有一定规模的情况下,遭遇高强度暴雨时产沙量仍较大。

以 1977 年为例,该年陕北地区共发生三次大面积、高强度暴雨,暴雨中心最大日降雨量都在 200 mm 以上。第一次暴雨发生在 7 月 5 ~ 6 日,暴雨中心在延河上游支流杏子河流域,延河甘谷驿水文站出现了 9 030 m^3/s 的特大洪水。第二次暴雨发生在 8 月 1 ~ 2 日,暴雨中心在陕西与内蒙古交界处的木多才当,10 h 调查降雨量 1 400 mm,在中心地区

表 7-2　龙门站洪峰流量大于 10 000 m³/s 洪水来源及河龙区间年输沙量

年份	干流龙门站 (m^3/s)	支流最大洪峰流量(m^3/s)						河龙区间年输沙量(亿 t)
		皇甫川	孤山川	窟野河	秃尾河	佳芦河	无定河	
1958	10 800 (07-13)			2 760 (07-13)	2 040 (07-13)	3 890 (07-13)	1 840 (07-13)	15.93
1959	12 400 (07-21)			8 760 (07-21)	2 720 (07-21)			18.78
1959	11 300 (08-04)	2 900 (08-03)	2 730 (08-03)	10 000 (08-03)				
1964	17 300 (08-13)	1 000 (08-12)	3 990 (08-12)	4 100 (08-12)	2 090 (08-12)	1 870 (08-12)	950 (08-13)	14.23
1966	10 100 (07-29)	1 620 (07-28)	1 190 (07-28)	8 380 (07-28)			1 500 (07-26)	15.31
1967	15 300 (08-07)	2 650 (08-05)	5 670 (08-06)	6 630 (08-06)				21.43
1967	21 000 (08-11)	1 300 (08-10)	2 140 (08-10)	4 250 (08-10)			1 130 (08-10)	
1967	14 900 (08-20)			3 370 (08-20)	2 170 (08-20)	1 940 (08-20)		
1967	14 800 (09-02)	2 160 (09-01)	2 070 (09-01)	6 500 (09-01)	1 000 (09-01)		1 630 (09-01)	
1970	13 800 (08-02)	1 550 (08-02)	2 700 (08-01)	4 450 (08-02)	3 500 (08-02)	5 770 (08-02)	1 760 (08-02)	13.00
1971	14 300 (07-26)	4 950 (07-23)	2 430 (07-25)	13 500 (07-25)	2 760 (07-23)	1 400 (07-23)	1 770 (07-24)	9.18
1972	10 900 (07-20)	8 400 (07-19)		6 260 (07-19)			970 (07-20)	3.55
1976	10 600 (08-03)		2 330 (08-02)	14 000 (08-02)				4.51
1977	13 600 (08-03)		10 300 (08-02)	8 480 (08-02)				15.96
1979	13 000 (08-12)	4 660 (08-11)	2 310 (08-11)	6 300 (08-11)				6.09
1988	10 200 (08-06)	6 790 (08-05)	2 880 (08-05)	3 190 (08-05)				8.78
1994	10 600 (08-05)	1 500 (08-04)		6 060 (08-04)		1 130 (08-05)	3 220 (08-05)	7.88
1996	11 100 (08-10)	5 110 (08-09)	1 030 (08-08)	10 000 (08-09)				6.89

1 860 km^2 范围内降雨总量达 10 亿 m^3。降雨之集中、强度之大，实属罕见。因该次暴雨中心位于沙漠地区，因此未产生大洪水。而此次暴雨涉及的孤山川流域降雨 200 多 mm，形成孤山川高石崖站 10 300 m^3/s 特大洪水，年产沙量达 0.84 亿 t，为历年之冠。第三次暴雨发生在 8 月 5～6 日，暴雨中心在无定河和屈产河下游，无定河白家川至川口区间 544 km^2 的流域面积上产生了 5 480 m^3/s 的洪峰流量。由于这三次暴雨洪水，致使河龙区间年产沙量达 15.96 亿 t，造成黄河下游河道严重淤积。

又如 1988 年、1989 年皇甫川、窟野河连续两年暴雨产沙都比较大；1994 年无定河、北洛河发生较大暴雨洪水，造成严重的泥沙问题；2002 年清涧河发生特大暴雨，洪水涌入子长县城，造成严重的经济损失。因此，可以得到这样的认识：河龙区间高强度、大面积、长历时暴雨洪水的出现往往主宰着黄河输沙量的巨变，即使在具有一定治理规模的地区，也可能发生局部区域洪水，造成严重的泥沙问题。

综合以上分析，历史资料告诉我们这样一个客观事实：黄河水沙存在丰枯相间的周期性变化规律，水沙连枯或水沙连丰都不会永久持续下去，水沙连枯之后还会遇到雨量丰沛时期，还会发生较大输沙量，亦即黄河水沙变化模式多为丰水丰沙变化模式和枯水枯沙变化模式。

7.2　黄河中游水沙变化模式论证

7.2.1　从黄河中游主要支流洪水产(输)沙关系看水沙变化模式

7.2.1.1　洪沙关系极为密切

洪水是泥沙的载体，为分析黄河中游洪水产沙关系，作者以支流为单元，对河龙区间支流出口测站自建站至 1975 年洪水泥沙基本资料进行了统计，共统计了 12 条支流 326 站 1 349 次洪水泥沙基本资料，建立了如下洪水产沙关系：

$$W_s = KW^{\alpha} \tag{7-1}$$

式中　W_s——年洪水沙量，万 t；

W——年洪水量，万 m^3；

K——系数；

α——指数。

经回归分析求得 K、α 及相关系数 R 值(见表 7-3)。由此可以看出，各支流洪水水沙关系相关系数均在 0.95 以上，说明具有良好的相关关系，而且洪水沙量是洪水水量的方次关系，故来水量越大其产沙量也越大，反之亦然。因此，丰水必丰沙，枯水必枯沙。从皇甫川洪水水量与洪水沙量关系(1954～1975 年的 428 次洪水资料)(见图 7-1)也可以看出，洪水水量与洪水沙量具有良好的线性关系，即水大沙多，水小沙少。

表 7-3　河龙区间主要支流出口站洪沙关系的 K、α 值

编号	支流	站名	系数 K	指数 α	相关系数 R
1	皇甫川	皇甫	1.147	0.937	0.968
2	孤山川	高石崖	0.92	0.928	0.981
3	窟野河	温家川	0.224	1.08	0.968
4	秃尾河	高家川	0.143	1.16	0.987
5	佳芦河	申家湾	0.355	1.09	0.996
6	无定河	川口	0.612	0.987	0.985
7	清涧河	延川	0.215	1.127	0.983
8	延河	甘谷驿	0.183	1.12	0.957
9	岚漪河	裴家川	0.307	1.018	0.988
10	湫水河	林家坪	0.726	0.957	0.986
11	三川河	后大成	0.637	0.943	0.961
12	昕水河	大宁	0.868	0.891	0.978

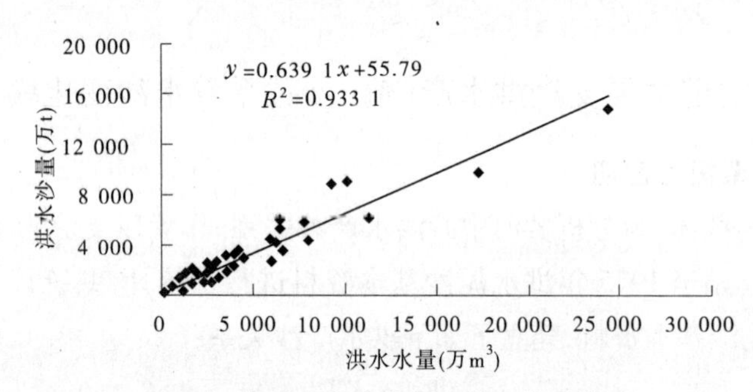

图 7-1　皇甫川洪水水量—洪水沙量关系

7.2.1.2　暴雨产沙强度大,输沙能力极强

河龙区间是黄河中游水土流失最严重的地区,其侵蚀产沙最主要的特征是暴雨洪水侵蚀产沙强度大,同时输沙能力极强。根据河龙区间部分支流次洪暴雨量 100 mm 以上洪水产流产沙统计,次洪侵蚀产沙模数可达 5 万 t/km^2(见表 7-4),暴雨径流系数可达 0.6 以上,可见暴雨洪水侵蚀产沙强度之大。

河龙区间不仅侵蚀产沙量很大,而且产沙过程的集中程度也为其他地区所罕见。根据 1969 年以前人类活动影响较小的实测资料统计,年内最大 1 日沙量占年沙量的 28.9%,最大 30 日沙量占年沙量的 61.5%,汛期沙量占年沙量的 97.6%(见表 7-5)。从表 7-5 所列成果可以看出,最大 1 日径流量占年径流量 10.5%,就可输送 28.9% 的泥沙;最大 30 日径流量占年径流量 33%,就可输送 61.5% 的泥沙;汛期径流量占年径流量

62.9%,即可输送97.6%的泥沙,可见输沙能力很大。

表 7-4 河龙区间部分支流大于 100 mm 暴雨产流、产沙

河名	站名	控制面积 (km^2)	洪水时段 (年-月-日)	洪峰流量 (m^3/s)	洪水径流模数 (万 m^3/km^2)	洪水输沙模数 (万 t/km^2)	相应面平均雨量 (mm)	径流系数
皇甫川	皇甫	3 199	1959-07-29 ~ 31	2 500	1.88	1.31	105	0.18
皇甫川	皇甫	3 199	1959-08-03 ~ 06	2 900	3.77	1.68	121	0.31
孤山川	高石崖	1 263	1959-08-03 ~ 06	2 730	3.91	1.37	123	0.32
牸牛川	新庙	1 527	1976-08-02 ~ 04	4 290	4.95	1.59	104	0.48
孤山川	高石崖	1 263	1977-08-02 ~ 03	10 300	8.78	5.43	141	0.62
牸牛川	新庙	1 527	1989-07-21 ~ 23	8 150	6.88	1.35	138	0.50
皇甫川	皇甫	3 199	1989-07-21 ~ 24	11 600	4.33	1.97	102	0.42
清涧河	子长	913	2002-07-04	4 670	6.60	4.48	105	0.63

表 7-5 河龙区间 17 条支流不同历时降水、径流、泥沙年内分配

项目	X_1/X_a	X_{30}/X_a	X_f/X_a
降雨量	10.8	37.5	73.5
径流量	10.5	33.0	62.9
输沙量	28.9	61.5	97.6

注:X_1、X_{30}、X_f、X_a 分别为年均最大 1 日、最大 30 日、汛期(6 ~ 9 月)和年降水量(径流量、输沙量)。

河龙区间产沙过程的集中性是与年内几场暴雨产沙分不开的。统计结果表明,在次数不多的暴雨中,只要次洪降水量占年降水量的10%左右,就可产生90%左右的泥沙(见表7-6),这类大暴雨的出现往往主宰着黄河泥沙的巨变。

表 7-6 河龙区间部分流域暴雨产流产沙情况

流域	时间 (年-月-日)	P_b	P_b/P_a (%)	M_{wb}	M_{wb}/M_{wa} (%)	M_{sb}	M_{sb}/M_{sa} (%)
韭园沟	1956-08-08	45.1	9.0	19 640	54.0	4 668	70.0
韭园沟	1961-08-01	57.7	10.0	34 084	—	14 928	89.0
王家沟	1969-07-26	87.6	13.7	47 472	87.7	36 455	90.8
延河	1977-07-04	215.0	43.6	64 165	36.4	15 988	67.2
纳林川	1972-07-19	120.0	31.5	35 722	67.0	30 898	95.0
乌兰木伦河	1978-08-31	59.8	11.3	12 589	15.5	12 240	83.6

注:P_b、P_a、M_{wb}、M_{wa}、M_{sb}、M_{sa} 分别代表次洪降水量、年降水量、次洪水模数、年径流模数、次洪输沙模数和年输沙模数。

此外,由于降雨过程的多变性、水利水保措施的多样性和下垫面的复杂性,黄河中游侵蚀产沙复杂多变,输沙量年际之间的波动幅度很大,其最大年输沙量为最小年输沙量的数十倍甚至一二百倍;流域的输沙量大小主要决定于少数几个大沙年的产沙量。例如,窟野河最大1日沙量的年际波动幅度高达168.5倍;该流域下游神木至温家川区间,1959年的沙量高达1.35亿t,而1965年的沙量仅为18万t,两者相差竟达750倍。

由此可以得到这样的认识:黄河水沙丰枯变化比较明显,常有长达数年或数十年的枯水系列和每隔几年就有较大洪水出现的丰水系列交替出现。在枯水枯沙期水沙来量较少,而在丰水丰沙期水沙来量较大。这种水沙变化模式主要是由气候条件决定的,在短期内难以改变。

7.2.2　从黄河中游典型支流水沙变化看水沙变化模式

7.2.2.1　皇甫川水沙变化实例分析

皇甫川流域位于黄河中游河龙区间的上段,是黄河主要多沙粗沙支流,流域面积3 246 km^2。该流域分黄土丘陵沟壑区、沙化黄土丘陵沟壑区和砒砂岩丘陵沟壑区三大地貌类型区。该流域20世纪50年代就开展了水土保持治理,治理的主要特点如下:一是前期速度慢,治理程度低,后期发展快;二是以林草措施为主,梯田、淤地坝等其他工程措施较少。在20世纪70年代以前,治理度仅为6.8%,相应的林草措施面积比(林草面积与治理面积之比)为86.25%,其他工程措施仅为13.75%;1983年列为国家重点治理支流以来,治理速度加快,全流域第一期安排重点治理小流域46条,截至1989年底,治理程度为17.1%;1993年开始实施第二期工程,重点安排32条小流域,到1997年治理度已达28.2%,其中造林和种草的面积比分别为52.78%和35.58%,生物措施面积比总计为88.36%,工程措施比只有11.64%,其中坝地面积比仅为1.79%。据对皇甫川流域淤地坝和小水库调查,全流域现有淤地坝372座,主要分布于十里长川流域和纳林川纳林以东地区。

1)近期暴雨洪水变化特点

皇甫川近期暴雨洪水变化的特点是“洪枯变化悬殊,水沙两极分化明显”,主要表现在以下几个方面:

(1)近期出现大洪水较多。图7-2为皇甫川历年最大洪峰流量过程,可以看出,近期出现大洪峰流量较多,如1972年洪峰流量8 400 m^3/s,1979年洪峰流量5 990 m^3/s,1988年和1989年洪峰流量分别为6 790 m^3/s和11 600 m^3/s,为有实测资料以来的第二和第一大洪水,1992年和1996年又出现了5 500 m^3/s和5 110 m^3/s的洪峰,2003年出现6 500 m^3/s洪峰,2006年出现1 830 m^3/s洪峰。

(2)近期枯水流量历时增多,中水流量历时减少。皇甫川水流过程改变很大,表7-7为皇甫川不同时段各级流量的天数,可以看出,1969年前流量小于1 m^3/s和1~50 m^3/s的天数分别为157天和200天,各占年天数的43%和55%;1970年后,特别是1990年后这两级流量的天数分别为288天和73天,各占年天数的79%和20%;流量小于1 m^3/s的天数增加,1~50 m^3/s的天数减少,同时断流同时也在增加。

(3)遇较大暴雨洪水仍出现高含沙大沙年。表7-8为皇甫川年输沙量超过1亿t的5

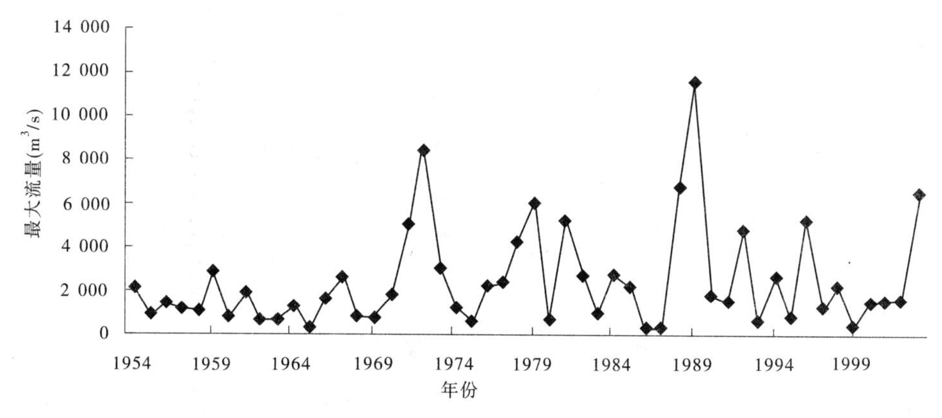

图 7-2 皇甫川历年最大洪峰流量过程

年降水、径流、泥沙情况,可以看出,近期的1988年,年、汛期降水量均较其他年份为小,但输沙量较1956年大,而汛期含沙量除1956年外,均较其他各年大得多,达484 kg/m³。

表 7-7 皇甫川不同时段各级流量天数

时段	各流量级(m³/s)天数			各流量级(m³/s)天数占总天数比率(%)		
	<1	1~50	50~100	<1	1~50	50~100
1954~1969	157	200	4	43	55	1
1970~1979	206	152	4	56	42	1
1980~1989	222	127	2	61	35	0.5
1990~1995	288	73	2	79	20	0.5

表 7-8 皇甫川(皇甫站)大沙年统计

年份	降水量(mm)		径流量(亿 m³)		输沙量(亿 t)		汛期平均含沙量(kg/m³)
	全年	汛期	全年	汛期	全年	汛期	
1956	519.7	428.2	2.188	1.791	1.030	1.030	575
1959	658.8	580.5	4.456	4.021	1.710	1.700	423
1967	601.1	489.5	3.841	3.485	1.540	1.510	433
1979	472.3	396.3	4.370	3.997	1.470	1.470	368
1988	474.8	371.7	2.640	2.520	1.220	1.220	484

图7-3为皇甫川年输沙过程,可以看到,年输沙量减少不多;对照洪水变化过程来看(见图7-2),1988年发生了实测最大洪水,但输沙量仍比1959年、1967年、1979年要小,说明皇甫川治理对控制洪水、减沙有一定作用,但不大,产沙仍较大。

2)两次不同暴雨产流、产沙分析

1988年和2003年皇甫川近期发生了两次不同的降雨,其产流、产沙大不相同,1988年暴雨产流、产沙较大,2003年暴雨产流、产沙减少,现就两次不同暴雨产流、产沙情况及

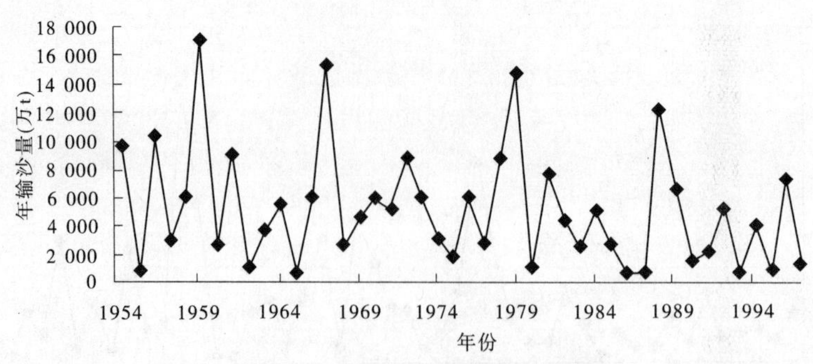

图7-3　皇甫川年输沙量变化过程

原因分析如下。

a. 1988 年暴雨产流、产沙分析

(1)暴雨产流、产沙情况。1988 年 8 月 3～5 日,皇甫川流域普降暴雨,3 日降雨量均在 100 mm 以上,而且雨量分布均匀,降雨强度较大。8 月 5 日一日降雨量德胜西为 88 mm,沙圪堵站为 97.5 mm,古城站为 89 mm。准格尔旗忽鸡兔沟白家渠最大降雨强度达 60 mm/h。由于皇甫川流域普降暴雨,造成皇甫站 8 月 5 日最大洪水流量 6 790 m^3/s,列皇甫川有实测资料以来的第三位洪水,该年泥沙也大量增加。

(2)产沙较多的原因分析。一是前几年连续干旱,黄土区土质疏松;砒砂岩分布区崩塌、泻溜等重力侵蚀严重;风沙区存在大量风积物,也就是说,流域内积累着大量泥沙,为暴雨产沙提供了大量泥沙来源,在暴雨洪水作用下,自然产沙较多。

二是开矿、修路、建窑(房)等人类活动加剧,大量弃土、弃石堆于河道或沟道岸边或直接推入河(沟)道,人为侵蚀严重,是暴雨洪水产沙增多的原因之一。

三是前几年降雨偏枯,河水流量小,又因粗颗粒泥沙小水难以挟带,河道或沟道发生淤积,遭遇当年较大暴雨洪水,河床发生冲刷,致洪增沙。

四是垮坝增沙。水毁严重的准格尔旗忽鸡兔沟白家渠大型淤地坝,坝高 27 m,总库容 2 000 多万 m^3,到 1982 年底,已淤积 1 500 万 m^3,1988 年水毁,坝体冲毁 2/3,坝地冲走 1/5,水毁增沙约为原淤积泥沙的 20%。

b. 2003 年暴雨产流、产沙分析

2003 年 7 月 29～30 日,河龙区间北部自西北向东南出现一次局部强降雨过程(简称"2003·7"暴雨),受其影响,皇甫川等支流突发洪水,7 月 30 日 4 时皇甫站最大洪峰流量 6 500 m^3/s,干流府谷水文站 7 月 30 日 8 时最大洪峰流量 6 130 m^3/s,为该站建站(1971 年建站)有实测资料以来的最大值,洪水最大含沙量 344 kg/m^3。现将此次暴雨产流产沙分析如下。

(1)"2003·7"暴雨特点。

一是雨量大、历时短、强度高。7 月 29 日夜间至 30 日凌晨,皇甫川等流域突降暴雨,暴雨中心皇甫站日降雨量为 136 mm,府谷站日降雨量 133 mm,高石崖站日降雨量 130 mm,降雨量较大;此次降雨历时较短,皇甫站从 30 日 1 时 30 分开始,8 时结束,历时仅 6.5 h,其中 4 时至 6 时降雨量为 110 mm,降雨强度为 55 mm/h,与皇甫川其他典型暴雨比较,较除 1989 年 7 月 21 日田圪坦外偏大,但此次暴雨的面平均雨量为 21 mm/h,不算很大(见表 7-9)。

表 7-9　皇甫川流域典型暴雨统计

时间 (年-月-日)	暴雨中心		
	站名	雨量(mm)	雨强(mm/h)
1972-07-19	纳林川	120.0	27.3
1979-08-12	德胜西	133.6	14.8
1988-08-04	奎洞不拉	114.0	8.0
1989-07-21	田圪坦	136.0	181.0
2003-07-30	皇甫	136.0	21.0(场次) 55.0(最大)

二是雨区范围小且偏于皇甫川下游。此次降雨量在 50 mm 以上的范围为 1.6 万 km^2,其中大于 100 mm 的笼罩面积仅 0.078 万 km^2,地区分布十分集中;此次降雨空间分布的另一主要特征是暴雨中心在皇甫站,偏于皇甫川下游,并不在皇甫川主要产沙区。

(2)产流产沙特点。

由于形成本次洪水的雨区集中、强度大、范围小,而且雨区偏于皇甫川下游,因此形成的洪水具有峰高量小、含沙量低的特点。表 7-10 为皇甫川近期 10 次实测暴雨洪水产流产沙统计,可以看出,“2003 · 7”暴雨产流产沙较其他暴雨产流产沙均较小,与洪峰流量相近的 1988 年 8 月 5 日洪水相比,输沙量减少 84.2%;与洪量相近的 1992 年 8 月 8 日洪水相比,输沙量少 50%。

表 7-10　皇甫川近期暴雨产流产沙统计

洪水时段 (年-月-日)	面平均 降雨量 (mm)	洪峰流量 (m^3/s)	洪量 (万 m^3)	洪峰沙量 (万 t)	洪峰平均 含沙量 (kg/m^3)	最大含沙量 (kg/m^3)	径流系数
1971-07-23	46.3	4 950	3 970	3 160	796	1 250	0.27
1972-07-19	83.2	8 400	9 460	8 200	867	1 210	0.36
1978-08-07	50.4	4 120	4 630	2 710	585	1 110	0.29
1979-08-10	89.7	4 960	12 600	6 270	497	1 400	0.44
1981-07-21	34.8	5 120	2 540	1 900	748	1 220	0.24
1988-08-05	92.0	6 790	14 600	9 070	621	1 000	0.50
1989-07-21	79.0	11 600	9 850	4 830	490	1 850	0.39
1992-08-08	60.2	4 700	5 330	2 860	537	1 080	0.28
1996-08-09	39.6	5 110	5 890	3 630	616	1 190	0.46
2003-07-30	67.5	6 500	5 170	1 430	277	517	0.24

(3)产沙量较小的原因分析。

“2003 · 7”暴雨落区偏于皇甫川流域下游,该区不是皇甫川侵蚀最严重的地区,而且降雨集中于皇甫站和河道两岸的土石山区,同时降雨历时较短,不可能大量产沙,因此降雨落区对产流产沙影响较大,降雨的特殊性致使该次洪水产沙较小。此外,水利水保措施对产流产沙的影响分析表明,皇甫川流域治理存在着不平衡性,位于黄土区的十里长川和沙圪堵—长滩—皇甫区间治理较好,而水土流失严重的纳林川治理较差。本次暴雨落区为治理较好的地区,因此水利水保措施有一定的拦蓄作用。据左仲国等分析,此次暴雨洪水水利水保措施减洪量约为 0.1 亿 m^3,占应来水量的 16%;虽然水利水保措施在减洪的同时也拦减了泥沙,但因暴雨洪水期间水利水保措施减洪量仅为 0.1 亿 m^3,因此减沙量较小。

综合以上分析,皇甫川此次暴雨产沙较小,主要是降雨特点决定的,水利水保措施虽有一定的拦蓄作用,但对如此大的暴雨拦蓄作用较小。

7.2.2.2　窟野河水沙变化实例分析

窟野河为黄河中游河龙区间北部右岸多沙粗沙支流,具有黄土丘陵、沙质丘陵、砾质丘陵三大地貌类型交错过渡的特征。该流域为黄河中游侵蚀产沙最严重地区之一,自然条件严酷,人类活动频繁,治理难度较大。截至 1989 年底,该流域有中型水库 1 座,小(一)型水库 8 座,总库容 4 501 万 m^3,治沟骨干工程 65 座,总库容 9 422.4 万 m^3,淤地坝 737 座,总库容 7 835 万 m^3,坝库合计总库容 21 758.4 万 m^3,治理程度仅为 17.4%,治理程度较低。

1)近期水沙变化情况

a. 径流、泥沙变化情况

窟野河各年代径流、泥沙变化列于表 7-11。由表 7-11 可以看出,20 世纪 70 年代径流、泥沙变化相对不大,80、90 年代径流减少 40% 左右,泥沙减沙近 50%。2000 ~ 2004 年径流减少 75% 以上,泥沙减少 90% 以上,说明径流、泥沙发生了巨大变化,这种变化在窟野河有实测资料以来是没有的。

表 7-11　窟野河各年代径流、泥沙变化

时段	年均径流量(亿 m^3)	年均输沙量(亿 t)	各年代增(+)减(-)(%)	
			径流	泥沙
1954 ~ 1969	7.685	1.248		
1970 ~ 1979	7.226	1.399	-6.0	+12.1
1980 ~ 1989	4.707	0.671	-38.8	-46.2
1990 ~ 1999	4.483	0.644	-41.7	-48.4
2000 ~ 2004	1.914	0.085	-75.1	-93.2

b. 径流、泥沙变化过程

(1)泥沙变化过程。图 7-4 显示了 1954 ~ 2004 年的年输沙量过程。从图 7-4 上可以看出,窟野河年输沙量总体上呈减少趋势,但有 3 次转折性变化,1980 年前,泥沙波动较大,没有单一变化趋势;1981～1998年,输沙量减少,但也有上下波动;1999～2004年泥沙连续6年持续减少,出现了有实测资料以来未曾见过的情况,这种趋势今后如何发展是值得注意的。

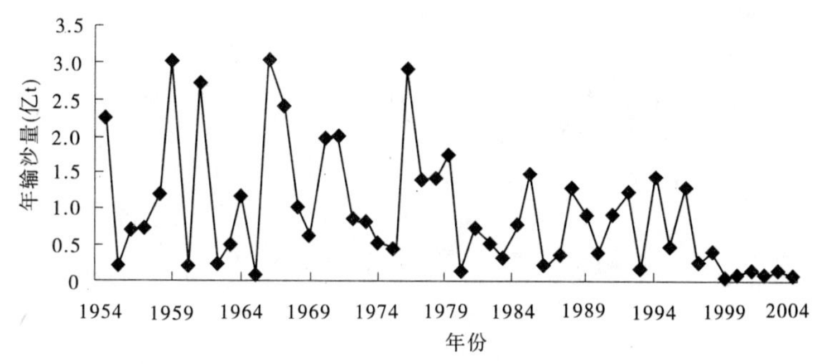

图7-4　窟野河年输沙量变化过程

(2)径流量变化过程。图7-5为窟野河年径流量变化过程,可以看出,径流量变化过程与输沙量变化过程基本同步,总体呈减少趋势,也出现了三个变化梯阶,特别是1999～2004年径流量连续6年持续减少,其减少程度是有实测资料以来的最小值。

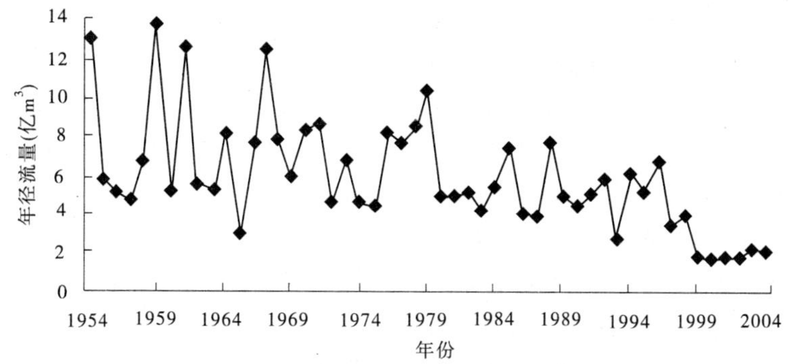

图7-5　窟野河年径流量变化过程

(3)年径流、泥沙关系。图7-6为窟野河年径流、泥沙关系,可见,除1959年、1976年由于降水量较大,泥沙增多出现偏离外,各年代水沙关系较好,变化不大。

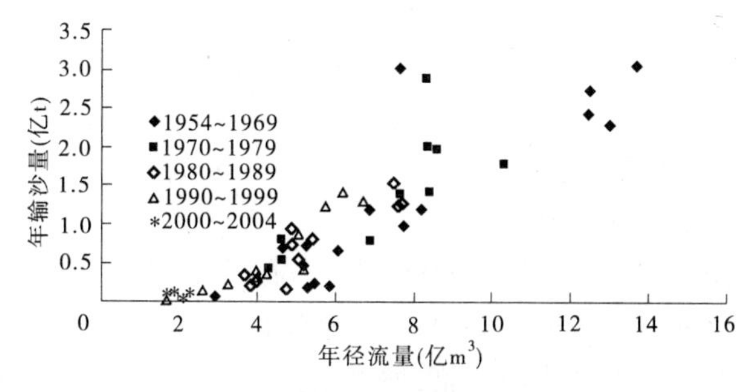

图7-6　窟野河年径流、泥沙关系

2)近期水沙变化原因分析

a.洪水减少是泥沙减少的主要原因

窟野河水沙变化受暴雨洪水影响很大,图7-7为窟野河年最大流量过程,可以看到,

20 世纪 70 年代洪水最大,80 年代后期到 90 年代仍有较大洪水,1999 ~ 2004 年连续 6 年几乎没有洪水,洪水是泥沙的载体,洪水径流减小,输沙量自然减少。

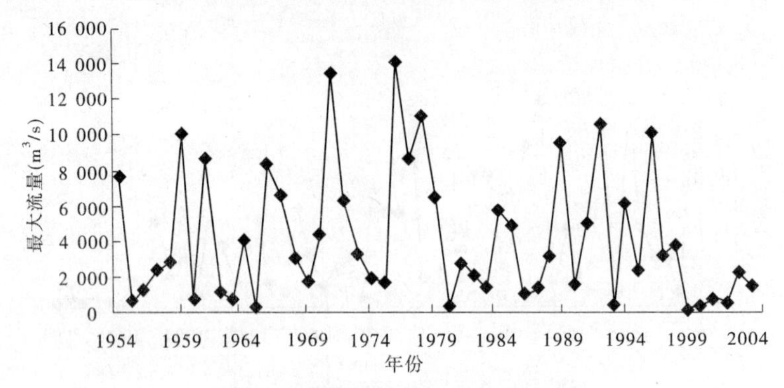

图 7-7　窟野河年最大洪水流量过程

b. 1989 年暴雨产流产沙分析

暴雨洪水是侵蚀产沙的主要动力,当发生较大暴雨洪水时侵蚀产沙就较大,现以 1989 年暴雨洪水产沙分析如下。

(1)暴雨产流产沙情况。

1989 年 7 月 21 日暴雨主要分布于东胜以北的十大孔兑、窟野河上游和皇甫川流域,窟野河、皇甫川流域的广大地区,降雨量大于 120 mm 的笼罩面积 2 570 km^2,在这个雨区东西各有一个暴雨中心,西部以东胜西北的青达门为中心,雨量达 186 mm,大于 150 mm 的雨区约为 380 km^2;东部以准格尔旗田圪坦为中心,大于 200 mm 的雨区约为 165 km^2。此次降雨不仅雨量大,而且降雨强度高,东胜最大 3 h 降雨 120 mm,准格尔旗田圪坦历时 15 min 降雨量 106 mm,创中国北方同历时最高雨量纪录,说明这里不仅暴雨量大、强度高,而且出现频率较高。受此次暴雨影响,窟野河出现较大洪水。牸牛川新庙水文站最大洪水流量 8 750 m^3/s,为该站 1966 年建站以来的首位;乌兰木伦河王道恒塔水文站最大洪水流量 4 600 m^3/s,两支流汇合后神木洪峰流量为 11 000 m^3/s,为该站建站以来的第三位洪水,温家川水文站洪峰流量为 9 480 m^3/s。

同时洪水输沙量也较大(见表 7-12),从表 7-12 所列成果可以看出,乌兰木伦河王道恒塔水文站最大含沙量达 1 360 kg/m^3,洪水平均含沙量亦达 1 160 kg/m^3;该年洪水输沙量达 0. 66 亿 t,占全年输沙量 0. 91 亿 t 的 73%。由此可以看出,产沙主要集中于为数不多的几次强暴雨洪水,这种洪水如不控制,就无法做到有效减沙,甚至致洪增沙。

(2)侵蚀产沙较大的原因分析。

据笔者在暴雨洪水发生后的跟踪调查认为,造成泥沙增多的主要原因是神府东胜矿区开发建设影响,当时煤田正处于基建期,乱采乱挖现象严重,特别是河道中露天采矿,弃土弃渣堆于河道,成为洪水直接冲刷对象,加之沿河靠沟正在修建铁路、公路以及人口剧增,人类活动强度增大等原因,在暴雨作用下,洪水变形,河道冲刷,沙石俱下,是造成泥沙增多的主要原因。

7. 2. 2. 3　无定河水沙变化实例分析

无定河流域面积 30 261 km^2,分为 3 个水土流失类型区,其中河源涧地区面积 3 454

km^2，占全流域的 11.4%；风沙区面积 16 446 km^2，占全流域的 54.3%；黄土丘陵沟壑区面积 10 361 km^2，占 34.3%。该流域自 20 世纪 50 年代开始治理，特别是 1983 年列为国家重点治理支流以来，加大了治理力度。截至 1993 年底，累计治理面积 73.25 万 hm^2，实有治理程度达 34.81%；全流域共修建淤地坝 11 631 座，累计总库容 214 447 万 m^3；自 1955 年起，先后共建 100 万 m^3 以上水库 74 座，其中库容超过 1 000 万 m^3 的水库 29 座，超过 1 亿 m^3 水库 1 座，小(一)型水库 45 座，总库容已达到 148 500 万 m^3。基本上形成了大面积水土保持与坝系工程控制相结合的治理格局。

表 7-12　窟野河"89·7"洪水、径流、泥沙特征

站名	面积 (km^2)	洪水特征		径流、泥沙特征		
		最大流量 (m^3/s)	最大含沙量 (kg/m^3)	径流量 (亿 m^3)	输沙量 (亿 t)	平均含沙量 (kg/m^3)
新庙	1 527	8 750	458	0.76	0.15	197
王道恒塔	3 839	4 600	1 360	0.25	0.29	1 160
神木	7 298	11 000	1 290	0.95	0.56	589
温家川	8 645	9 430	1 350	0.95	0.66	695

1)径流、泥沙变化情况分析

a.径流、泥沙变化情况

表 7-13 列出了无定河近 50 年的水沙变化情况。由表 7-13 可以看出，无定河 20 世纪 70 年代以来水沙就开始减少，到 80 年代年输沙量由基准期的 2.18 亿 t 减至 0.527 亿 t，减少 75.8%，90 年代因遭遇较大暴雨，泥沙有所增加，2000～2004 年年均输沙量又减少为 0.512 亿 t，较基准期减少 76.5%。径流量的变化幅度较输沙量变化幅度为小，但 2000～2004年年均减水已达 45.5%。

表 7-13　无定河白家川站各年代水沙变化情况

时段	年均径流量 (亿 m^3)	年均输沙量 (亿 t)	各年代减少(%)	
			径流	泥沙
1956～1969	14.315	2.180		
1970～1979	12.104	1.160	15.4	46.8
1980～1989	10.361	0.527	27.6	75.8
1990～1999	9.342	0.841	34.7	61.4
2000～2004	7.796	0.512	45.5	76.5

注：以 1956～1969 年为基准期。

b.水沙变化过程

(1)年输沙量变化过程。从无定河年输沙量随时间变化来看(见图 7-8)，1970 年前为治理较少时段，年输沙量点据上下波动较大，1970 年以后，治理力度加大，年输沙量总趋势是减少的，说明水利水保发挥了巨大作用，但遭遇较大洪水时输沙量仍较大，如 1977 年和 1994 年，说明了现状水利水保措施抗御大暴雨的能力是脆弱的，特别是 1994 年，年输沙量逾 2 亿 t，接近治理前产沙水平。

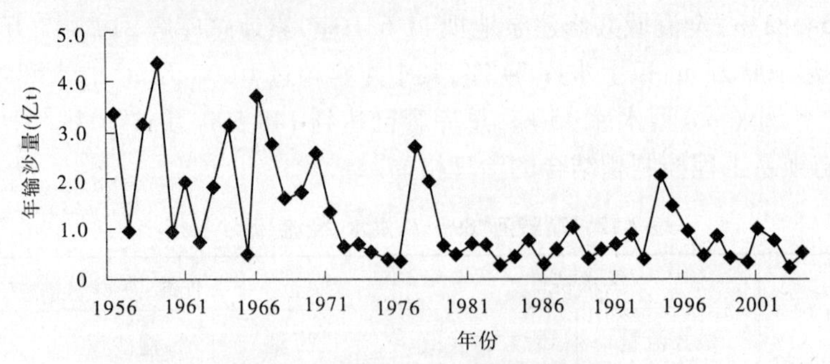

图 7-8　无定河年输沙量变化过程

(2)年径流变化过程。从无定河年径流变化过程来看(见图 7-9)，1970 年前年径流波动较大，1970 年后年径流量逐渐减少，但波动幅度较输沙量为小。

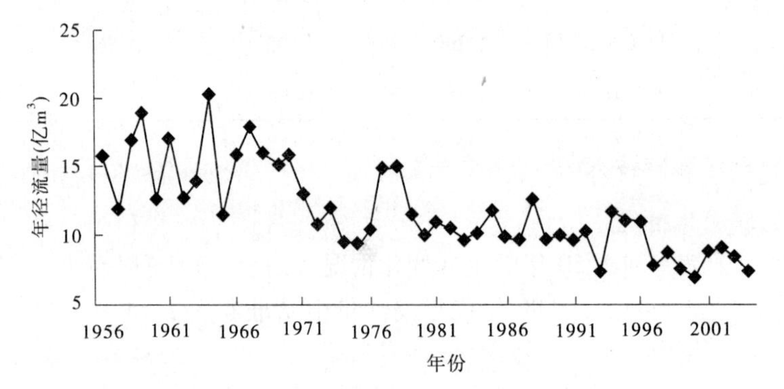

图 7-9　无定河年径流变化过程

2)水沙变化原因分析

a. 水利水保措施减水减沙作用

据“八五”攻关研究成果，20 世纪 80 年代无定河水利水保措施拦沙效益达 67.7%，其中坝库拦沙占总拦沙量的 56.6%(见表 7-14)。

表 7-14　20 世纪 80 年代无定河水利水保措施拦沙效益　　(单位：万 t)

坡面措施				沟道工程措施				人为增沙	河道冲淤	合计	年均输沙量	拦沙效益(%)
梯田	造林	种草	小计	淤地坝	水库	灌溉	小计					
771.3	1 340.1	143.6	2 255	6 238	3 481	236	9 955	-1 095	-87	11 028	5 268	67.7

b. 遇暴雨洪水泥沙有增加趋势

无定河 20 世纪 90 年代泥沙有增加趋势，年均输沙量由 80 年代的 0.527 亿 t 增加到 0.841 亿 t，较 80 年代增加了近 60%，其主要原因是 90 年代遭遇较大暴雨洪水(见

图7-10),由图7-10可以看出,1994年、1995年、1998年暴雨洪水都较大,因而使90年代的输沙量增加,而2000~2004年中,2001年洪水也比较大,但2000~2004年输沙量比较小,说明了水利水保措施仍持续有较大的减水减沙作用。

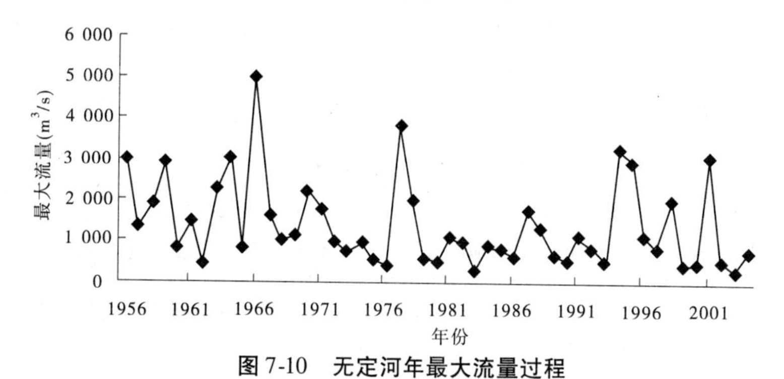

图7-10 无定河年最大流量过程

c.水利水保措施在暴雨情况下减水减沙作用分析

现以1994年无定河暴雨洪水为例分析如下。

(1)1994年暴雨不同治理程度小流域产流产沙对比分析。韭园沟是绥德县无定河左岸一条治理程度较高的支沟,流域面积70.1 km²,流域内建有水库2座,淤地坝215座,其中大型坝15座,中型坝40座,小型坝160座,治理程度达60%;裴家峁沟是与韭园沟相邻的对比流域,治理程度不足20%。1994年8月4~5日,两流域平均降雨量都在100 mm以上,最大点降雨量同为152.6 mm,降雨条件大致相同,但由于两流域治理程度不同,其暴雨产洪产沙相差悬殊(见表7-15)。从表7-15所列成果可以看出,治理程度较高的韭园沟产洪量减少87%,产沙量减少99%。

表7-15 韭园沟与裴家峁沟"94·8"暴雨产流产沙对比

项目	裴家峁沟	韭园沟
流域面积(km²)	39.5	70.1
梯田(hm²)	415.33	1 529.47
造林(hm²)	253.33	2 233.13
种草(hm²)	3.33	64.2
坝地(hm²)	71.07	293.4
合计(hm²)	743.06	4 120.2
水库(座)	0	2
治理程度(%)	18.8	60.1
产洪量(m³/km²)	102 329	13 679
产沙量(t/km²)	44 532	245

(2)1994年暴雨无定河流域水利水保措施减水减沙作用分析。1994年无定河流域共有4次较大降雨过程,其中8月4～5日(第三次降雨),流域普降暴雨,主雨区在子洲、绥德、吴堡一线,暴雨中心在绥德,6 h降雨144.2 mm,降雨量大于100 mm的笼罩面积2 216 km^2,大于80 mm的笼罩面积5 100 km^2。暴雨是形成洪水的主要原因,8月5日暴雨致使无定河白家川站发生了有实测资料以来的第三位洪水,洪峰流量达3 220 m^3/s,此次洪水洪量为1.33亿 m^3,洪水沙量为0.75亿t。由于连续发生4次洪水,致使该年输沙量达2.08亿t,接近于治理前产沙水平(见表7-16)。产流产沙虽大,但并不意味着没有水利水保措施的减水减沙作用。

表7-16　无定河白家川站"94 · 8"暴雨洪水产流、产沙与多年平均比较

时间 (年-月-日)	径流量 (万 m^3)	输沙量 (万t)	最大流量 (m^3/s)	最大含沙量 (kg/m^3)
1994-08-03～06	13 254	7 493	3 200	560
1994-08-10～12	9 576	5 689	2 500	650
1994-08-03～08	2 936	1 463	770	860
3次洪水合计	25 766	14 654	3 200	860
1994年	116 100	20 800	3 200	860
1956～1969年平均	153 964	21 744	4 980	1 290
1970～1979年平均	121 074	11 593	3 840	1 180
1980～1989年平均	103 615	5 268	1 760	1 280

挑选无定河流域三次最大洪水产流产沙进行比较(见表7-17),可以看出,"94 · 8"暴雨较前两次暴雨强度为大,但产流产沙较前两次为小,说明了流域治理对减洪减沙仍有一定作用。

表7-17　无定河白家川站几次较大洪水与"94 · 8"暴雨产流产沙比较

时间 (年-月-日)	雨情			次洪洪量 (万 m^3)	次洪沙量 (万t)	最大流量 (m^3/s)	最大 含沙量 (kg/m^3)
	>100 mm雨量 笼罩面积(km^2)	最大6 h雨量 (mm)	最大点日雨量 (mm)				
1966-07-17～18	900	50.0～70.0	95～130	22 200	15 240	4 980	1 060
1977-08-05～06	2 900	59.0～151.0	>150.8	26 500	16 700	3 840	828
1994-08-03～06	2 216	140.0～175.0	>175.0	13 254	7 493	3 200	560

(3)水利水保措施减水减沙作用衰减分析。岔巴沟自20世纪50年代就开始修建淤地坝,至1970年共建坝139座,1970年北方农业会议后,出现打坝高潮,到1976年底全流域共建淤地坝441座,到1992年共建成淤地坝474座(见表7-18),然而淤地坝的淤满失效和水毁速度也是很快的,到1978年淤满和冲毁的淤地坝占总坝数的46.9%,到1992年

淤满和冲毁的淤地坝占总坝数的 93.7%，其中水毁占总坝数的 47.9%。

表 7-18　岔巴沟流域淤地坝数量变化

年份	总坝数	淤满	冲毁
1976	441	155	0
1978	448	160	50
1992	474	217	227

为对比分析水利水保措施削洪减沙作用，在统计岔巴沟流域次洪水降雨、径流、泥沙资料的基础上，挑选治理前后（以 1970 年为界）次洪降雨量、降雨历时、前期影响雨量基本相同或相近的两次洪水进行对比分析（见表 7-19）。

表 7-19　岔巴沟相似降雨洪水泥沙对比分析

对比年份	降雨历时 (mm/h)	前期影响雨量 (mm)	洪峰流量 (m^3/s)	洪量 (万 m^3)	沙量 (万 t)	含沙量 (kg/m^3)	洪峰流量削减 (%)	含沙量削减 (%)	减水 (%)	减沙 (%)
1970 1989	66.6/6.3 66.6/4.6	6.1 6.4	640 309	323 175	255 109	898 842	51.7	6.2	45.8	58.0
1966 1978	54.2/2.1 62.4/2.3	21.4 24.1	1 520 211	529 232	392 167	936 827	86.1	11.6	56.1	57.4
1963 1983	48.0/2.6 39.0/3.5	2.3 3.8	585 151	189 113	183 80.0	1 220 880	74.2	27.9	40.2	56.3
1969 1991	34.2/1.7 29.5/0.8	3.4 4.1	818 573	246 219	237 144	951 780	30.0	18.0	11.0	39.3
1970 1992	39.0/3.5 39.6/3.8	10.3 12.1	270 132	119 76.7	75.9 60.7	759 635	51.1	16.3	35.5	20.0
合计 前 合计 后	242/16.2 237.1/15.0	43.5 50.5	766.6 275.2	1 406 815.7	1 142.9 560.7	952.8 792.8	64.1	16.8	42.0	51.4

由表 7-19 可以看出，岔巴沟流域综合治理削洪减沙效益是比较显著的，5 次洪水对比削峰 64.1%，减水 42%，减沙 51.4%，但从其发展过程来看，减水减沙作用呈衰减趋势，20 世纪 70、80 年代 3 次洪水对比平均减水 47.4%，减沙 57.2%，而 90 年代的 2 次洪水对比平均减水 23.3%，减沙 29.7%，特别是 1992 年，相似降雨洪水减沙效益降为 20%，表现了淤地坝减水减沙作用的阶段性和时效性。

7.2.2.4　清涧河水沙变化实例分析

清涧河流域位于黄河中游河龙区间下段右岸，发源于陕西省安塞县，流经子长县、清涧县、延川县，于延川县苏亚河汇入黄河，延川水文站控制面积 3 468 km^2。截至 1999 年底，流域初步治理面积 1 199.4 km^2，治理程度为 29.9%；流域内修建中小水库 4 座，治沟骨干工程 38 座，淤地坝 3 091 座。

1）洪水、径流、泥沙变化情况

图 7-11、图 7-12、图 7-13 为清涧河最大洪水流量和年输沙量、年径流量变化过程，可以看出，20 世纪 80 年代以后，无论是最大洪水流量还是年输沙量都呈减少趋势，但到 90 年代洪水、径流、泥沙均有增加趋势，特别是 2002 年发生了有实测资料以来的第二位洪水，产沙量、产流量均居有实测资料以来的第四位，说明流域治理虽有一定的减洪减沙作用，但当遭遇较大暴雨洪水时产流产沙量仍较大。

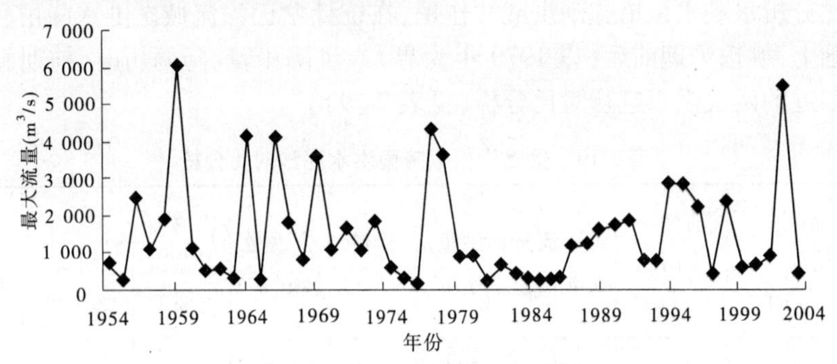

图 7-11 清涧河年最大洪水流量过程

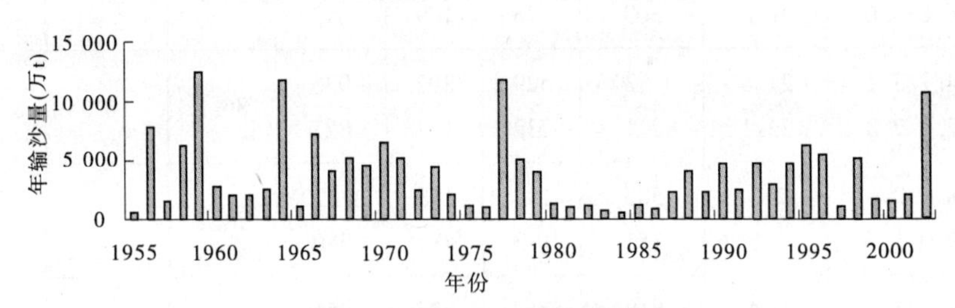

图 7-12 清涧河年输沙量过程

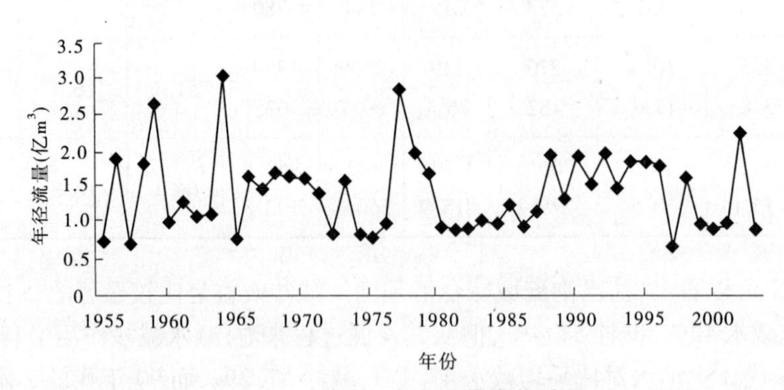

图 7-13 清涧河年径流量变化过程

2）2002 年暴雨产流产沙分析

a. 2002 年暴雨、洪水、泥沙特点

2002 年 7 月 4 ~ 5 日，清涧河流域发生了一次高强度特大暴雨（简称“2002 · 7”暴雨），其主要特点为：

(1)雨量大,强度高。据调查,“2002·7”暴雨中心瓷窑总降雨量高达463 mm,较1955~1969年平均降水量450.2 mm多12.8 mm,属500年一遇的特大暴雨。其中,7月4~5日,子长站最大24 h降雨量为274.4 mm,较历史实测最大降雨量165.7 mm(1977年)还偏多108.7 mm;7月4日6时15分至7时15分和7月4日20时05分至21时05分最大1 h降雨量分别达到78 mm和85 mm。

(2)峰量大,水位高。7月4日子长站洪峰流量4 670 m^3/s,是自1958年7月建站以来实测最大值;延川站7月4日洪峰流量为5 500 m^3/s,是该站自1953年7月建站以来实测第二大洪水。暴雨期间,子长站水位急剧上升,从7月4日4时15分起涨至6时42分到达峰顶,水位涨幅7.95 m;延川站从7月4日9时12分起涨到11时到达峰顶,水位涨幅9.97 m,为有实测资料以来第一高水位。

(3)输沙量大,侵蚀模数高。7月4日子长站洪水输沙量为4 090万t,子长站以上913 km^2范围内侵蚀模数高达44 800 t/km^2;延川站输沙量达5 600万t,延川站以上3 468 km^2流域范围内侵蚀模数达16 100 t/km^2,均为两站历年次洪水侵蚀模数最大纪录。

b. 水利水保措施对“2002·7”洪水泥沙影响分析

(1)暴雨产流分析。

清涧河流域当年径流量主要受当年降雨量的影响,为此,点绘次洪降雨—产流关系(见图7-14),可以看出,尽管经验点据比较散乱,但从不同年代来看,80年代的点据偏于下,说明了水利水保措施对洪水径流量有一定影响,而“2002·7”降雨产流又恢复到治理前或治理较少时段的产流水平,表明了水利水保措施拦蓄能力的降低。

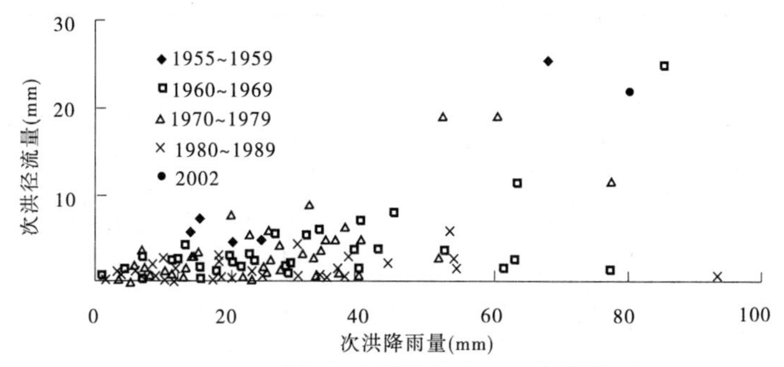

图7-14 清涧河流域次洪降雨—产流关系

径流系数除反映降雨产流状况外,在一定程度上也反映水利水保措施的有效拦蓄能力。统计清涧河子长站洪峰流量大于1 000 m^3/s的较大暴雨径流系数(见表7-20)可知,1959~1969年的4次暴雨平均径流系数为0.33,1970~1979年的3次暴雨平均径流系数为0.14,90年代的4次暴雨平均径流系数为0.25,2002年的2次暴雨平均径流系数为0.46,2002年径流系数的增大表明了水利水保措施拦蓄能力的降低。

值得指出的是,1977年7月6日面平均雨量140.4 mm,为统计暴雨径流系数的最大值,而径流系数却是最小值,这是由于当时清涧河流域有较大的坝库拦蓄库容,尽管也发生了局部水毁,径流系数只有0.1,说明水利水保措施有较大的拦蓄能力。而2002年7月4日暴雨径流系数达0.63,并且汇流速度极快,洪水迅即冲入子长县城,致使子长县人民的生命、财产遭受重大损失,说明了在特大暴雨条件下流域治理对洪水的拦蓄作用已很小。

表 7-20　清涧河子长站洪峰流量大于 1 000 m^3/s 的较大暴雨产流统计

序号	洪水时间（年-月-日）	洪峰流量（m^3/s）	前 2 日面平均雨量（mm）	本次面平均雨量（mm）	径流量（亿 m^3）	径流深（mm）	径流系数
1	1959-08-24	1 660	19.6	16.8	0.066 3	4.8	0.29
2	1966-08-15	1 460	49.5	72.6	0.124 1	13.5	0.19
3	1969-07-26	1 180	23.8	21.0	0.066 5	7.3	0.35
4	1969-08-09	3 150	33.4	37.7	0.168 0	18.3	0.49
5	1971-07-06	1 130	13.0	58.0	0.089 0	9.7	0.17
6	1971-07-24	1 440	30.9	51.7	0.072 6	8.0	0.15
7	1977-07-06	1 440	90.7	140.4	0.132 1	14.5	0.10
8	1990-08-27	1 320	16.2	33.0	0.091 7	10.0	0.30
9	1994-08-31	1 920	25.5	53.5	0.174 3	19.1	0.36
10	1995-09-01	1 250	35.1	45.8	0.056 5	6.2	0.14
11	1996-08-01	1 250	23.7	46.7	0.084 6	9.3	0.20
12	2000-08-29	1 190	8.9	17.5	0.042 9	4.7	0.27
13	2002-07-04	4 670	21.0	105.4	0.602 3	66.0	0.63
14	2002-07-05	1 690	105.4	57.9	0.154 4	16.9	0.29

(2)暴雨产沙分析。

黄河中游河龙区间的主要支流，暴雨产沙量一般随暴雨产流量的高次方递增，清涧河“2002 · 7”暴雨产流量大，暴雨产沙量也多。由“2002 · 7”暴雨与河龙区间某些支流大于 100 mm 的产流、产沙统计可以看出，清涧河子长站“2002 · 7”暴雨产沙模数达 4.48 万 t/km^2，仅次于孤山川“1977 · 8”暴雨产沙模数 5.43 万 t/km^2，而较其他几次暴雨产沙都大，说明了流域治理的拦沙作用已很小，甚或增沙（见表 7-4）。

从清涧河流域本身降雨产沙关系来看（见图 7-15），可以看出，20 世纪 80 年代明显偏于下方，表示了在相同降雨条件下产沙量减少，而“2002 · 7”暴雨产沙与未治理或治理较少情况处于同一水平。

c.“2002 · 7”暴雨致洪增沙原因分析

(1)水利水保措施蓄水拦沙能力的衰减。

根据陕西省水保局淤地坝普查资料，截至 1993 年，陕北地区共建淤地坝 31 924 座，其中 95% 以上是 1979 年以前修建的，1980 年后修建数量很少。这些淤地坝经长期运行，库容淤损率达 77%，且病险坝占总坝数的 75.5%。

清涧河流域已建的 100 万 m^3 以上水库 7 座，总库容 7 323 万 m^3，到 1989 年库容淤损率已达 34.2%；已建淤地坝 4 428 座，总库容 5.3 亿 m^3，至 1999 年已淤 4.8 亿 m^3，库容淤损率达 90.6%。可见，坝库拦沙能力在大幅度衰减，远不能满足控制洪水的流域单位面积库容的要求。从防洪能力来看，小型、中型、大型淤地坝确定的设计洪水标准分别为

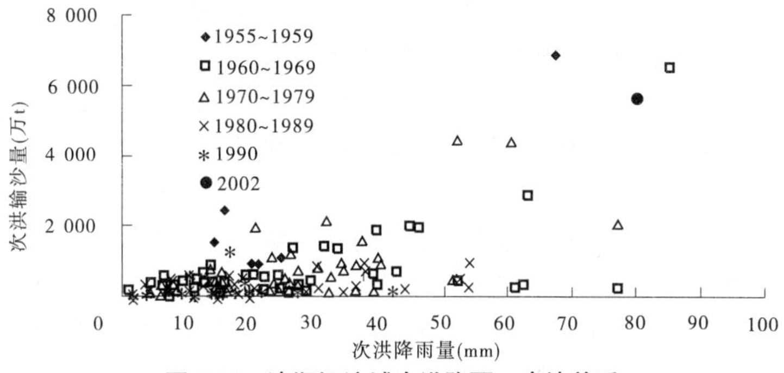

图7-15 清涧河流域次洪降雨—产沙关系

10~20年、20~30年、30~50年一遇洪水，据调查，随着时间的推移，清涧河现有淤地坝大部未达到上述防御暴雨洪水标准。此外，原有的淤地坝数量减少和失效是很大的，据子长县水利水保局2000年调查，截至1976年，该县已修建各类淤地坝2 164座，到1999年仅保存了1 463座，损失率达32.3%。从治理程度来看，截至1996年，清涧河流域的治理度为25.6%。由此可以推知，清涧河在遭遇超标准高强度暴雨时削洪减沙作用是不大的，这也正是此次暴雨致洪增沙的主要原因。

大量调查研究资料和成果表明：在一般降雨情况下，沟道坝库工程的蓄水拦沙作用是显著的，但较大暴雨洪水期作用较小，甚至有负作用。

表7-21为清涧河流域几次淤地坝水毁调查成果，可以看出，虽然此次暴雨洪水淤地坝水毁率较前有所减少，但水毁增沙仍较严重，冲失坝地占总坝地的12.5%，较前有较大的增加。此外，坡面措施在暴雨作用下来水来沙仍然很大，据调查，清涧河流域梯田多为20世纪60、70年代修建，目前梯田质量大为下降；林草措施在近几年干旱条件下，成活率较低。因此，在暴雨作用下，坡面来水仍较大，调查所见，有的坡面林草连同泥土一起滑下，被洪水冲走，增加河流洪水泥沙。从坝库运用方式来看，目前清涧河流域坝库已到了运用后期，无论是水库，还是淤地坝，其运用方式均“由拦转排”，增加河流洪水泥沙。

表7-21 清涧河流域淤地坝水毁调查

调查地区	延川县	子长县	子长县
时间	1973年8月25日	1975年8月5日	2002年7月4~5日
降雨量(mm)	112.5	167.0	283.0
总坝数(座)	7 570	403	1 244
水毁座数(座)	3 300	121	85
水毁率(%)	43.5	30.0	6.8
冲失坝地占水毁坝库内坝地的比例(%)	13.3	26.0	30.0
冲失坝地占全县坝地的比例(%)	5.8	5.2	12.5

此外，根据姚文艺等对皇甫川流域、三川河流域资料分析，若坝地面积小于流域面积的10%，尽管其他措施的治理度达到45%以上，但对于一次面平均降雨量大于35 mm、最

大日降雨量大于50 mm的降雨,流域治理措施对洪水的控制作用仍较低,如果是一次降雨量大于100 mm的暴雨,很可能使流域致洪增沙。

(2)人类活动致洪增沙原因分析。

清涧河流域石油、天然气等矿产资源丰富,开矿、修路、城镇或乡村建设等大量弃土、弃渣任意堆放,隐蔽着大量泥沙来源,在暴雨洪水作用下,增加洪水泥沙。现以该流域经中山川水库淤积变化为例,说明人类活动增沙情况。中山川水库位于子长县秀延河支流白庙岔河上白石畔村,1972年开工建设,1976年竣工,控制面积143 km^2,总库容4 430万m^3,到2000年累计淤积2 280万m^3,占总库容的51.5%。据水库淤积观测资料,水库各时段淤积量列于表7-22。

表7-22 中山川水库各时段淤积量变化

时段	淤积量(万m^3)	年均淤积量(万m^3/a)	增加(%)
1975~1989	800	53.3	100
1990~2000	1 480	134.5	250
1975~2000	2 280	83.7	160

由于该水库一直采用拦洪蓄水运用,因此可以认为,1990~2000年的淤积量的增加大部为人类活动增沙所致,由表7-22所列成果可以看出,1990~2000年水库淤积量为1975~1989年水库淤积量的1.5倍,即人类活动增沙约50%。

从黄河中游典型支流水沙变化实例分析论证也可看出,黄河中游主要支流水沙变化丰枯明显,常有长达数年枯水枯沙和每隔几年就有较大洪水出现的丰水丰沙交替出现。在枯水枯沙期水沙来量较少,而在丰水丰沙期水沙来量较大。这种水沙变化模式主要是由降雨条件决定的。

7.3 未来趋势展望

总结人类活动对径流泥沙影响现状,可展望未来趋势。多年来,对黄河中游人类活动对径流泥沙影响有以下基本认识。

7.3.1 不利的自然条件短期内难以改变

黄河中游地处黄土高原,特别是粗泥沙集中来源区,黄土深厚,沟壑纵横,物质松散,水蚀、风蚀和重力侵蚀都很严重;支流坡度较陡,河谷开阔,洪水输沙能力很强,产流产沙的地区集中性和时间集中性非常突出,该地区侵蚀模数极高的特性是大量产沙的物质基础,而暴雨多、强度大的特点是其大量产沙的强大动力,暴雨在短时间内高度集中所形成的高含沙量洪水挟带的巨量泥沙是造成黄河下游河道淤积的根本,这些不利的自然条件短期内难以改变。在这种严酷的自然条件下,已治理的需要巩固提高,未治理的治理难度更大,新的水土流失又不断发生,治理的投入需求越来越大,即使在强化治理的情况下,由于减沙的滞后性,短期内减沙也难以发生巨大变化。

7.3.2　黄河水沙丰枯波动是客观规律

研究表明,黄河中游主要支流水沙变化丰枯明显,常有长达数年枯水、枯沙和每隔几年就有较大洪水出现的丰水丰沙交替出现。在枯水枯沙期水沙来量较少,而在丰水丰沙期水沙来量较大,这种水沙变化模式主要是由降雨条件决定的,因此近年来的连续枯水、枯沙情况不会永久持续下去,未来还会遇到雨量丰沛时期,近期发生的局部性区域暴雨产沙证明,如 1994 年北洛河、无定河以及 2002 年清涧河的暴雨产沙,都接近治理前的产沙水平,如发生大面积、高强度、长历时的暴雨,长期积累的、隐蔽的泥沙可能使产沙激增,不仅对当地造成严重的洪水泥沙灾害,也可能使黄河下游在一两年内淤积极快,水位急剧上升,加剧下游防洪的紧张局面。

7.3.3　水保措施减沙与降雨强度的关系

水保措施不论是工程措施还是生物措施,其减沙作用都与降雨强度及坡面和沟道洪水大小关系密切。水保措施减洪减沙作用与洪水的关系,实质上是与降雨强度及降雨总量的关系。黄河中游是我国高强度暴雨多发地区,不同历时的大暴雨时有发生,水保措施又受当前经济发展水平和管理维护能力的制约,目前抵抗暴雨强度的能力还不高,低于一定降雨强度时减沙作用比较明显,强度稍高作用就减少,超过某一强度就不再减沙,再高就可能造成水保措施的破坏,不仅不能减沙,还可能致洪增沙。此时,再加上水利水保工程水毁、水库排沙和河道前期淤积物的冲刷等,泥沙将会增加。

归纳总结以往的研究成果,在黄河中游多沙粗沙区,降雨与水土保持措施减沙关系大致如下:

(1)降雨强度小于 100 mm/d 时,减沙作用为 30% ~50% 。

(2)降雨强度为 100 ~150 mm/d 时,减沙作用为 10% ~30% 。

(3)降雨强度达到 150 ~200 mm/d 时,减沙作用不明显,还可能出现增沙。

(4)降雨强度大于 200 mm/d 时,增沙作用为 10% ~30% 。

降雨的多变性仍是一个自然过程,具有周期性变化的客观规律,目前降雨偏少、水沙连枯不会永远持续下去,未来还会遇到雨量丰沛时期,如遇大面积、高强度、长历时的暴雨,黄河流域泥沙增加的可能性是存在的。

7.3.4　坝库有巨大的蓄水拦沙作用,但有时效性

大量分析研究成果表明,水库和淤地坝(简称坝库)拦沙在黄河中游减沙中起主导作用,例如,减沙明显的无定河、三川河,坝库等沟道措施减沙达 80% 以上,坡面措施占 20% 以下,因此坝库控制是减沙的关键措施。

实践证明,加强坝库建设,泥沙是可以快速减少的。分析黄河中上游支流水库和淤地坝建设的发展过程(见图 4-7),可以看出,支流水库(小(一)型以上)库容主要是 1958 ~1960 年(3 年)和 1971 ~1976 年(6 年)增加的,也就是说,泥沙的减少主要是这近 10 年的库容增加造成的,80 年代以后,总库容基本没有增加。

但坝库蓄水拦沙有时效性,20 世纪 60、70 年代,黄河中游修建了大量水库和淤地坝,

曾发挥了巨大的蓄水拦沙作用,但由于该地区水土流失严重,许多已建水库和淤地坝淤损严重,大多数已进入运用后期,有些地区淤地坝数量减少和失效的速度是惊人的,管理差、病险坝库多是存在的普遍问题,一遇较大暴雨洪水,容易发生水毁,致使洪水、泥沙剧增,不仅使多年淤成的坝地大量冲失,同时也增加河流泥沙。

此外,当淤地坝淤出坝地后,坝地利用与来洪发生矛盾,为解决这一问题,不少地区的已种坝地开设排洪渠,排泄洪水泥沙,以保护坝地利用,特别是由种植农业变为设施农业后的坝地,其运用方式大都“由拦转排”,这就增加了下泄的洪水、泥沙。同时,不少地方已建水库或骨干坝正采用“蓄清排浑”的运用方式加以改造,普遍增建泄洪排沙设施,以求长期保持兴利库容。而这一地区的水沙主要集中在洪水期,如果洪水期不蓄水拦沙,则可能洪水过后无水可蓄,不仅不能为当地兴利,同时将洪水泥沙排入黄河,又加重了黄河干流水库与河道的防洪及泥沙淤积的负担,对黄河泥沙带来不利影响。这些情况说明了坝库蓄水拦沙作用存在时效性和阶段性。

7.3.5　恢复植被可望有一定减水减沙作用,但有局限性和脆弱性

黄土高原水土流失治理是一项长期、艰巨的任务,有赖于各项措施的综合配置,其中恢复植被不乏是一种重要措施。从20世纪80年代到90年代,黄河中游造林面积增长很快,随着西部大开发的实施,在黄河中游生态环境建设中退耕还林还草已大规模开展,林草措施受到前所未有的重视,也起到了一定的减水减沙作用,随着林草面积的大量增加与郁闭度的提高,其减水减沙作用也会有所增加,但由于自然地理条件和土壤侵蚀过程的特殊性,特别是吴堡以北水土流失严重地区,林草面积不大,而且森林在局部地区水分平衡中的作用比较复杂,植被截留降雨量的多寡决定于植被类型、覆盖面积和暴雨情况,还与大面积的郁闭林冠和深厚的枯枝落叶垫层有很大关系。研究表明,当林地覆盖率达30%时,土壤侵蚀才明显减少,但遇特大暴雨时,林地产沙也明显增加,例如,位于子午岭林区的葫芦河,遭遇1977年大暴雨,汛期产沙量达390万t,较20世纪80年代10年总产沙量(377万t)还多。这一情况说明,林草措施抗御大暴雨的能力是十分脆弱的。因为近期的林草建设多为幼林和疏林,还没有形成大面积郁闭林冠和深厚的枯枝落叶垫层,因而退耕还林(草)等局部覆盖状况的改变,控制侵蚀产沙的能力是有限的。

7.3.6　人为新增水土流失可以控制,但措施必须到位

近年来,随着黄河中游煤炭、石油、天然气能源资源的大规模开发及相应的配套建设,城镇崛起,人口剧增,公路、铁路迅速发展,经济发展对生态环境的压力越来越大,有些地区人为新增水土流失相当严重,国家和地方各级政府,采取多种措施加以防治。1991年颁布的《中华人民共和国水土保持法》规定,建设项目应向水利部门编报水土保持方案,确保在施工时就采取措施预防水土流失,实践证明,一些地区,如内蒙古准格尔矿区、神府东胜煤田大柳塔矿区等,生态环境得到了明显改善,入黄泥沙也有所减少,说明了人为新增水土流失是可以控制的。但是,由于这一地区开发建设项目数量多、规模大,对控制人为新增水土流失,除少数国家大型项目外,大部分地方建设项目对此重视不够,特别是在人烟罕至的偏远地区,也是水土流失的策源地,乱采、乱挖造成的人为新增水土流失制而

不止,人为新增水土流失还难以杜绝,这就有可能抵消部分水土保持减沙效益。

7.3.7 黄河中游来水量将会进一步减少

目前,黄河中游水资源利用率已达50%以上,随着当地工农业生产的迅速发展和人民生活的提高,对水资源需求将大量增加,黄河中游来水量将进一步减少,并有可能使水沙比例失调。面向21世纪,我国已进入城市化高速发展期,能源开发区的城镇崛起,城市人口的集中,使供水更加紧张,污染和破坏也会进一步加剧;21世纪地球气温仍将处于升温期,气候进一步变暖,水的循环机制将加快,雨季的降雨量和旱季的蒸发量将加大,这就意味着洪、涝、旱灾的频率增高和强度增大;社会经济持续高速发展对环境造成的压力也将持续增加,在水的重复利用系数没有大幅度提高之前,对供水量的需求及排污总量都会不断增加,大气污染也会促进大气温室效应;居民生活质量的提高及生活方式的改变将会对水资源提出更高更新的需求,如生活用水量,特别是干旱季节用水量的增加;饮用更清洁水的呼声加强;能源消耗用水加大;旅游业发展,居民对水域周边空间景观、水质、生态环境等都会提出更苛刻的要求;由于物价也随着经济高速增长而上涨,水利水保工程建设和运行成本也会不断增加,特别是为缓解水问题的压力而必须发展节水农业、绿色产业和少污染工艺,这些都需要较大的投入。面向21世纪所面临的这些新问题,对黄河中游水资源将会产生一定影响,来水量减少势所必然。

概言之,从以上人类活动对径流泥沙影响的基本事实得到的基本认识告诉我们,黄河中游人类活动对径流泥沙影响的未来趋势将更趋两极化,即枯水年甚至平水年水沙来量将进一步减少,而遭遇较大暴雨的年份水沙有可能激增。

7.4 结论与讨论

(1)黄河中游水沙变化模式多为丰水丰沙变化模式和枯水枯沙变化模式。论证表明,黄河水沙丰枯变化比较明显,常有长达数年或数十年的枯水系列和每隔几年就有较大洪水出现的丰水系列交替出现。在枯水枯沙期水沙来量较少,而在丰水丰沙期水沙来量较大。这种水沙变化模式主要是由气候条件决定的,在短期内难以改变。

(2)居安思危,古之名训。近期黄河中游水土保持减沙成效是在降雨连续偏枯情况下取得的,黄河中游水沙变化模式告诉我们,降雨连续偏枯不会永久持续下去,还会遇到雨量丰沛时期,当遭遇高强度、长历时、大面积降雨时,黄河中游产沙量会急剧增加。展望未来黄河中游水沙变化模式认为,黄河中游来水来沙可能将更趋两极化,即枯水年甚至平水年水沙来量将进一步减少,当遭遇较大暴雨的年份有可能致洪增沙,带来较大的洪水泥沙灾害,对此应有所警惕。

(3)黄河中游人类活动对径流泥沙影响规律和原因非常复杂,不确定因素较多,尚有许多未被认识的领域,黄河中游未来径流泥沙变化趋势仍是今后应长期研究的复杂问题。

参考文献

[1] 王涌泉.黄河治理问题[J].科学,1987,39(1).

[2] 张胜利.河龙区间主要支流水沙关系统计分析[J].中国水土保持,1985(8).

[3] 张胜利,李倬,赵文林.黄河中游多沙粗沙区水沙变化原因及发展趋势[M].郑州:黄河水利出版社,1998.

[4] 姚文艺,李占斌,康玲玲.黄土高原土壤侵蚀治理的生态环境效应分析[M].北京:科学出版社,2005.

[5] 赵文林,焦恩泽,张胜利,等.黄河中游多沙粗沙区1988年汛期洪水调查[J].人民黄河,1989(1).

[6] 张胜利,左仲国,等.从窟野河"89·7"洪水看神府东胜煤田开发对水土流失及入黄泥沙的影响[J].中国水土保持,1999(1).

[7] 陈江南,张胜利,赵业安,等.清涧河流域水利水保措施控制洪水条件分析[J].泥沙研究,2005(1).

[8] 张胜利."94·8"暴雨对无定河流域产流产沙影响的调查研究[J].人民黄河,1995(5).